朝倉
復刊セレクション

◆新数学講座◆

代数学

永尾　汎
［著］

朝倉書店

本書は，新数学講座 第4巻『代数学』（1983年刊行）を再刊行したものです．

ま え が き

本書は著者が大阪大学で行ってきた代数学の講義をもとにして，群，環，体といった基本的な代数系について，その基礎理論を概説したものである．

数学の近代化は，方程式論の問題と関連してなされたガロアの業績を契機として，まず代数の分野で成功をおさめ，その後数学の他の分野にも影響を与えていったという歴史的経緯がある．したがって本書でのべる内容は，現代の数学の考え方を理解する上で恰好の題材であるばかりでなく，数学の他の分野においてもそれを語る言葉として重要なものである．

予備知識としては，行列の演算と行列式の定義，ならびにその基本的な性質など線形代数の初歩的な知識を仮定している．また集合については，無限集合をとり扱うとき必要なツォルンの補題と整列集合について，1章で簡単に解説してある．これらについては，必要ならば文献［1］，［2］を参考にされたい．(文献番号については‘あとがき’参照.）

本書の内容については，まず1章で群，環，体の定義と簡単な例をあげ，2章では群についてその基礎的なことがらを解説してある．特にアーベル群については，他の分野への応用なども考えてその双対性など詳しくのべてある．＊印のついた§19と§20は省略しても，あとの理解には支障のないようになっている．ただしこれは，これらの内容が重要でないという意味ではなく，テキストとして利用される場合の時間を配慮したまでのことである．（3章の§30,§31についても同様である.）3章では§31を除いて，主として可換環についてのべ，また4章では体の代数的拡大について，ガロアの理論を主題にしてのべている．

執筆にあたっては，この講座刊行の主旨にそって題材を精選し，大学の代数の講義で普通とり上げられるホモロジー代数的なことがらは割愛した．したがってかなり保守的な内容の教科書になっているが，初学者にはかえってとりつきやすいのではないかと期待している．また本書の内容が十分理解できていれば，必要なとき上のようなことがらを習得することはそれほど困難ではないと考えたからでもある．本書の内容と関連して，さらに進んで学習したい人のためには‘あとがき’に参考文献があげてある．

本書では独習する人を考慮して，本文中随所に問がいれてある．独習する場合はペンと紙を側において，これらを解きながら読み進んでほしい．いずれも本文の内容が理解できていれば簡単に解けるものばかりであるが，念のため本書の最後に略解をまとめておいた．

また2章以下，各章末に問題をいくつかあげておいた．問題の順序は関連する本書の内容の順序に従い，難易度とは無関係である．問題の種類は発展的内容のものもあり，またむずかしい問題も含まれている．したがってすべて独力で解けなくても悲観する必要はないが，余裕があれば参考文献を参照しながらでも解いてみてほしい．

本書の執筆は田村一郎教授のお勧めによるもので，同教授に謝意を表したい．また本書の刊行に御尽力頂いた朝倉書店の方々にお礼を申し上げる．

1983年 1月

永　尾　　汎

目　　次

第1章

基 礎 概 念

加法とか乗法といった演算の定義された集合で，演算に関するいくつかの条件(公理)をみたすものを一般に**代数系**という．代数系はそのみたすべき公理系によって，それぞれ固有の名前がつけられている．本書で考察する代数系は主として群，環，体とよばれるものであるが，この章ではこれらの代数系に関する基礎的なことがらについてのべる．

§1. 集合と写像

集合と写像について，本書で用いることがらをまとめておく．

1.1. 記号と定義

集合の包含関係を表す記号については，現在多少の混乱があるが，本書では B が A の部分集合であることを

$$B \subset A \quad \text{または} \quad A \supset B$$

とかく．したがって，このとき $B=A$ となることもあるものとする．

特に B が A の真部分集合であるときは

$$B \subsetneqq A \quad \text{または} \quad A \supsetneqq B$$

とかく．また空集合を ϕ で表す．

$A \supset B$ のとき，A から B の元を除いた残りを $A-B$ で表す: $A-B=\{a \in A \mid a \notin B\}$.

A が有限集合のとき，A の元の個数を $|A|$ で表す．また A が無限集合のと

きは，$|A|=\infty$とかく．

集合$A_1, A_2, \cdots, A_n$が与えられたとき，各集合A_iから元a_iを一つずつとって$(a_1, a_2, \cdots, a_n)$と並べたものの全体を$A_1, A_2, \cdots, A_n$の**直積**とよび，記号で$A_1\times A_2\times\cdots\times A_n$と表す．すなわち

$$A_1\times A_2\times\cdots\times A_n=\{(a_1, a_2, \cdots, a_n)\,|\,a_i\in A_i\,(i=1, 2, \cdots, n)\}.$$

直積の元$(a_1, a_2, \cdots, a_n)$に対して，各a_iをその**成分**という．集合$A_i\,(i=1, 2, \cdots, n)$がすべて有限集合であるときは，元の個数に関して次の等式が成り立つ：

$$|A_1\times A_2\times\cdots\times A_n|=|A_1|\times|A_2|\times\cdots\times|A_n|.$$

fが集合Aから集合Bへの写像であるとき，$f: A\to B$とかく．この写像でAの元aにBの元$f(a)$が対応していることを$a\longmapsto f(a)$と表し，写像fを

$$f: A\to B \qquad (a\longmapsto f(a))$$

とかくこともある．写像fによる像$f(a)$の全体を$f(A)$，または$\mathrm{Im}\,f$で表す：$f(A)=\mathrm{Im}\,f=\{f(a)\,|\,a\in A\}$.

写像$f: A\to B$において，$\mathrm{Im}\,f=B$であるときfは**全射**であるという．

またBの部分集合Cに対して，$f(a)\in C$となる元$a\in A$の全体を$f^{-1}(C)$と表し，これをCのfによる**逆像**という：$f^{-1}(C)=\{a\in A\,|\,f(a)\in C\}$．特に$C$が一つの元$b$だけからなるときは，$f^{-1}(b)=\{a\in A\,|\,f(a)=b\}$となる．$b\notin\mathrm{Im}\,f$ならば$f^{-1}(b)=\phi$である．

Aの異なる元がfによってBの異なる元に写されるとき，すなわちAの2元a, a'に対して，つねに

$$a\neq a'\Rightarrow f(a)\neq f(a')$$

が成り立つとき，fは**単射**であるという．これは$b\in\mathrm{Im}\,f$ならば，$f^{-1}(b)$がつねにただ一つの元からなることにほかならない．

写像$f: A\to B$が全射かつ単射であるとき，fは**全単射**であるという．このとき，Aの元とBの元はfによって一つずつもれなく対応している．

BがAの部分集合であるとき，Bの各元にそれ自身を対応させる写像$\iota: B\to A\ (b\longmapsto b)$を**埋め込み**という．特に$B=A$のとき，写像$\iota: A\to A\ (a\longmapsto a)$はもちろん全単射で，これを$A$の**恒等写像**とよんで$\mathrm{id}_A$で表す．

二つの写像 $f: A \to B$, $g: B \to C$ に対して, $A \ni a$ に $g(f(a))$ を対応させれば, A から C への写像がえられるが, これを f と g の**合成写像**とよび, 記号で $g \circ f$ と表す: $(g \circ f)(a) = g(f(a))$.

$f: A \to B$ が全単射であるときは, B の元 b に $f^{-1}(b)$ を対応させて写像 $f^{-1}: B \to A$ がえられる. このとき f^{-1} を f の**逆写像**という. 明らかに次のことが成り立つ:

$$f^{-1} \circ f = \mathrm{id}_A, \qquad f \circ f^{-1} = \mathrm{id}_B, \qquad (f^{-1})^{-1} = f.$$

問 1.1. A が有限集合であるとき, 写像 $f: A \to A$ は次の条件のいずれかをみたせば全単射である.

(i) f は単射. (ii) f は全射.

最後に, 数の集合について本書で用いる記号を列挙しておく.

$\boldsymbol{N}$: 自然数全体の集合, $\boldsymbol{Z}$: 整数全体の集合,

$\boldsymbol{Q}$: 有理数全体の集合, $\boldsymbol{R}$: 実数全体の集合,

$\boldsymbol{C}$: 複素数全体の集合.

1.2. 同値関係

集合 A に関係 $\sim$ が定義されているとは, A の任意の2元 a, b に対して $a \sim b$ となるかそうでないかが明確に定められていることである.

集合 A における関係 $\sim$ が次の三つの条件

(1.1) 反射律: $a \sim a$,

(1.2) 対称律: $a \sim b \Rightarrow b \sim a$,

(1.3) 推移律: $a \sim b$, $b \sim c \Rightarrow a \sim c$

をみたすとき, 関係 $\sim$ は**同値律**をみたす, または**同値関係**であるという. また $a \sim b$ であるとき, a と b は(同値関係 $\sim$ に関して)**同値**であるという. 対称律よりこういう表現が許される. a と同値な元の全体を C_a で表し, これを a を含む**同値類**という: $C_a = \{b \in A \mid a \sim b\}$.

例題 1.2. 同値類について, 次のことが成り立つ.

(i) $a \in C_a$.

(ii) $b \in C_a \Rightarrow C_a = C_b$.

(iii) $C_a \neq C_b \Rightarrow C_a \cap C_b = \phi$.

証明 （i） 反射律より明らかである．

（ii） $c\in C_b$ とすれば，$a\sim b, b\sim c$ より $a\sim c$，したがって $C_b\subset C_a$ となる．また対称律より $b\sim a$，したがって $a\in C_b$ であるから，上と同様にして $C_a\subset C_b$ となり $C_a=C_b$ をえる．

(iii) $C_a\cap C_b\neq\phi$ とし, $C_a\cap C_b\ni c$ とすれば,（ii）より $C_a=C_c=C_b$ となる．□

集合 A における同値関係 $\sim$ について, その異なる同値類の全体を $\{C_\lambda \mid \lambda\in\Lambda\}$ とすれば，例題 1.2（i）, (iii) により

(1.4) $$A=\bigcup_{\lambda\in\Lambda}C_\lambda, \qquad \lambda\neq\mu \text{ ならば } C_\lambda\cap C_\mu=\phi$$

となる．このように，互いに共通元をもたないいくつかの部分集合の和集合に A を分割することを，A を**類別**するという．各同値類 C_λ から元 a_λ を一つずつ選ぶとき，a_λ を C_λ の**代表元**といい，代表元の集合 $\{a_\lambda \mid \lambda\in\Lambda\}$ を類別 (1.4) の**完全代表系**とよぶ．

整数 m, n について，m が n で割り切れるとき，すなわち $m=nl$ となる整数 l が存在するとき $n|m$ とかき，割り切れないとき $n\nmid m$ とかく．

いま整数の全体 $\boldsymbol{Z}$ の 2 元 a, b に対して $n|a-b$ であるとき，すなわち $a=b+nx\,(x\in\boldsymbol{Z})$ と表されるとき

$$a\equiv b \qquad (\mathrm{mod}\, n)$$

とかいて，a と b は n を**法として合同**であるという．

問 1.3. “n を法として合同である”という関係は，$\boldsymbol{Z}$ における同値関係である．すなわち次のことが成り立つことを示せ．

（i） $a\equiv a \ (\mathrm{mod}\, n)$.

(ii) $a\equiv b \ (\mathrm{mod}\, n)\Rightarrow b\equiv a \ (\mathrm{mod}\, n)$.

(iii) $a\equiv b \ (\mathrm{mod}\, n)$，$b\equiv c \ (\mathrm{mod}\, n)\Rightarrow a\equiv c \ (\mathrm{mod}\, n)$.

特に n が自然数のとき，任意の整数 m は

$$m=nq+r, \qquad 0\leq r\leq n-1$$

と一意的に表され，q, r はそれぞれ m を n で割ったときの**商**，**余り**とよばれる．いま n で割ったときの余りが r であるような整数の全体を C_r で表せば

$$\boldsymbol{Z}=C_0\cup C_1\cup\cdots\cup C_{n-1},$$

$$i\neq j \quad \text{ならば} \quad C_i\cap C_j=\phi$$

となり，これが同値関係 $\equiv \pmod n$ についての同値類による類別である．また $\{0,1,2,\cdots,n-1\}$ はその完全代表系である．各 C_i を n を法とする**剰余類**とよぶ．

1.3. 順序集合とツォルンの補題

集合 A において関係 $\leq$ が定義されていて，これが次の三つの条件

(1.5)　反射律：　$a \leq a$,

(1.6)　非対称律：　$a \leq b,\ b \leq a \Rightarrow a = b$,

(1.7)　推移律：　$a \leq b,\ b \leq c \Rightarrow a \leq c$

をみたすとき，A は**順序集合**であるという．$a \leq b$ のとき $b \geq a$ とかくこともある．また $a \leq b$, $a \neq b$ のとき $a \lneqq b$ とかく．順序集合 A の部分集合 B は(A における順序に関して)また一つの順序集合である．

順序集合 A において，任意の2元 a, b が比較可能なとき，すなわち $a \leq b$ か $b \leq a$ のいずれかがつねに成り立つとき，A は**全順序集合**であるという．（これに対して一般の順序集合を半順序集合ということがある．）

順序集合 A の元 a に対して，$a \lneqq b$ となる元 $b \in A$ が存在しないとき，a は A の**極大元**であるという．**極小元**も同様に定義される．また任意の $x \in A$ に対して $x \leq a$ が成り立つとき，a は A の**最大元**であるといい，**最小元**も同様に定義される．最大元があれば，それはただ一つの極大元であるが，逆に極大元は必ずしも最大元ではない．

順序集合 A の部分集合 B に対して，A の元 a が $b \leq a$ $(\forall b \in B)$ をみたすとき a は B の**上界**であるといい，B の上界が存在するとき B は**上に有界**であるという．また A の空でない任意の全順序部分集合が上に有界であるとき，順序集合 A は**帰納的**であるという．

次の定理はいわゆる選択公理と同値で，無限集合を扱うとき必要なので，これを公理として使うことにする(文献［2］，1章，§4参照)．

定理 1.4. (ツォルンの補題)　順序集合 A が帰納的ならば，A に極大元が少なくとも一つ存在する．

全順序集合 A において，空でない任意の部分集合に最小元が存在するとき，A は**整列集合**であるという．例えば実数の普通の大小関係に関して，$\boldsymbol{N}$ や

$\{-1, 0\} \cup \boldsymbol{N}$などは整列集合であるが，$\boldsymbol{Z}, \boldsymbol{Q}, \boldsymbol{R}$などは整列集合ではない．例えば$\boldsymbol{Z}$自身最小元をもたない．

§2. 演算と演算法則

例えば整数の集合$\boldsymbol{Z}$においては，加法と乗法という二つの演算が定義されている．その意味は，$\boldsymbol{Z}\times\boldsymbol{Z}$から$\boldsymbol{Z}$への二つの写像$f: \boldsymbol{Z}\times\boldsymbol{Z} \to \boldsymbol{Z}$ $((a, b) \longmapsto a+b)$ と$g: \boldsymbol{Z}\times\boldsymbol{Z} \to \boldsymbol{Z}$ $((a, b) \longmapsto ab)$ が定義されていることにほかならない．

一般に集合Aに対して写像$f: A\times A \to A$が与えられているとき，Aに**演算**が定義されているという．fによる(a, b)の像を普通abとかいたり$a+b$とかいたりするが，前者のように表すとき演算を**乗法**とよび，後者の表し方をするときは**加法**とよぶ．またabをaとbの**積**，$a+b$をaとbの**和**とよぶ．

一つの演算，例えば乗法の定義された集合Aにおいて

$$(ab)c = a(bc)$$

がつねに成り立つとき，**結合法則**が成り立つという．また

$$ab = ba$$

が成り立つとき，aとbは**可換**であるといい，任意の2元が可換であるとき，**交換法則**が成り立つという．

加法と乗法の二つの演算が定義された集合Aにおいて

$$a(b+c) = ab+ac, \qquad (a+b)c = ac+bc$$

がつねに成り立つとき，**分配法則**が成り立つという．

例えば実数の集合$\boldsymbol{R}$においては，加法と乗法が定義されていて，それぞれの演算について結合法則と交換法則が成り立っている．また分配法則も成り立っている．

§3. 半群とモノイド

一つの演算，例えば乗法の定義された集合Aにおいて

結合法則：$(ab)c = a(bc)$

が成り立っているとき，Aは**半群**であるという．

半群 A の n 個の元 $a_1, a_2, \cdots, a_n$ を，この並べ方で最初からつぎつぎに演算を行ってえられる元

$$((\cdots((a_1a_2)a_3)\cdots)a_{n-1})a_n$$

を $a_1a_2\cdots a_n$ とかく．これらの n 個の元の並べ方は変えないで，つぎつぎに演算を行って A の一つの元をえる仕方は一通りではない．例えば $n=3$ のときは，$(a_1a_2)a_3$ と $a_1(a_2a_3)$ の二通りの仕方があるが，その最後の結果が等しいことを保証するのが結合法則である．半群においては，$n>3$ のときでも並べ方を変えなければ，つぎつぎに演算を行ってえられる最後の結果は一定で，その仕方によらずつねに $a_1a_2\cdots a_n$ に等しい．このことを **一般化された結合法則** とよぶことがある．

問 3.1. 半群 A の4元 a_1, a_2, a_3, a_4 について，この並べ方でつぎつぎに演算を行って一つの元をえる仕方を列挙し，それらがすべて $a_1a_2a_3a_4$ に等しいことを示せ．

問 3.2. 半群 A の n 個の元について，一般化された結合法則が成り立つことを n に関する帰納法で証明せよ．

半群 A において

交換法則：$ab=ba$

が成り立っているとき，A は **可換半群** であるという．可換半群においては，n 個の元 $a_1, a_2, \cdots, a_n$ に対して，その並べ方をどんなに変えて演算を行っても，最後の結果は一定である．すなわち，$1, 2, \cdots, n$ の任意の順列 $i_1, i_2, \cdots, i_n$ に対して

$$a_{i_1}a_{i_2}\cdots a_{i_n}=a_1a_2\cdots a_n$$

が成り立つ．

問 3.3. 上のことを n に関する帰納法で証明せよ．

半群 A の元 e で，A の任意の元 x に対して

$$ex=xe=x$$

をみたすものがあるとき，e は A の **単位元** であるという．半群 A に単位元が存在するとき，A は **モノイド** であるという．

例題 3.4. モノイド A の単位元はただ一つ存在する．

証明 e, e' はともに A の単位元とする．まず e が単位元であることから $ee'=e'$．一方 e' も単位元であるから $ee'=e$．したがって $e=e'$ となる． □

単位元は数の乗法における1に相当する元で，モノイドの演算が乗法で与えられているときは，その単位元を普通1で表す．また，特に A の単位元であることを明示したいときには 1_A とかく．

モノイド A の元 a を n 個かけた元を a^n とかき，これを a の **n 乗**という：$a^n=\overbrace{aa\cdots a}^{n\text{個}}$. $n=0$ のときは $a^0=1$ と定める．

問 3.5. モノイド A において，次の指数法則が成り立つことを示せ．ただし，m, n は負でない整数とする．

(i) $a^m a^n = a^{m+n}$.　　(ii) $(a^m)^n = a^{mn}$.

(iii) $ab=ba$ ならば $(ab)^n = a^n b^n$.

例 3.6. 集合 X に対して，X から X 自身への写像の全体を X^X とかく：$X^X=\{\sigma : X\to X\}$．写像 $\sigma : X\to X$ において，元 $x\in X$ の像を x^σ と表すことにし，二つの写像 $\sigma, \tau\in X^X$ の**積**を $\sigma\tau : x\longmapsto (x^\sigma)^\tau$，すなわち $x^{\sigma\tau}=(x^\sigma)^\tau$ と定義する．このとき X^X はモノイドとなり，その単位元は恒等写像 id_X である．

注意 上で定義した二つの写像 σ, τ の積は，合成写像 $\sigma\circ\tau : x\longmapsto (x^\tau)^\sigma$ とは異なる．合成写像 $\sigma\circ\tau$ で X^X における乗法を定義しても，X^X はモノイドとなるが，本書では二つの**写像の積**を上のように定義し，モノイド X^X というときはこの乗法を演算とするモノイドを意味するものとする．

モノイド A の元 u に対して，A の元 u' で

(3.1) $$uu'=u'u=1$$

をみたすものが存在するとき，u は A の**正則元**，または**単数**であるといい，(3.1) をみたす元 u' を u の**逆元**という．例えば単位元1は正則元で，その逆元は1自身である．

例題 3.7. モノイド A の正則元 u に対して，その逆元はただ一つ存在する．

証明 u', u'' はともに u の逆元であるとする．このとき

$$u'=u'1=u'(uu'')=(u'u)u''=1u''=u''.$$ □

モノイド A の正則元 u の逆元を u^{-1} とかく．明らかに u^{-1} はまた正則元で，$(u^{-1})^{-1}=u$ となる．

問 3.8.　$u_1, u_2, \cdots, u_n$ がモノイド A の正則元であるとき，$u_1u_2\cdots u_n$ も A の正則元で

$$(u_1u_2\cdots u_n)^{-1}=u_n{}^{-1}\cdots u_2{}^{-1}u_1{}^{-1}$$

となることを示せ．

モノイド A の正則元 u に対して，その逆元 u^{-1} を n 個かけたものを u^{-n} で表す：$u^{-n}=(u^{-1})^n$．このとき，問 3.5 において a, b が正則元であるとすれば，指数法則は任意の整数 m, n に対して成り立つ．

問 3.9.　例 3.6 で定義したモノイド X^X において，写像 $\sigma: X \to X$ が正則元であるため必要十分な条件は，σ が全単射であることである．これを示せ．

§4.　群

4.1.　群の公理と例

モノイド G において，その任意の元が正則元であるとき，G は**群**であるという．すなわち一つの演算，例えば乗法の定義された集合 G が群であるとは，次の三つの条件がみたされていることである．

G 1　結合法則：$(ab)c=a(bc)$．

G 2　単位元の存在：G の元 1 で，G の任意の元 x に対して $1x=x1=x$ をみたすものが存在する．

G 3　逆元の存在：G の任意の元 a に対して，$aa^{-1}=a^{-1}a=1$ をみたす元 $a^{-1} \in G$ が存在する．

上の三つの条件を**群の公理**とよぶ．

群 G において，さらに次の条件

G 4　交換法則：$ab=ba$

がみたされているとき，G は**アーベル群**，または**可換群**であるという．

問 4.1.　群 G において次のことが成り立つことを示せ．

(i)　簡約法則：$ax=ay \Rightarrow x=y$,

$$xa=ya \Rightarrow x=y.$$

(ii)　除法の可能性：2 元 a, b に対して

$$ax=b, \qquad ya=b$$

をみたす元 x, y が一意的に定まり，それぞれ $x=a^{-1}b$，$y=ba^{-1}$ となる．

(iii) 写像 $f: G \to G$ $(x \longmapsto x^{-1})$ は全単射である．

(iv) $G \ni a$ を一つ固定するとき，写像 $g_a: G \to G$ $(x \longmapsto xa)$，$h_a: G \to G$ $(x \longmapsto ax)$，$k_a: G \to G$ $(x \longmapsto a^{-1}xa)$ はすべて全単射である．

例題 4.2. 群 G の任意の元 x に対して $x^2=1$ が成り立てば，G はアーベル群である．

証明 $x^2=1$ の両辺の左から x^{-1} をかけると，$x=x^{-1}$ となる．特に G の任意の 2 元 a, b に対して $ab=(ab)^{-1}$．一方 $(ab)^{-1}=b^{-1}a^{-1}=ba$ であるから $ab=ba$ となり，G はアーベル群である． □

例 4.3. 0 と異なる有理数の全体を $\boldsymbol{Q}^\sharp$ で表す．$\boldsymbol{Q}^\sharp$ は乗法に関してアーベル群で，その単位元は 1，$a \in \boldsymbol{Q}^\sharp$ の逆元はその逆数 $1/a$ である．同様に 0 と異なる実数の集合 $\boldsymbol{R}^\sharp$，0 と異なる複素数の集合 $\boldsymbol{C}^\sharp$ も乗法に関してアーベル群である．

問 4.4. (i) 有理数の全体 $\boldsymbol{Q}$ は乗法に関して群でない．

(ii) 0 と異なる整数の全体 $\boldsymbol{Z}^\sharp$ は乗法に関して群でない．

上のそれぞれは，群の公理のうちどの条件をみたさないかいえ．

例題 4.5. M をモノイドとするとき，その正則元の全体 U は M における演算に関して群である．

解 $U \ni a, b$ とすれば，問 3.8 により $ab \in U$．また $1 \in U$ であるから U 自身モノイドである．さらに $a \in U$ ならば $a^{-1} \in U$ であるから，G 3 もみたされて U は群である． □

モノイド M の正則元全体のつくる群を $U(M)$ とかいて，これを M の**単数群**とよぶ．

例えば有理数の全体 $\boldsymbol{Q}$ は乗法に関してモノイドであるが，その単数群は例 4.3 における $\boldsymbol{Q}^\sharp$ である．

問 4.6. 整数の全体 $\boldsymbol{Z}$ は乗法に関してモノイドである．その単数群を求めよ．

例 4.7. 集合 X から X 自身への写像全体のつくるモノイド X^X の単数群を X 上の**対称群**とよび，S^X で表す．S^X は X から X 自身への全単射の全体で，

その元を X 上の**置換**という．X 上の置換 σ を表すのに，$X\ni x$ の下にその σ による像をかいて

$$\sigma=\begin{pmatrix} x \\ x^{\sigma} \end{pmatrix}$$

とかく．特に $|X|=n$ であるとき S^X を S_n とかいて，これを **n 次の対称群**とよび，その元を **n 次の置換**という．

群 G が有限集合であるとき G は**有限群**であるといい，無限集合のとき**無限群**であるという．G が有限群のとき，その元の個数 $|G|$ を G の**位数**という．

問 4.8.　n 次の対称群 S_n の位数をいえ．

例 4.9.　実数を成分とする n 次の正方行列の全体を $M(n, \boldsymbol{R})$ で表す．$M(n, \boldsymbol{R})$ は行列の乗法に関してモノイドである．$M(n, \boldsymbol{R})$ の単数群を $GL(n, \boldsymbol{R})$ とかいて，$\boldsymbol{R}$ 上 n 次の**一般線形群**とよぶ．$GL(n, \boldsymbol{R})$ は n 次の正則行列，すなわち $A\in M(n, \boldsymbol{R})$ で $\det A\neq 0$ となるものの全体である．$M(n, \boldsymbol{Q})$，$GL(n, \boldsymbol{Q})$ や $M(n, \boldsymbol{C})$，$GL(n, \boldsymbol{C})$ なども同様に定義される．

問 4.10.　次のことを証明せよ．

（i）　$n\geq 3$ ならば S_n はアーベル群ではない．

（ii）　$n\geq 2$ ならば $GL(n, \boldsymbol{Q})$ はアーベル群ではない．

4.2　加　群

群 G がアーベル群のときは，その演算を加法の形でかくことが多い．このとき G を**加群**とよび，その単位元を**零元**とよんで，普通 0 で表す．また G の元 a の逆元を $-a$ で表す．

念のため**加群の公理**をまとめておくと，次のようになる．

加法の定義された集合 G が加群であるとは，G が次の四つの条件をみたすことである．

M 1　結合法則：$(a+b)+c=a+(b+c)$．

M 2　零元の存在：G の元 0 で，G の任意の元 x に対して $0+x=x+0=x$ をみたすものが存在する．

M 3　逆元の存在：G の任意の元 a に対して

$$a+(-a)=(-a)+a=0$$

をみたす元 $-a\in G$ が存在する.

M 4 交換法則：$a+b=b+a$.

加群 G においては $a+(-b)$ を $a-b$ で表し，これを a から b を引いた**差**という. $a-b$ は $b+x=a$ をみたすただ一つの元 $x\in G$ である.

例 4.11. $\boldsymbol{Z}, \boldsymbol{Q}, \boldsymbol{R}, \boldsymbol{C}$ などは数の加法に関してそれぞれ加群である. しかし，負でない整数の全体は加群ではない.

加群 G の元 a を n 個加えたものを na とかき，$-a$ を n 個加えたものを $(-n)a$ とかく：

$$na=\overbrace{a+a+\cdots+a}^{n\text{個}},\qquad (-n)a=\overbrace{(-a)+(-a)+\cdots+(-a)}^{n\text{個}}.$$

また $0a=0$ と定める.（ただし左辺の 0 は整数，右辺の 0 は G の零元を表す.）このようにして任意の整数 m に対して ma が定義されるが，これについて次の等式が成り立つ. ただし m, n は整数，a, b は G の元とする.

(i) $(-m)a=m(-a)=-(ma)$，特に $(-1)a=-a$.

(ii) $(m+n)a=ma+na$.

(iii) $m(na)=(mn)a$.

(iv) $m(a+b)=ma+mb$.

§5. 環と体

加法と乗法という二つの演算の定義された集合 R が**環**であるとは，R が次の四つの条件をみたすことである.

R 1 R は加法に関して加群である.

R 2 乗法の結合法則：$(ab)c=a(bc)$.

R 3 分配法則：$a(b+c)=ab+ac$，$(a+b)c=ac+bc$.

R 4 単位元の存在：R の 0 と異なる元 1 で，R の任意の元 x に対して，$1x=x1=x$ をみたすものが存在する.

注意 普通 R 1, R 2, R 3 をみたすものを環とよぶが，本書では単位元をもつ環のみを考察するため，R 4 を**環の公理**に加えておくことにする.

環 R がさらに次の条件

R 5　乗法の交換法則：$ab=ba$

をみたすとき，R は**可換環**であるという．

環 R の乗法のみに着目すれば，R 2 と R 4 から R はモノイドである．その単数群 $U(R)$ を環 R の**単数群**といい，その元を R の **正則元**，または **単数** とよぶ．

例題 5.1.　環 R の零元を 0 とすれば，任意の $x \in R$ に対して $0x=x0=0$ が成り立つ．

証明　$0x=(0+0)x=0x+0x$. 両辺から $0x$ を引いて $0=0x$. 同様にして $x0=0$ をえる．　□

例題 5.1 から，0 は R の正則元でないことがわかる．

環 R において，0 以外の元がすべて正則元であるとき，R は**斜体**であるという．$R^{\#}=R-\{0\}$ とするとき，R が斜体であることは $U(R)=R^{\#}$ となることにほかならない．R が斜体のとき，単数群 $R^{\#}$ をその**乗法群**とよぶ．

斜体 R が乗法について交換法則をみたすとき，R は**体**であるという．特に乗法に関して可換であることを強調したいときは**可換体**とよぶこともある．本書では単に体といえば可換体を意味するものとする．

例 5.2.　整数の全体 $\boldsymbol{Z}$ は数の加法と乗法に関して可換環である．これを**有理整数環**とよぶ．

注意　整数の拡張として代数的整数という概念があり，普通の整数は有理数体における整数という意味で，今後**有理整数**とよぶことにする．

例 5.3.　$\boldsymbol{Q}, \boldsymbol{R}, \boldsymbol{C}$ などはすべて体で，それぞれ**有理数体**，**実数体**，**複素数体**とよばれる．

例 5.4.　環 R の元を成分とする n 次の正方行列の全体を $M(n, R)$ とかき，そこにおける加法と乗法を数を成分とする行列と同じように定義する．すなわち $M(n, R)$ の二つの元 $A=(a_{ij})$ と $B=(b_{ij})$ に対し

$$A+B=(a_{ij}+b_{ij}),$$
$$AB=(c_{ij}), \quad \text{ただし} \quad c_{ij}=\sum_{\nu=1}^{n} a_{i\nu}b_{\nu j}$$

と和，積を定義すれば $M(n, R)$ は環になる．これを R 上 n 次の**全行列環**という．

環 R の元 a に対して，元 $b\neq 0$ で $ab=0$ となるものが存在するとき，a は R における**左零因子**であるという．右零因子も同様に定義される．0 はもちろん左(右)零因子である．

問 5.5. 環 R の正則元は左(右)零因子ではない．特に R が斜体ならば，0 以外に左(右)零因子は存在しないことを示せ．

R が可換環のときは，零因子の左・右を区別する必要はなく，これを単に**零因子**とよぶ．また可換環 R が 0 以外に零因子をもたないとき，すなわち

$$a\neq 0,\ b\neq 0 \Rightarrow ab\neq 0$$

がつねに成り立つとき，R は**整域**であるという．

例えば有理整数環 $\boldsymbol{Z}$ は整域である．また任意の体は整域である．

§6. 多項式環

可換環 R の元を係数とする文字 x の整式

$$f(x)=a_0+a_1x+\cdots+a_nx^n \qquad (a_i\in R)$$

を x に関する R 上の**多項式**という．$f(x)$ を簡単に f とかくことがある．また文字 x を**不定元**，または**変数**とよぶ．

不定元 x に関する R 上の多項式の全体を $R[x]$ で表す．$R[x]$ における加法と乗法を，数を係数とする整式の場合と同様に次のように定義する．

$R[x]$ の 2 元

$$f(x)=a_0+a_1x+\cdots+a_nx^n, \qquad g(x)=b_0+b_1x+\cdots+b_mx^m$$

に対して

加法：$f(x)+g(x)=\sum_{i=0}^{l}(a_i+b_i)x^i$.

ただし $l=\max(n,m)$ とし，例えば $n>m$ のときは $b_{m+1}=\cdots=b_n=0$ とする．

注意 $\max(n,m)$ は n と m の大きい方の値を表す．

乗法：$f(x)g(x)=\sum_{k=0}^{n+m}c_kx^k$，ここで $c_k=\sum_{i+j=k}a_ib_j$.

このとき $R[x]$ は可換環になる．これを x に関する R 上の**多項式環**という．

注意 多項式において $1x^i$ なる項は簡単に x^i とかき，また $0x^i$ なる項は普通省略して表す．例えば $2+0x+3x^2+1x^3$ を $2+3x^2+x^3$ と表す．

多項式 $f(x)=a_0+a_1x+\cdots+a_nx^n$ において，$a_n\neq 0$ であるとき n を $f(x)$ の

次数といい，記号で$\deg f(x)$，または$\deg f$と表す．またa_nを$f(x)$の**最高次の係数**とよぶ．

以下Rは整域とする．このとき，0と異なるR上の二つの多項式$f(x)$，$g(x)$に対して

(6.1) $$\deg(f+g) \leq \max(\deg f, \deg g),$$

(6.2) $$\deg(fg) = \deg f + \deg g$$

が成り立つ．

特に整域R上の多項式環$R[x]$はまた整域である．

注意 多項式環$R[x]$において，Rの元を**定数**とよぶ．0と異なる定数の次数は0である．$R \ni 0$の次数は上では定義されていないが，便宜上$\deg 0 = -\infty$と定義し，任意の整数nに対して$-\infty < n$，$n + (-\infty) = -\infty$，$(-\infty) + (-\infty) = -\infty$と約束する．このとき(6.1), (6.2)は任意のf, gに対して成り立つ．

定理 6.1. Rは整域とする．$R[x]$の2元$f(x), g(x)$に対して，$g(x)$の最高次の係数が正則元ならば，$R[x] \ni q(x), r(x)$が存在して

(6.3) $$f(x) = g(x)q(x) + r(x) \qquad (\deg r(x) < \deg g(x))$$

と一意的に表される．

証明 $f(x) = a_n x^n + \cdots + a_1 x + a_0$, $g(x) = b_m x^m + \cdots + b_1 x + b_0$ $(a_n \neq 0,\ b_m \neq 0)$とする．まず上のような表示の可能性を$n = \deg f$に関する帰納法で示す．$n < m$のときは$q(x) = 0$，$r(x) = f(x)$とおけばよい．$n \geq m$のときは$h(x) = f(x) - a_n b_m^{-1} x^{n-m} g(x)$とすれば，$\deg h < n$．したがって帰納法の仮定により

$$h(x) = g(x)q_1(x) + r(x), \qquad \deg r < \deg g$$

と表せる．このとき

$$f(x) = g(x)(q_1(x) + a_n b_m^{-1} x^{n-m}) + r(x)$$

となり，これは求める表示である．

次に表示の一意性を示すため

$$f(x) = g(x)q(x) + r(x) = g(x)q'(x) + r'(x) \qquad (\deg r, \deg r' < \deg g)$$

とする．このとき

$$g(x)(q(x) - q'(x)) = r'(x) - r(x)$$

となり，$q(x) - q'(x) \neq 0$とすれば，左辺の次数は$m = \deg g$以上，右辺の次数

は $m-1$ 以下となって矛盾である．したがって $q(x)=q'(x)$，$r(x)=r'(x)$ となる． □

定理6.1において，$g(x)$ の最高次の係数が1ならば，つねに (6.3) のような表示ができる．また R が体で $g(x)\neq 0$ ならば，やはり定理が適用できる．

一般に最高次の係数が1である多項式を**モニック**な多項式とよぶ．

(6.3) の表示で $q(x), r(x)$ をそれぞれ，$f(x)$ を $g(x)$ で割ったときの**商**，**余り**という．特に余り $r(x)$ が0のとき，すなわち $f(x)=g(x)q(x)$ となるとき，$f(x)$ は $g(x)$ で**割り切れる**といい，$g(x)\,|\,f(x)$ と表す．

$R[x]\ni f(x)=a_nx^n+\cdots+a_1x+a_0$ と $R\ni\alpha$ に対して

$$f(\alpha)=a_n\alpha^n+\cdots+a_1\alpha+a_0$$

を $f(x)$ の x に α を**代入**した値という．また $f(\alpha)=0$ であるとき，α は $f(x)$ の**根**であるという．

定理 6.2. R は整域とし，$R[x]\ni f(x)$，$R\ni\alpha$ とするとき，次のことが成り立つ．

剰余定理：$R[x]\ni q(x)$ が存在して

$$f(x)=(x-\alpha)q(x)+f(\alpha)$$

となる．すなわち，$f(x)$ を $x-\alpha$ で割ったときの余りは $f(\alpha)$ に等しい．

因数定理：$x-\alpha\,|\,f(x)\Longleftrightarrow f(\alpha)=0$.

問 6.3. 上の定理を証明せよ．

問 6.4. R を整域とし，$R[x]\ni f(x)\neq 0$ を n 次の多項式とする．このとき $f(x)$ の異なる根の個数は n 以下である．

問 6.5. $R[x]\ni f(x)$ により写像 $f^*: R\to R$ $(\alpha\longmapsto f(\alpha))$ がえられるが，R が無限個の元を含む整域のとき，$f(x), g(x)\in R[x]$ が異なる多項式ならば，対応する写像 f^*，g^* は異なることを示せ．(すなわち異なる多項式は異なる関数を定義する．)

二つの変数 x_1, x_2 に関する可換環 R 上の多項式環は，可換環 $R[x_1]$ 上の x_2 に関する多項式環として定義される．これを $R[x_1, x_2]$ とかく：$R[x_1, x_2]=(R[x_1])[x_2]$. $R[x_1, x_2]$ の元は次の形で表される：

$$f(x_1, x_2)=\sum_{i_1, i_2}a_{i_1i_2}x_1^{i_1}x_2^{i_2} \qquad (a_{i_1i_2}\in R).$$

一般に n 変数 $x_1, \cdots, x_n$ に関する多項式環 $R[x_1, \cdots, x_n]$ は帰納的に定義される．すなわち，$R[x_1, \cdots, x_{n-1}]$ が定義されているとして，その上の x_n に関する多項式環として定義される：$R[x_1, \cdots, x_n] = (R[x_1, \cdots, x_{n-1}])[x_n]$．このときその元は

$$f(x_1, \cdots, x_n) = \sum a_{i_1 \cdots i_n} x_1^{i_1} \cdots x_n^{i_n} \qquad (a_{i_1 \cdots i_n} \in R)$$

と表され，これを $x_1, \cdots, x_n$ に関する R 上の多項式という．$a_{i_1 \cdots i_n} \neq 0$ のとき，$a_{i_1 \cdots i_n} x_1^{i_1} \cdots x_n^{i_n}$ を $f(x)$ の**項**といい，$i_1 + \cdots + i_n$ をその**次数**という．また $f(x_1, \cdots, x_n)$ の項の次数の最大値を $f(x_1, \cdots, x_n)$ の**次数**という．

n 変数の多項式についてもそれらの和，積は，数を係数とする多項式の場合と同様に計算して求めたものとして定義される．

問 6.6.　R が整域ならば，R 上の n 変数の多項式環 $R[x_1, \cdots, x_n]$ も整域である．またその単数群は R の単数群に一致することを示せ．

問 6.7.　R は無限個の元を含む整域とする．次のことを示せ．

（i）　$R[x_1, \cdots, x_n] \ni f$ により写像 $f^* : \overbrace{R \times \cdots \times R}^{n\text{個}} \to R$ $((\alpha_1, \cdots, \alpha_n) \longmapsto f(\alpha_1, \cdots, \alpha_n))$ が定義されるが，$f \neq g$ ならば $f^* \neq g^*$ となる．

（ii）　$R[x_1, \cdots, x_n] \ni g_1, \cdots, g_r$ はすべて 0 と異なる多項式とする．このとき $R[x_1, \cdots, x_n] \ni f$ が

$$g_i(\alpha_1, \cdots, \alpha_n) \neq 0 \qquad (i = 1, \cdots, r)$$

なる任意の $\alpha_1, \cdots, \alpha_n$ に対して，$f(\alpha_1, \cdots, \alpha_n) = 0$ となるならば $f(x_1, \cdots, x_n) = 0$ である．

第2章

群　　論

§7.　部分群

群 G の空でない部分集合 H が，次の二つの条件

(7.1)　$a, b \in H \Rightarrow ab \in H$,

(7.2)　$a \in H \Rightarrow a^{-1} \in H$

をみたすとき，H は G の**部分群**であるという．このとき (7.1) より，H 自身乗法の定義された集合と考えられるが，この乗法に関して H が群になることが次のようにして示される．まず結合法則は G で成立しているから，もちろん H でも成り立っている．また $a \in H$ を一つとれば，$a^{-1} \in H$，したがって $1 = aa^{-1} \in H$ となり，H は単位元をもつ．さらに (7.2) より逆元の存在も保証されているから，H は群の公理をすべてみたす．

加群については，その部分群を**部分加群**とよぶ．

H と K がともに G の部分群であるとき，明らかに $H \cap K$ もまた G の部分群である．

問 7.1.　群 G の空でない部分集合 H が部分群であるため必要十分な条件は

$$a, b \in H \Rightarrow ab^{-1} \in H$$

が成り立つことである．

群 G の部分集合 A, B に対して，AB，A^{-1} を次のように定義する：

$$AB = \{ab \mid a \in A,\ b \in B\}, \qquad A^{-1} = \{a^{-1} \mid a \in A\}.$$

特に $B = \{b\}$ が一つの元からなるときは，$A\{b\}$ を簡単に Ab とかく：$Ab =$

$\{ab \mid a \in A\}$．bA についても同様である．定義から明らかに次の等式が成り立つ．

$$(AB)C = A(BC), \qquad (A^{-1})^{-1} = A, \qquad (AB)^{-1} = B^{-1}A^{-1}.$$

この記号を用いると，群 G の部分集合 H が G の部分群であることは

$$HH \subset H \quad \text{かつ} \quad H^{-1} \subset H$$

が成り立つことであり，また問 7.1 により

$$HH^{-1} \subset H$$

が成り立つこととも同値である．

問 7.2. H が群 G の部分群であるとき HH, H^{-1}, HH^{-1} はすべて H に等しいことを示せ．

G 自身や単位元のみからなる集合 $\{1\}$ は明らかに G の部分群である．これらを G の**自明な部分群**とよぶ．部分群 $\{1\}$ を簡単に 1 と表すこともある．また G と異なる部分群を**真部分群**という．

問 7.3. 群 G の空でない部分集合 H が有限集合であるとき，$HH \subset H$ ならば H は G の部分群である．

問 7.4. H, K は G の二つの部分群とするとき，次のことを示せ．

(i) HK が G の部分群 $\Longleftrightarrow HK = KH$.

(ii) L が H を含む G の部分群ならば，$(HK) \cap L = H(K \cap L)$ となる．

S を群 G の部分集合とするとき，S のいくつかの元のべき積 $a_1^{n_1}a_2^{n_2}\cdots a_r^{n_r}$ $(a_i \in S, n_i \in \boldsymbol{Z})$ の全体は G の部分群である．これを $\langle S \rangle$ で表し，S で**生成される部分群**という．

特に一つの元 a で生成される部分群

$$\langle a \rangle = \{a^n \mid n \in \boldsymbol{Z}\}$$

を**巡回群**とよび，a をその**生成元**という．また $\langle a \rangle$ の位数を元 a の**位数**といって，記号 $o(a)$ で表す．

例題 7.5. 巡回群 $\langle a \rangle$ について，次のことが成り立つ．

(i) $a^m = 1$ となる自然数 m が存在すれば，$\langle a \rangle$ は有限巡回群である．またこのような m のうち最小の自然数を n とすれば，$n = o(a)$ となり次が成り立つ．

（1）　$a^m=1 \Leftrightarrow n|m$.

（2）　$\langle a\rangle=\{1, a, a^2, \cdots, a^{n-1}\}$.

(ii)　$\langle a\rangle$ が無限巡回群ならば

$$\cdots, a^{-2}, a^{-1}, 1, a, a^2, \cdots$$

はすべて異なり，$\langle a\rangle$ はこれらの元からなる．

証明　(i)　（1）($\Rightarrow$) m を n で割って $m=nq+r$ $(0\leq r<n)$ とすれば，$1=a^m=(a^n)^q a^r=a^r$．よって n の最小性より $r=0$ となり，$n|m$．($\Leftarrow$) $m=nq$ とすれば，$a^m=(a^n)^q=1$．

（2）　$0\leq i<j\leq n-1$ なる i, j に対して，$a^i=a^j$ とすれば，$1=a^j a^{-i}=a^{j-i}$．$0<j-i<n$ であるから，これは n の最小性に反する．したがって，$1, a, a^2, \cdots, a^{n-1}$ はすべて異なる．また l を任意の整数とするとき，$l=nq+r$ $(0\leq r<n)$ と表せば，$a^l=a^r$ となり，$\langle a\rangle=\{1, a, a^2, \cdots, a^{n-1}\}$ をえる．よって $n=o(a)$ となる．

(ii)　整数 $i<j$ に対して，$a^i=a^j$ とすれば，$a^{j-i}=1$，$j-i>0$ となるから，$\langle a\rangle$ は有限巡回群となり仮定に反する．よって $\{a^n | n\in \boldsymbol{Z}\}$ はすべて異なる．□

集合 Ω 上の対称群 S^Ω の部分群を一般に Ω 上の**置換群**とよぶ．また n 次の対称群 S_n の部分群を n 次の置換群とよぶ．置換は行列式の定義にも用いられるが，ここでその基本的な性質を簡単に復習しておこう．

文字 $i_1, i_2, \cdots, i_r$ $(r>1)$ を巡回的にうつし，他の文字を動かさない置換を

$$(i_1, i_2, \cdots, i_r)$$

と表し，これを**長さ r の巡回置換**とよぶ(図1)：

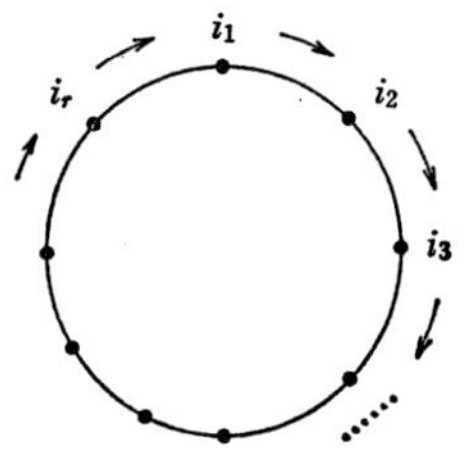

図 1

$$(i_1, i_2, \cdots, i_r)=\begin{pmatrix} \cdots & i_1 & \cdots & i_2 & \cdots & i_{r-1} & \cdots & i_r & \cdots \\ \cdots & i_2 & \cdots & i_3 & \cdots & i_r & \cdots & i_1 & \cdots \end{pmatrix}.$$

長さ2の巡回置換 (i, j) は i と j とを入れかえる置換で，これを**互換**とよぶ．

問 7.6.　長さ r の巡回置換の位数は r であることを示せ．

定理 7.7.　n 次の置換は，互いに共通する文字を含まないいくつかの巡回置換の積として一意的に表される．

例えば

$$\begin{pmatrix} 1 & 2 & 3 & 4 & 5 & 6 & 7 & 8 \\ 5 & 1 & 6 & 8 & 2 & 3 & 7 & 4 \end{pmatrix} = (1,5,2)(3,6)(4,8).$$

このような分解を置換の**巡回置換分解**とよぶ.

n 次の置換 σ の巡回置換分解において, 長さ $r(1\leq r\leq n)$ の巡回置換がちょうど m_r 個あらわれるならば, σ の**型**は $1^{m_1}2^{m_2}\cdots n^{m_n}$ であるという. ただし σ の固定する文字は長さ1の巡回置換とみなす. $m_r=0$ のときは r^{m_r} を省略することもある. 例えば上の8次の置換の型は $1^1 2^2 3^1$ である.

定理 7.8. n 次の置換はいくつかの互換の積で表される. その表示は一意的ではないが, 表示にあらわれる互換の個数が偶数であるか奇数であるかは表示によらず一定である.

置換が偶数個の互換の積に表されるとき**偶置換**であるといい, そうでないとき**奇置換**であるという. 置換 σ の**符号** $\operatorname{sgn}\sigma$ を

$$\operatorname{sgn}\sigma = \begin{cases} 1 & (\sigma \text{ が偶置換}) \\ -1 & (\sigma \text{ が奇置換}) \end{cases}$$

と定めると, 二つの置換 σ, τ に対して

$$\operatorname{sgn}(\sigma\tau) = (\operatorname{sgn}\sigma)(\operatorname{sgn}\tau)$$

が成り立つ. 特に二つの偶置換の積はまた偶置換で, n 次の偶置換の全体は S_n の部分群である. これを n 次の**交代群**とよび, A_n で表す.

問 7.9. 長さ r の巡回置換は r が偶数のときは奇置換, r が奇数のときは偶置換である.

問 7.10. A_4 の部分集合 $V=\{1$ (単位元), $(1,2)(3,4)$, $(1,3)(2,4)$, $(1,4)(2,3)\}$ は可換部分群である. (これをクラインの**4元群**とよぶ.)

問 7.11. S_n は $\{(1,2), (2,3), \cdots, (n-1,n)\}$ で生成されることを示せ.

例 7.12. $GL(n,\boldsymbol{R})$ の中で行列式が1であるものの全体を $SL(n,\boldsymbol{R})$ とかく: $SL(n,\boldsymbol{R})=\{A\in GL(n,\boldsymbol{R}) \mid \det A=1\}$. これは $GL(n,\boldsymbol{R})$ の部分群で, $\boldsymbol{R}$ 上 n 次の**特殊線形群**とよばれる.

問 7.13. 行列 A の転置行列を ${}^tA$ で表し, 複素数を成分とする行列 $A=(a_{ij})$ に対して, その各成分を共役複素数でおきかえた行列 $(\bar{a}_{ij})$ を $\bar{A}$ とか

く．また単位行列を I で表す．このとき

（i）　$O(n)=\{A\in GL(n,\boldsymbol{R})\mid A{}^tA={}^tAA=I\}$ は $GL(n,\boldsymbol{R})$ の部分群である．（これを n 次の**直交群**とよび，その元を**直交行列**という．）

（ii）　$U(n)=\{A\in GL(n,\boldsymbol{C})\mid A{}^t\bar{A}={}^t\bar{A}A=I\}$ は $GL(n,\boldsymbol{C})$ の部分群である．（これを n 次の**ユニタリー群**とよび，その元を**ユニタリー行列**という．）

注意　$O(n)=U(n)\cap GL(n,\boldsymbol{R})$ である．

一般に可換環 R の元を成分とする正方行列に対しても，数を成分とする行列の場合と同様にその行列式が定義される．すなわち，$M(n,R)\ni A=(a_{ij})$ に対して

$$\det A=\sum_{S_n\ni\sigma}\mathrm{sgn}\,\sigma a_{1\,1\sigma}a_{2\,2\sigma}\cdots a_{n\,n\sigma}$$

を A の行列式とよぶ．このとき $A,B\in M(n,R)$ に対して

$$\det(AB)=(\det A)(\det B) \tag{7.3}$$

が成り立つ．また単位行列 I に対しては $\det I=1$ である．

行列 $A=(a_{ij})$ の第 i 行と第 j 列をとり去った $n-1$ 次の正方行列の行列式に $(-1)^{i+j}$ をかけたものを $\tilde{a}_{ij}$ とかき，これを a_{ij} の**余因子**という．また

$$\tilde{A}={}^t(\tilde{a}_{ij})$$

を A の**余因子行列**とよぶ．このとき

$$A\tilde{A}=\tilde{A}A=(\det A)I \tag{7.4}$$

が成り立つ．これらのことは，R が可換環であれば数を成分とする場合と全く同様に証明できる．

問 7.14.　R が可換環であるとき，$M(n,R)\ni A$ が正則元であるため必要十分な条件は，$\det A$ が R の正則元であることである．またこのとき，$A^{-1}=(\det A)^{-1}\tilde{A}$ となることを示せ．

$M(n,R)$ の単数群を $GL(n,R)$ とかき，これを R 上 n 次の**一般線形群**とよぶ．問 7.14 より

$$GL(n,R)=\{A\in M(n,R)\mid\det A\in U(R)\}$$

となる．

例えば $R=\boldsymbol{Z}$（有理整数環）のときは

$$GL(n,\boldsymbol{Z})=\{A\in M(n,\boldsymbol{Z})\mid\det A=\pm1\}.$$

また，$SL(n,R)=\{A\in M(n,R)\mid \det A=1\}$ は $GL(n,R)$ の部分群で，これを R 上 n 次の**特殊線形群**とよぶ．

§8. 剰余類

群 G の部分群 H に対して，Ha $(a\in G)$ の形の部分集合を G における H の**右剰余類**とよび，aH の形の部分集合を H の**左剰余類**とよぶ．特に $H=H1=1H$ であるから，H 自身一つの右，あるいは左剰余類である．

問 8.1. 次のことを証明せよ．

(i) $Ha=Hb \Longleftrightarrow ab^{-1}\in H$.

(ii) $aH=bH \Longleftrightarrow a^{-1}b\in H$.

(i) がみたされているとき，a と b は H を法として**右合同**であるといい，$a\equiv_r b \pmod{H}$ とかく．また (ii) がみたされているとき，a と b は H を法として**左合同**であるといい，$a\equiv_l b \pmod{H}$ とかく．

問 8.2. H を群 G の部分群とするとき，H を法として右合同であるという関係は同値関係で，G の元 a を含む同値類は Ha である．左合同についても同様である．このことを示せ．

H の右剰余類 Ha は同値関係 $\equiv_r \pmod{H}$ についての一つの同値類であるから，G における H の異なる右剰余類の集合を $\{Ha_i\}_{i\in I}$ とすれば

$$G=\bigcup_{i\in I} Ha_i, \qquad Ha_i\cap Ha_j=\phi \quad (i\neq j)$$

と類別される．このとき

$$G=\sum_{i\in I} Ha_i \tag{8.1}$$

とかき，これを G の H による**右分解**とよぶ．特に I が有限集合のときは，(8.1) を

$$G=Ha_1+Ha_2+\cdots+Ha_n \tag{8.2}$$

とかくこともある．H の右剰余類の全体を $H\backslash G$ で表す：$H\backslash G=\{Ha_i\}_{i\in I}$．また各右剰余類の代表元 a_i の集合 $\{a_i\}_{i\in I}$ を $H\backslash G$ の**完全代表系**という．

H による左分解も同様に定義される．H の左剰余類の全体を G/H で表す．

問 8.3. G の H による右分解を $G=\sum_{i\in I} Ha_i$ とするとき，$G=\sum_{i\in I} a_i^{-1}H$ は H による左分解を与えることを示せ．

特に$H\backslash G$が有限集合のときG/Hも有限集合で，右，左の剰余類の個数は一致する．これを$|G:H|$で表し，HのGにおける**指数**とよぶ．$H\backslash G$が無限集合のときは$|G:H|=\infty$とかく．

定理 8.4.（ラグランジュの定理） 有限群Gの部分群Hに対して

（i） $|G|=|G:H||H|$，すなわち$|G:H|=|G|/|H|$．

（ii） 特にHの位数も指数もともにGの位数の約数である．

証明 $G=\sum_{i=1}^{n}Ha_i$をHによる右分解とすれば$|G|=\sum_{i=1}^{n}|Ha_i|$．ここで$n=|G:H|$，$|Ha_i|=|H|$であるから（i）が成り立つ．（ii）は（i）より明らかである． □

特別な場合として，次の系がえられる．

系 8.5. 有限群Gの任意の元の位数はGの位数の約数である．したがってGの位数をnとすれば，任意の$a\in G$に対して

$$a^n=1$$

が成り立つ．

問 8.6. n次の対称群S_nにおいて，σを任意の奇置換とすれば，$S_n=A_n+A_n\sigma$は交代群A_nによる右分解である．したがって$|S_n:A_n|=2$であることを示せ．

問 8.7. 位数が素数の群は巡回群である．

問 8.8. H,Kはともに群Gの部分群で，$H\supset K$とする．このとき，$\{a_i\}_{i\in I}$を$H\backslash G$の完全代表系，$\{b_j\}_{j\in J}$を$K\backslash H$の完全代表系とすれば，$\{b_ja_i\}_{i\in I,j\in J}$は$K\backslash G$の完全代表系である．特に$G$が有限群ならば

$$|G:K|=|G:H||H:K|$$

が成り立つことを示せ．

H,Kを群Gの二つの部分群とする．Gの2元a,bに対して，$h\in H$，$k\in K$が存在して$b=hak$となるとき，aとbは(H,K)を法として**合同**であるといい

$$a\equiv b \qquad (\mathrm{mod}\,(H,K))$$

と表す．

問 8.9. 上の関係はGにおける同値関係で，aを含む同値類はHaKであ

ることを示せ.

G の部分集合 HaK を(a を含む)(H,K) の G における**両側剰余類**とよぶ. 異なる両側剰余類を $\{Ha_iK\}_{i\in I}$ とするとき

$$G=\bigcup_{i\in I}Ha_iK,\qquad Ha_iK\cap Ha_jK=\phi\quad(i\neq j)$$

と G は類別される. このとき

$$G=\sum_{i\in I}Ha_iK$$

とかく. また I が有限集合のときは

$$G=Ha_1K+Ha_2K+\cdots+Ha_nK$$

とかき, これらを G の (H,K) による**両側分解**という. (H,K) の G における両側剰余類の全体を $H\backslash G/K$ で表す. また各両側剰余類の代表元 a_i の集合 $\{a_i\}_{i\in I}$ を $H\backslash G/K$ の**完全代表系**という.

例題 8.10. H,K を群 G の部分群とし, HaK を一つの両側剰余類とする. また K の $K\cap a^{-1}Ha$ による右分解を

$$K=\sum_{j\in J}(K\cap a^{-1}Ha)k_j$$

とすれば, $\{Hak_j\}_{j\in J}$ は HaK に含まれる H の異なる右剰余類の全体と一致する: $HaK=\sum_{j\in J}Hak_j$.

特に G が有限群のときは, HaK に含まれる H の右剰余類の個数は $|K:K\cap a^{-1}Ha|$ に等しい.

証明 $HaK=\bigcup_{k\in K}Hak$ であるが, $k,k'\in K$ に対して

$$Hak=Hak'\Longleftrightarrow akk'^{-1}a^{-1}\in H\Longleftrightarrow kk'^{-1}\in K\cap a^{-1}Ha$$
$$\Longleftrightarrow(K\cap a^{-1}Ha)k=(K\cap a^{-1}Ha)k'$$

したがって $\{Hak_j\}_{j\in J}$ はすべて異なり, HaK はこれらの和集合に一致する. □

例題8.10からただちに次がえられる.

例題 8.11. G の (H,K) による両側分解を

$$G=\sum_{i\in I}Ha_iK$$

とし, 各 $i\in I$ に対して, K の $K\cap a_i^{-1}Ha_i$ による右分解を

$$K=\sum_{j\in J_i}(K\cap a_i^{-1}Ha_i)k_{ij}$$

とする. このとき

$$G=\sum_{i\in I}\sum_{j\in J_i}Ha_ik_{ij}$$

はGのHによる右分解である．特にGが有限群ならば

$$|G:H|=\sum_{i\in I}|K:K\cap a_i^{-1}Ha_i|$$

となる． □

§9. 巡回群

巡回群の部分群について，次の定理が成り立つ．

定理 9.1. (i) 巡回群の部分群はまた巡回群である．

(ii) $G=\langle a\rangle$を位数nの有限巡回群とすれば，nの任意の約数mに対して，Gの部分群で位数mのものがただ一つ存在する．

証明 (i) $G=\langle a\rangle$の任意の部分群をHとする．$H=1$ならば$H=\langle 1\rangle$であるから，$H\neq 1$としてよい．また$a^i\in H$ならば$a^{-i}=(a^i)^{-1}\in H$であるから，Hはa^i $(i>0)$なる元を含む．このようなiの最小値をhとする．

このとき明らかに$\langle a^h\rangle\subset H$である．一方$a^i\in H$ならば$h|i$，したがって$a^i\in\langle a^h\rangle$となることが次のようにして示される．$i$を$h$で割って

$$i=hq+r,\qquad 0\leq r<h$$

とすれば，$a^r=a^{i-hq}=a^i(a^h)^{-q}\in H$となり，$h$の最小性により$r=0$となる．よって$H\subset\langle a^h\rangle$，したがって$H=\langle a^h\rangle$をえる．

(ii) $n=ml$とする．このとき$\langle a^l\rangle$は$1, a^l, a^{2l}, \cdots, a^{(m-1)l}$ $(a^{ml}=1)$なるm個の元からなり，$\langle a^l\rangle$は位数mの部分群である．

一方HをGの位数mの部分群とし，hを(i)の証明のようにとれば$H=\langle a^h\rangle$．$a^n=1\in H$であるから，(i)で示したように$h|n$である．このとき$\langle a^h\rangle$の位数はn/hに等しいから$n/h=m$となり，$h=l$をえる．よってHは$\langle a^l\rangle$に一致する． □

問 9.2. 位数nの巡回群$G=\langle a\rangle$において，$n=ml$とするとき$\{x\in G|x^m=1\}=\langle a^l\rangle$で，その元の個数は$m$に等しいことを示せ．

整数全体のつくる加群$\boldsymbol{Z}$は1で生成される無限巡回群である：$\boldsymbol{Z}=\{n1|n\in\boldsymbol{Z}\}$．したがって$\boldsymbol{Z}$の部分加群はまた巡回群となるが，このことから次の定理がえられる．

定理 9.3. $\boldsymbol{Z}\ni a_1, a_2, \cdots, a_r$の最大公約数を$d$とすれば

$$\langle a_1, a_2, \cdots, a_r\rangle = \langle d\rangle.$$

したがって $a_1x_1+a_2x_2+\cdots+a_rx_r=d$ となる整数 $x_1, x_2, \cdots, x_r$ が存在する．特に a と b が互いに素ならば，$ax+by=1$ となる整数 x, y が存在する．

証明 $a_1, a_2, \cdots, a_r$ が生成する部分加群 $\langle a_1, a_2, \cdots, a_r\rangle$ は，$a_1x_1+a_2x_2+\cdots+a_rx_r$ $(x_i\in \boldsymbol{Z})$ なる形の整数の全体である．いま $\langle a_1, a_2, \cdots, a_r\rangle=\langle c\rangle$ とすれば，$a_i=cy_i$ $(y_i\in \boldsymbol{Z})$ となるから，c は $a_1, a_2, \cdots, a_r$ の公約数で，したがって $c|d$．一方 $c=a_1x_1+a_2x_2+\cdots+a_rx_r$ $(x_i\in \boldsymbol{Z})$ と表されるから，$d|c$．したがって $c=\pm d$ となり，$\langle d\rangle=\langle c\rangle=\langle a_1, a_2, \cdots, a_r\rangle$ となる． □

二つの整数 m, n の最大公約数を (m, n) で表す．

例題 9.4. 位数 n の有限巡回群 $G=\langle a\rangle$ の元 a^r に対して，$\langle a^r\rangle=\langle a^{(n,r)}\rangle$．したがって a^r の位数は $n/(n, r)$ である．

証明 $d=(n, r)$ とすれば，明らかに $\langle a^r\rangle\subset\langle a^d\rangle$．一方 $d=nx+ry$ となる整数 x, y が存在するから，$a^d=(a^n)^x(a^r)^y=(a^r)^y\in\langle a^r\rangle$．よって，$\langle a^d\rangle\subset\langle a^r\rangle$ となり，$\langle a^d\rangle=\langle a^r\rangle$ をえる． □

例題 9.5. 巡回群 $G=\langle a\rangle$ の生成元について，次が成り立つ．

（i） $|G|=\infty$ ならば，G の生成元は a と a^{-1} のみである．

（ii） $|G|=n$ のとき，a^i が G の生成元であるため必要十分な条件は $(i, n)=1$ となることである．

証明 （i） $\langle a\rangle=\langle a^i\rangle$ とすれば，ある $j\in \boldsymbol{Z}$ に対して $a=a^{ij}$，したがって $ij=1$ となる．このとき $i=\pm 1$ である．

（ii） $\langle a\rangle=\langle a^i\rangle$ とすれば，$a=a^{ij}(j=\boldsymbol{Z})$，したがって $ij\equiv 1 \pmod n$ となる．このとき $(i, n)=1$ となる．

逆に $(i, n)=1$ とすれば，$ix+ny=1$ となる $x, y\in \boldsymbol{Z}$ がある．このとき $a=a^{ix+ny}=(a^i)^x(a^n)^y=(a^i)^x$ となり，$a\in\langle a^i\rangle$，したがって $\langle a\rangle=\langle a^i\rangle$ となる． □

$\boldsymbol{Z}$ において，n を法とする剰余類 $C_0, C_1, \cdots, C_{n-1}$ のうち $(i, n)=1$ となる C_i を**既約剰余類**とよび，その個数を $\varphi(n)$ で表して，これを**オイラーの関数**という．

例題 9.5（ii）により，位数 n の巡回群 $\langle a\rangle$ の生成元の個数，すなわち位数 n の元の個数は $\varphi(n)$ に等しい．

問 9.6. 次の等式が成り立つことを示せ．

(9.1) $$n=\sum_{m|n}\varphi(m).$$

問 9.7. p が素数のとき，$\varphi(p^e)=p^{e-1}(p-1)$ であることを示せ.

例題 9.8. 有限群 G が巡回群であるため必要十分な条件は，任意の自然数 m に対して $x^m=1$ をみたす元 $x\in G$ の個数が m 以下であることである.

証明 (必要性) $G=\langle a\rangle$ とし，その位数を n とする. $x^m=1$ ならば $o(x)$ は m と n の公約数である. したがって $d=(m,n)$ とおけば $x^d=1$ となり，問 9.2 よりこのような x はちょうど d 個あるから，$x^m=1$ の解の個数は m 以下である.

(十分性) $n=|G|$ の約数 m に対して，位数 m の G の元の全体を G_m とすれば

(9.2) $$n=|G|=\sum_{m|n}|G_m|$$

が成り立つ. いま $|G_m|>0$ とし，$G_m\ni a$ とすれば，$\langle a\rangle=\{1,a,\cdots,a^{m-1}\}$ の元はすべて $x^m=1$ の解であるから，仮定により $\langle a\rangle=\{x\in G\,|\,x^m=1\}$ となる. 特に $G_m\subset\langle a\rangle$ で，$|G_m|$ は $\langle a\rangle$ の位数 m の元の個数 $\varphi(m)$ に一致する. したがって n の任意の約数 m に対して $|G_m|=0$，または $|G_m|=\varphi(m)$ となるが，(9.1) と (9.2) を比較して $|G_m|=\varphi(m)$ をえる. 特に $G_n\neq\phi$ で，その一つの元 b をとれば $G=\langle b\rangle$ となる. □

問 9.9. 体 K の 0 と異なる元全体のつくる乗法群 $K^{\#}$ において，その有限部分群はすべて巡回群であることを示せ.

例 9.10. 複素数体の乗法群 $C^{\#}$ において

$$\zeta=\cos(2\pi/n)+\sin(2\pi/n)\sqrt{-1}$$

とおけば，$\langle\zeta\rangle$ は位数 n の巡回群で，1 の n 乗根の全体と一致する：$\langle\zeta\rangle=\{x\in C^{\#}\,|\,x^n=1\}$. また ζ^i が $\langle\zeta\rangle$ の生成元になるのは $(i,n)=1$ のとき，かつそのときに限る. このとき ζ^i を **1 の原始 n 乗根**とよぶ(図 2).

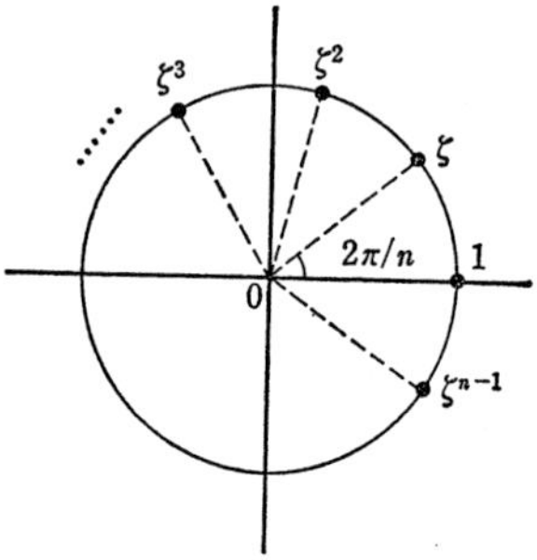

図 2

§10. 正規部分群と剰余群

群 G の部分集合 A と $t\in G$ に対して，$t^{-1}At=\{t^{-1}at\,|\,a\in A\}$ を A を t で**変換**した部分集合とよぶ. また G の二つの部分集合 A,B に対して，$t^{-1}At=B$ となる元 $t\in G$ が存在するとき，A と B は G で**共役**(きょうやく)，あるいは簡単に **G-共役**

であるといい，$A \underset{G}{\sim} B$ と表す．

また G の 2 元 a, b に対して，$t^{-1}at=b$ となる $t\in G$ があるとき，これらの 2 元は G–共役であるといって，$a \underset{G}{\sim} b$ と表す．

問 10.1. 次のことを示せ．

(i) H が G の部分群ならば，$t^{-1}Ht$ $(t\in G)$ も G の部分群である．

(ii) $b^{-1}ab=a \Longleftrightarrow ab=ba$.

G の部分群 N が次の条件

(10.1) $$a^{-1}Na=N \qquad (\forall a\in G)$$

をみたすとき，N は G の**正規部分群**であるといい，$N\lhd G$ または $G\rhd N$ と表す．条件 (10.1) は明らかに次の条件と同値である：

(10.2) $$Na=aN \qquad (\forall a\in G).$$

すなわち正規部分群 N の右剰余類と左剰余類は一致し，これを単に N の**剰余類**とよぶ．正規部分群 N を法とする右合同，左合同も区別する必要はない．

N が G の正規部分群であるとき，N の二つの剰余類 Na, Nb の(G の部分集合としての)積をとれば

$$(Na)(Nb)=NaNb=NNab=Nab$$

となり，これはまた N の剰余類である．これによって N の剰余類の集合 G/N に乗法が定義されるが，この乗法について結合法則は明らかに成り立つ．また N はその単位元，Na の逆元は Na^{-1} となるから，G/N は一つの群である．これを G の N による**剰余群**とよぶ．

例 10.2. アーベル群 G においては，任意の 2 元 a, b に対して $b^{-1}ab=a$ が成り立つ．特に任意の部分群は正規部分群である．

問 10.3. G の部分群 N が $a^{-1}Na\subset N(\forall a\in G)$ をみたせば $a^{-1}Na=N(\forall a\in G)$，したがって $N\lhd G$ であることを示せ．

問 10.4. 群 G について次のことを証明せよ．

(i) $H_i(i=1,2,\cdots,n)$ がすべて G の正規部分ならば，$H=\bigcap_{i=1}^{n} H_i$ もまた G の正規部分群である．

(ii) N は G の正規部分群，H は G の部分群とする．このとき

(1) $H\cap N$ は H の正規部分群である．

（2） $NH=HN$ となり，したがって NH は G の部分群である．

（3） 特に $H \lhd G$ ならば $NH \lhd G$ である．

例題 10.5. 群 G の部分群 H の指数が2ならば $H \lhd G$ である．

証明 x を G の任意の元とする． $x \in H$ ならば明らかに $x^{-1}Hx=H$ である． $x \notin H$ ならば Hx, xH はともに H と異なる H の右，左剰余類である． $|G:H|=2$ より $G=H+Hx=H+xH$． したがって $Hx=xH=G-H$ となり， $H \lhd G$ である． □

特に交代群 A_n は対称群 S_n の正規部分群である．

問 10.6. クラインの4元群(問7.10参照)は S_4 の正規部分群であることを示せ．

§11. 同型と準同型

11.1. 定義と例

群 G から群 G' への全単射 $f: G \to G'$ があって

$$f(ab)=f(a)f(b) \qquad (\forall a, b \in G) \tag{11.1}$$

をみたすとき，G と G' は**同型**であるといい，記号で

$$G \simeq G'$$

と表す．またこのような全単射 f を，G から G' への**同型写像**という． 見やすくするため，いま $f(a)$ を a' とかくことにすれば，$G'=\{a' | a \in G\}$ であって，(11.1) より

$$(ab)'=a'b' \tag{11.2}$$

が成り立つ．

例えば群 G が有限群で，その元を並べて $G=\{a_1, a_2, \cdots, a_n\}$ とするとき，表1のように，i 行，j 列に G の元 a_ia_j をかき入れた表を G の**乗積表**という． 乗積表によって群 G の構造はきまる．

表 1

	a_1	$\cdots$	a_j	$\cdots$	a_n
a_1	a_1^2	$\cdots$	a_1a_j	$\cdots$	a_1a_n
$\vdots$	$\vdots$		$\vdots$		$\vdots$
a_i	a_ia_1	$\cdots$	a_ia_j	$\cdots$	a_ia_n
$\vdots$	$\vdots$		$\vdots$		$\vdots$
a_n	a_na_1	$\cdots$	a_na_j	$\cdots$	a_n^2

群 G' が全単射 $a \longmapsto a'$ によって G に同型であるとき，(11.2) は，G の乗積表におけ

る各元にダッシュ ′ をつけたものが G' の乗積表になることを示している. したがって, G と G' はある元を a とよぶか a' とよぶかというよび方の違いだけであって, 群としての構造は同じものであると考えてよい. この意味で, 同型な群はしばしば同一視される.

問 11.1. (i) クラインの4元群 V(問 7.10 参照)の乗積表をつくれ.

(ii) $G=\{(a,b)\,|\,a=\pm1, b=\pm1\}=\{(1,1),(1,-1),(-1,1),(-1,-1)\}$ において, 乗法を $(a,b)(a',b')=(aa',bb')$ により定義すれば G は群になるが, $G\simeq V$ となることを G と V の乗積表を比較して示せ.

同型写像の定義は次のように拡張される. G, G' を群とするとき, 写像 f: $G\to G'$ が (11.1) の条件

$$f(ab)=f(a)f(b) \qquad (\forall a, b\in G)$$

をみたすとき, f は G から G' への**準同型写像**であるという.

注意 f が上の条件をみたすとき, f は**乗法を保つ**という.

同型写像, 準同型写像を以後簡単に**同型**, **準同型**とよぶことにする.

例題 11.2. $f: G\to G'$ が準同型であるとき, 次のことが成り立つ.

(i) $f(1_G)=1_{G'}$ ($1_G, 1_{G'}$ はそれぞれ G, G' の単位元).

(ii) $f(a^{-1})=f(a)^{-1}$ ($\forall a\in G$).

(iii) $\mathrm{Im}\, f=\{f(a)\,|\,a\in G\}$ は G' の部分群である.

(iv) $K=\{a\in G\,|\,f(a)=1_{G'}\}$ は G の正規部分群である.

証明 (i) $f(1_G)=f(1_G1_G)=f(1_G)f(1_G)$. この両辺に左から $f(1_G)^{-1}$ をかければ, $1_{G'}=f(1_G)$ となる.

(ii) $1_{G'}=f(1_G)=f(aa^{-1})=f(a)f(a^{-1})$. この両辺に左から $f(a)^{-1}$ をかけると, $f(a)^{-1}=f(a^{-1})$ をえる.

(iii) $f(a)f(b)=f(ab)\in\mathrm{Im}\, f$, $f(a)^{-1}=f(a^{-1})\in\mathrm{Im}\, f$ であるから, $\mathrm{Im}\, f$ は G' の部分群である.

(iv) $a, b\in K$ とする. $f(a)=f(b)=1_{G'}$ であるから, $f(ab)=f(a)f(b)=1_{G'}$. よって $ab\in K$. また $f(a^{-1})=f(a)^{-1}=1_{G'}$. したがって $a^{-1}\in K$ となり, K は G の部分群である. さらに x を G の任意の元とするとき, $f(x^{-1}ax)=f(x^{-1})f(a)f(x)=f(x)^{-1}1_{G'}f(x)=1_{G'}$ となり, $x^{-1}ax\in K$. よって K は G の正規部分

群である．　□

例題11.2(iv) における G の正規部分群 K を f の**核**をいい，$\mathrm{Ker}\, f$ で表す：$\mathrm{Ker}\, f=\{a\in G\,|\,f(a)=1_{G'}\}$．

問 11.3.　$f: G\to G'$ が準同型であるとき，次のことを証明せよ．

（i）　$f(a)=f(b)\Leftrightarrow ab^{-1}\in\mathrm{Ker}\, f$．したがって

$$f\text{が単射}\Leftrightarrow \mathrm{Ker}\, f=1.$$

(ii)　H を G の部分群とするとき，$f(H)$ は G' の部分群である．また f の H への制限を $f_H: H\to G'$　$(H\ni h\longmapsto f(h))$ とすれば，f_H はまた準同型で，$\mathrm{Ker}\, f_H=H\cap\mathrm{Ker}\, f$ となる．

(iii)　$H\lhd G$ ならば，$f(H)\lhd f(G)$．

(iv)　H' が G' の部分群ならば，$f^{-1}(H')$ は G の部分群である．また $H'\lhd G'$ ならば，$f^{-1}(H')\lhd G$ である．

準同型 $f: G\to G'$ において，$\mathrm{Im}\, f=G'$ であるとき，f は**全準同型**であるといい，このような f が存在するとき，G' は G に**準同型**であるといって，記号で

$$G\sim G'$$

と表す．

また f が単射であるとき，すなわち $\mathrm{Ker}\, f=1$ であるとき f は**単準同型**であるという．このとき G は G' の部分群 $\mathrm{Im}\, f$ に同型である．

準同型 $f: G\to G'$ が同型であるための条件は

$$\mathrm{Im}\, f=G',\qquad \mathrm{Ker}\, f=1$$

が成り立つことである．

例 11.4.　$N\lhd G$ とし，剰余群 G/N を $\bar{G}$ で表し，その元 Na を $\bar{a}$ で表す．このとき

$$\bar{a}\bar{b}=(Na)(Nb)=Nab=\overline{ab}$$

であるから，$f: G\to\bar{G}$　$(a\longmapsto\bar{a})$ は全準同型である．これを G から G/N への**自然な準同型**という．

問 11.5.　上の準同型写像について，次のことを示せ．

（i）　$\mathrm{Ker}\, f=N$．

(ii)　H を G の部分群とするとき，$f^{-1}(\bar{H})=NH$．

11.2. 準同型定理と同型定理

次の準同型定理は基本的で，群 G の準同型像は G のある剰余群と同型であることを示している.

定理 11.6.（準同型定理） G, G' は群とし，$f: G \to G'$ は準同型とする．このとき

$$G/\mathrm{Ker}\, f \simeq \mathrm{Im}\, f$$

となる．特に f が全準同型ならば

$$G/\mathrm{Ker}\, f \simeq G'.$$

証明 $K = \mathrm{Ker}\, f$ とすれば $K \lhd G$．また $G \ni a, b$ に対して

$$(11.3) \qquad f(a) = f(b) \Leftrightarrow ab^{-1} \in K \Leftrightarrow Ka = Kb$$

であるから，$\bar{f}(Ka)$ を $\bar{f}(Ka) = f(a)$ と定義すれば，これは剰余類 Ka の代表元 a のとり方によらず一意にきまり，写像 $\bar{f}: G/K \to G'\,(Ka \longmapsto f(a))$ が定義される．また (11.3) より $\bar{f}$ は単射である．$\bar{f}((Ka)(Kb)) = \bar{f}(Kab) = f(ab) = f(a)f(b) = \bar{f}(Ka)\bar{f}(Kb)$ であるから，$\bar{f}$ は単準同型であるが，明らかに $\mathrm{Im}\, \bar{f} = \mathrm{Im}\, f$ であるから，$G/K \simeq \mathrm{Im}\, \bar{f} = \mathrm{Im}\, f$ となる. □

準同型定理を用いて，次の同型定理がえられる.

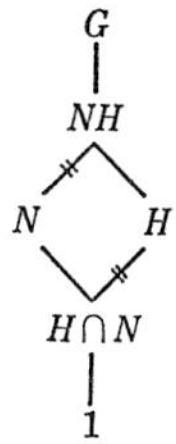

図 3

定理 11.7.（同型定理） (i) H は群 G の部分群，N は G の正規部分群とすれば（図 3）

$$NH/N \simeq H/H \cap N.$$

(ii) $f: G \to G'$ を全準同型とし，$H' \lhd G'$，$H = f^{-1}(H')$ とすれば

$$G/H \simeq G'/H'.$$

証明 (i) $f: G \to G/N$ を自然な準同型とする．このとき $f(H) = NH/N$．したがって f を H に制限して，全準同型 $f_H: H \to NH/N$ がえられるが，$\mathrm{Ker}\, f_H = H \cap \mathrm{Ker}\, f = H \cap N$ であるから，準同型定理により $H/H \cap N \simeq NH/N$ となる.

(ii) $g: G' \to G'/H'$ を自然な準同型とすれば，$g \circ f: G \to G'/H'$ は全準同型で，$\mathrm{Ker}(g \circ f) = f^{-1}(\mathrm{Ker}\, g) = f^{-1}(H') = H$．したがって準同型定理により，$G/H \simeq G'/H'$ となる. □

定理 11.7 (ii) から，次の系がえられる．

系 11.8. H, N はともに群 G の正規部分群とし，$N \subset H$ とすれば

$$G/H \simeq (G/N)/(H/N).$$

証明 $f: G \to G/N$ を自然な準同型とすれば，$f^{-1}(H/N) = H$. したがって定理 11.7(ii) から，上の同型がえられる． □

問 11.9. 有理整数全体のつくる加群 $\boldsymbol{Z}$ から巡回群 $\langle a \rangle$ への写像 $f: \boldsymbol{Z} \to \langle a \rangle$ を $f(m) = a^m$ として定義すれば，これは全準同型である．また $\langle a \rangle$ が無限巡回群ならば $\mathrm{Ker}\, f = 0$ で，$\boldsymbol{Z}$ (加群) $\simeq \langle a \rangle$. $\langle a \rangle$ が位数 n の 有限巡回群ならば $\mathrm{Ker}\, f = n\boldsymbol{Z} (= \{nz \mid z \in \boldsymbol{Z}\})$ で，$\boldsymbol{Z}/n\boldsymbol{Z} \simeq \langle a \rangle$ となる．これらのことを示せ．

例 11.10. 可換環 R の単数群を $U(R)$ とすれば，R 上の行列に行列式を対応させる写像 $\det: GL(n, R) \to U(R)$ $(A \longmapsto \det A)$ は全準同型で ((7.3) 参照)，その核は $SL(n, R)$ である．したがって $SL(n, R) \lhd GL(n, R)$ で，$GL(n, R)/SL(n, R) \simeq U(R)$ となる．

例 11.11. $\{1, -1\}$ は数の乗法に関して位数 2 の巡回群をつくる．置換にその符号を対応させる写像 $\mathrm{sgn}: S_n \to \{1, -1\}$ $(\sigma \longmapsto \mathrm{sgn}\, \sigma)$ は全準同型で，その核は交代群 A_n である．よって $S_n/A_n \simeq \{1, -1\}$.

例 11.12. n 次元のユークリッド空間 $E^n = \{\boldsymbol{x} = (x_1, \cdots, x_n) \mid x_i \in \boldsymbol{R}\}$ において，2 点間の距離を不変にする全単射 $f: E^n \to E^n$ を**合同変換**とよぶ．E^n の合同変換の全体は群をつくり，これを n 次元の**合同変換群**とよぶ．例えば $E^n \ni \boldsymbol{u}$ に対し，$t_{\boldsymbol{u}}: E^n \to E^n$ $(\boldsymbol{x} \longmapsto \boldsymbol{x} + \boldsymbol{u})$ は合同変換で，このような変換を**平行移動**という．$\boldsymbol{o} = (0, \cdots, 0)$ を原点とするとき，合同変換 f に対して $g = f t_{f(\boldsymbol{o})}{}^{-1}$ は $\boldsymbol{o}$ を固定し，$f = g t_{f(\boldsymbol{o})}$ と表される．また原点を固定する合同変換 g は線形性の条件

(i) $g(\boldsymbol{x} + \boldsymbol{y}) = g(\boldsymbol{x}) + g(\boldsymbol{y})$, (ii) $g(c\boldsymbol{x}) = cg(\boldsymbol{x})$ $(c \in \boldsymbol{R})$.

をみたし，これを n 次の正方行列で表すとき直交行列になる．実際，原点を固定する合同変換全体のつくる群は直交群 $O(n)$ に同型で，これらを同一視できる．

$O(n) \ni A$ ならば ${}^tAA = I$ より $(\det A)^2 = 1$, したがって $\det A = \pm 1$ である．$\det: O(n) \to \{\pm 1\}$ $(A \longmapsto \det A)$ は全準同型で，その核を $SO(n)$ で表し**特殊**

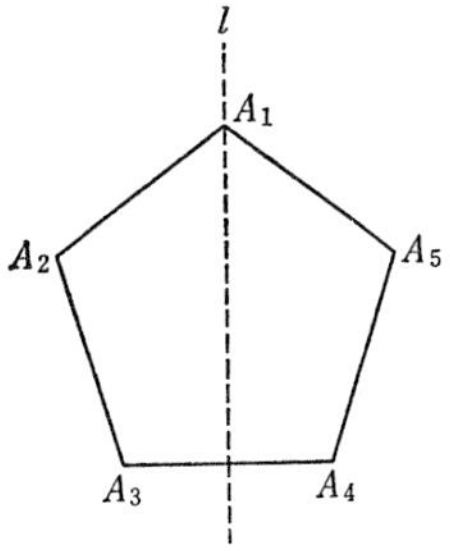

図 4

直交群とよぶ.

特に $n=2$ のとき，$SO(2)$ は原点を中心とする回転 $\begin{pmatrix} \cos\theta & -\sin\theta \\ \sin\theta & \cos\theta \end{pmatrix}$ の全体と一致する.

さて平面 E^2 上で，原点を中心とする正 n 角形 $\boldsymbol{F}$ が与えられているとする(図 4). このとき $\boldsymbol{F}$ をそれ自身に重ね合せる $O(2)$ の元の全体は群をつくる. これを**2 面体群**とよんで D_n で表す. 回転角が $2\pi/n$ の回転を σ とすれば，明らかに $D_n \cap SO(2) = \langle\sigma\rangle$ である. $\boldsymbol{F}$ の対称軸 l を一つえらんで，l に関する対称移動を τ とすると，$\tau \in D_n$ で $\det\tau = -1$ であるから，$|D_n : \langle\sigma\rangle| = 2$, $D_n = \langle\sigma\rangle + \langle\sigma\rangle\tau$ となる. 実際 D_n は $1, \sigma, \sigma^2, \cdots, \sigma^{n-1}, \tau, \sigma\tau, \sigma^2\tau, \cdots, \sigma^{n-1}\tau$ の $2n$ 個の元からなり，σ, τ は次の関係式をみたす: $\sigma^n = 1$, $\tau^2 = 1$, $\sigma\tau = \tau\sigma^{-1}$. このことから D_n の乗積表は容易に求められる.

11.3. 自己同型群

群 G から G 自身への同型 $\sigma: G \to G$ を G の**自己同型**とよび，その全体を $\mathrm{Aut}\, G$ で表す. $\mathrm{Aut}\, G$ は写像の積に関して群をつくる. 実際，$\sigma, \rho \in \mathrm{Aut}\, G$ ならば，$\sigma\rho$ は明らかに全単射で，また G の任意の 2 元 a, b に対して，$(ab)^{\sigma\rho} = ((ab)^{\sigma})^{\rho} = (a^{\sigma}b^{\sigma})^{\rho} = a^{\sigma\rho}b^{\sigma\rho}$ となり，$\sigma\rho \in \mathrm{Aut}\, G$. また $(a^{\sigma^{-1}}b^{\sigma^{-1}})^{\sigma} = a^{\sigma^{-1}\sigma}b^{\sigma^{-1}\sigma} = ab$ であるから，$a^{\sigma^{-1}}b^{\sigma^{-1}} = (ab)^{\sigma^{-1}}$ となり，$\sigma^{-1} \in \mathrm{Aut}\, G$. したがって，$\mathrm{Aut}\, G$ は群となる.

$\mathrm{Aut}\, G$ を G の**自己同型群**とよぶ.

問 11.13. G の元 a に対して，写像 $\iota(a): G \to G$ を $x^{\iota(a)} = a^{-1}xa$ $(x \in G)$ により定義すれば，$\iota(a)$ は G の自己同型である.

上の $\iota(a)$ を a による**内部自己同型**とよび，その全体を $\mathrm{Inn}\, G$ で表す.

問 11.14. $a, b \in G$, $\sigma \in \mathrm{Aut}\, G$ に対して，次のことを示せ.

(i) $\iota(ab) = \iota(a)\iota(b)$, $\iota(a^{-1}) = \iota(a)^{-1}$.

(ii) $\sigma^{-1}\iota(a)\sigma = \iota(a^{\sigma})$.

問 11.14 により，$\mathrm{Inn}\, G$ は $\mathrm{Aut}\, G$ の正規部分群であることがわかる. $\mathrm{Inn}\, G$ を G の**内部自己同型群**とよび，剰余群 $\mathrm{Aut}\, G/\mathrm{Inn}\, G$ を $\mathrm{Out}\, G$ とかいて，G の

外部自己同型群とよぶ.

$a^{-1}xa=x$ となることは a と x が可換であることと同値である. G のすべての元と可換な元の全体 $\{a\in G\,|\,xa=ax\,(\forall x\in G)\}$ を $Z(G)$ とかき, G の**中心**とよぶ.

問 11.15. 写像 $\iota: G\to \mathrm{Inn}\,G\ (a\longmapsto \iota(a))$ は全準同型で, $\mathrm{Ker}\,\iota=Z(G)$. したがって $Z(G)$ は G の正規部分群で, $G/Z(G)\simeq \mathrm{Inn}\,G$ となることを示せ.

G の部分群 H が, 任意の $\sigma\in \mathrm{Aut}\,G$ に対して $H^\sigma\subset H$ をみたすとき, H は G の**特性部分群**であるという.

例えば G の中心 $Z(G)$ は G の特性部分群である. 実際 $z\in Z(G)$ とすれば, 任意の $x\in G$ に対して $xz=zx$. したがって $\sigma\in \mathrm{Aut}\,G$ に対して $x^\sigma z^\sigma=z^\sigma x^\sigma$. x が G 全体を動くとき x^σ も G 全体を動くから, 上の等式から $z^\sigma\in Z(G)$ となり, $Z(G)^\sigma\subset Z(G)\ (\forall\sigma\in \mathrm{Aut}\,G)$ が成り立つ.

§12. 群の作用

12.1. G–集合と置換表現

群 G と集合 X に対して, $X\times G$ から X への写像 $f: X\times G\to X$ が与えられているとし, $(\alpha,a)\in X\times G$ の f による像を α^a と表すことにする. これが次の二つの条件をみたすとき, 群 G は集合 X に**作用**しているという:

(12.1) $\alpha^1=\alpha$ (1 は G の単位元),

(12.2) $\alpha^{ab}=(\alpha^a)^b$.

このとき X は **G–集合**であるともいう.

G–集合 X の 2 元 α,β に対して, G の元 a で $\beta=\alpha^a$ となるものが存在するとき, α と β は **G–同値**であるといって $\alpha \underset{G}{\sim} \beta$ と表す

問 12.1. 関係 $\underset{G}{\sim}$ は同値関係であることを示せ.

同値関係 $\underset{G}{\sim}$ で X を類別したときの各同値類を **G–軌道**とよび, それに属する元の個数を G–軌道の**長さ**という. $X\ni\alpha$ を含む G–軌道は $\alpha^G=\{\alpha^a\,|\,a\in G\}$ である. X における G–軌道の全体を X/G, または $\mathrm{Orb}(X,G)$ と表す.

X 自身一つの G–軌道であるとき, すなわち任意の $\alpha,\beta\in X$ に対して $\beta=\alpha^a$ となる $a\in G$ が存在するとき, G は X 上**可移**であるという.

$X \ni \alpha$ に対して，α を動かさない G の元の全体を G_α で表す：$G_\alpha = \{a \in G \mid \alpha^a = \alpha\}$.

問 12.2.　G_α は G の部分群であることを示せ．

G_α を α の G における**安定部分群**とよぶ．

問 12.3.　$\beta = \alpha^a$ ならば $G_\beta = a^{-1}G_\alpha a$ となることを示せ．

軌道の長さについて，次の定理が成り立つ．

定理 12.4.　$|\alpha^G| = |G : G_\alpha|$.

証明　$\alpha^a = \alpha^b \Longleftrightarrow \alpha^{ab^{-1}} = \alpha \Longleftrightarrow ab^{-1} \in G_\alpha \Longleftrightarrow G_\alpha a = G_\alpha b$.
よって $G = \sum_{i \in I} G_\alpha a_i$ とすれば，$\alpha^G = \{\alpha^{a_i} \mid i \in I\}$ となり，$i \neq j$ ならば $\alpha^{a_i} \neq \alpha^{a_j}$ である．したがって $\varphi : G_\alpha \backslash G \to \alpha^G$ $(G_\alpha a_i \longmapsto \alpha^{a_i})$ は全単射で，$|G_\alpha \backslash G| = |\alpha^G|$ をえる．□

特に G が有限群のときは，G–軌道の長さはすべて G の位数の約数である．

問 12.5.　X は G–集合とする．このとき各 $a \in G$ に対して写像 $\sigma(a) : X \to X$ $(\alpha \longmapsto \alpha^a)$ がきまるが，これについて次のことを示せ．

（i）　$\sigma(a)$ は全単射で，したがって $\sigma(a) \in S^X$ である．

（ii）　$\sigma : G \to S^X$ $(a \longmapsto \sigma(a))$ は準同型である．

一般に群 G から対称群 S^X への準同型 $f : G \to S^X$ を群 G の X 上の**置換表現**とよぶ．問 12.5 より，G–集合 X が与えられると G の X 上の置換表現が自然にえられるが，逆に置換表現 $f : G \to S^X$ が与えられると，G の X への作用を $\alpha^a = \alpha^{f(a)}$ と定義して X は G–集合になる．このように，G–集合を与えることと G の置換表現を与えることは，本質的には同じことであると考えてよい．置換表現は，対応する G–集合に G が可移に作用しているとき可移であるという．

G–集合 X に対して，対応する置換表現 $\sigma : G \to S^X$ の核を $\mathrm{Ker}(X, G)$ で表す．$\mathrm{Ker}(X, G) = \{a \in G \mid \alpha^a = \alpha\ (\forall \alpha \in X)\}$ で，$\mathrm{Ker}(X, G) = 1$ であるとき G は X に**忠実**に作用する，あるいは対応する置換表現は忠実であるという．

問 12.6.　H は群 G の部分群とするとき，次のことを示せ．

（i）　写像 $f : (H \backslash G) \times G \to H \backslash G$ $((Hx, a) \longmapsto Hxa)$ は G の $H \backslash G$ 上の作用を定義し，この作用は可移で，$\mathrm{Ker}(H \backslash G, G) = \bigcap_{x \in G} x^{-1}Hx$ となる．

(ii) $\bigcap_{x\in G} x^{-1}Hx$ は H に含まれる G の正規部分群のうち最大のものである.

問 12.6 で特に $H=1$ のとき G は G 自身に作用し，対応する置換表現は $\rho: G\to S^G\left(a\longmapsto\begin{pmatrix}x\\xa\end{pmatrix}\right)$ で，これを G の**右正則表現**とよぶ．これは忠実であるから，次の定理がえられる.

定理 12.7. (ケイリー) 任意の群はある置換群に同型である.

二つの G-集合 X, X' に対して，全単射 $\varphi: X\to X'$ $(\alpha\longmapsto\alpha')$ が存在して，任意の $\alpha\in X$ と $a\in G$ に対して

$$(\alpha^a)'=\alpha'^a$$

が成り立つとき，X と X' は **G-同型**であるという．このとき X と X' は，その元を α とよぶか α' とよぶかの違いだけであって，G-集合としては同じものであると考えられる.

例題 12.8. 群 G は G-集合 X 上可移とし，$\alpha\in X$ とすれば X は $G_\alpha\backslash G$ に G-同型である.

証明 $G=\sum_{i\in I}G_\alpha a_i$ とすれば $X=\alpha^G=\{\alpha^{a_i}\mid i\in I\}$ で，全単射 $\varphi: G_\alpha\backslash G\to X$ $(G_\alpha a_i\longmapsto\alpha^{a_i})$ がえられる．$a\in G$ に対して $G_\alpha a_i a=G_\alpha a_j$ とすれば，$a_i a=ba_j$ $(b\in G_\alpha)$ となるから $\alpha^{a_i a}=\alpha^{ba_j}=\alpha^{a_j}$，したがって $\varphi(G_\alpha a_i a)=\varphi(G_\alpha a_j)=\alpha^{a_j}=(\alpha^{a_i})^a=\varphi(G_\alpha a_i)^a$ となり，φ は $G_\alpha\backslash G$ と X の間の G-同型を与える. □

12.2. 共役類

群 G において，元 x を元 a で変換した元を以後 x^a で表す: $x^a=a^{-1}xa$．このとき (12.1), (12.2) が成り立ち，G は G 自身に作用していると考えられる．G の元 a を含む G-軌道 $a^G=\{a^x\mid x\in G\}$ を a を含む G の**共役類**とよぶ.

$a^x=a \Leftrightarrow ax=xa$ であるから，a の安定部分群は a と可換な元の全体と一致する．これを普通 $C_G(a)$ で表して，a の G における**中心化群**とよぶ: $C_G(a)=\{x\in G\mid ax=xa\}$．定理 12.4 より次が成り立つ.

例題 12.9. $|a^G|=|G:C_G(a)|$.

特に $|a^G|=1\Leftrightarrow G=C_G(a)\Leftrightarrow a\in Z(G)$ である.

G が有限群のとき，G の共役類を $a_1{}^G, a_2{}^G, \cdots, a_k{}^G$ とすれば

(12.3) $$|G|=|a_1{}^G|+|a_2{}^G|+\cdots+|a_k{}^G|$$

が成り立つ．また

(12.4) $$|G|=|Z(G)|+\sum_{|a_i^G|>1}|a_i^G|$$

が成り立つ．(12.3) または (12.4) を G の**類等式**とよぶ．

例題 12.10. n 次対称群 S_n の 2 元 σ,ρ が S_n で共役であるため必要十分な条件は，σ と ρ の(巡回置換分解の)型が一致することである．

証明 (必要性) $\rho=\tau^{-1}\sigma\tau$ とする．このとき $(i^\tau)^\rho=i^{\tau\tau^{-1}\sigma\tau}=(i^\sigma)^\tau$ となるから $\rho=\begin{pmatrix} i^\tau \\ (i^\sigma)^\tau \end{pmatrix}$ となり，これは $\sigma=\begin{pmatrix} i \\ i^\sigma \end{pmatrix}$ の上下の文字を τ の像でおきかえたものにほかならない．このことから，$\sigma=(i_1,\cdots,i_r)(j_1,\cdots,j_s)\cdots$ を巡回置換分解とすれば，$\rho=\tau^{-1}\sigma\tau=(i_1^\tau,\cdots,i_r^\tau)(j_1^\tau,\cdots,j_s^\tau)\cdots$ となり，これが ρ の巡回置換分解であるから，σ と ρ の型は一致する．

(十分性) σ と ρ の型が一致するとし，それぞれの巡回置換分解にあらわれる巡回置換の長さをそろえて

$$\sigma=(i_1,\cdots,i_r)(j_1,\cdots,j_s)\cdots,\qquad \rho=(i_1',\cdots,i_r')(j_1',\cdots,j_s')\cdots$$

とする．このとき

$$\tau=\begin{pmatrix} i_1 & \cdots & i_r & j_1 & \cdots & j_s & \cdots \\ i_1' & \cdots & i_r' & j_1' & \cdots & j_s' & \cdots \end{pmatrix}$$

とすれば，$\tau^{-1}\sigma\tau=\rho$ となる． □

自然数 n に対して，$n=n_1+n_2+\cdots+n_r$，$n_1\geq\cdots\geq n_r>0$ となる自然数の組 $(n_1,n_2,\cdots,n_r)$ を n の**分割**とよび，その総数を $p(n)$ で表す．S_n の元 σ を巡回置換分解したときの型を $1^{m_1}2^{m_2}\cdots n^{m_n}$ とすると，明らかに $\sum_{i=1}^n im_i=n$ であるから $(\overbrace{n,\cdots,n}^{m_n},\cdots,\overbrace{1,\cdots,1}^{m_1})$ は n の分割であるが，逆に任意の分割はこのようにしてえられて，S_n の元の型と n の分割と 1 対 1 に対応する．したがって例題 12.10 から，S_n の共役数の個数は $p(n)$ に等しい．

群 G の部分集合の全体を 2^G とすれば，G の元で変換するという作用で G は 2^G に作用している．このとき G の部分集合 S の安定部分群を S の**正規化群**とよんで $N_G(S)$ と表す：$N_G(S)=\{a\in G\,|\,a^{-1}Sa=S\}$．定理 12.4 より S に G–共役な部分集合の個数は $|G:N_G(S)|$ に等しい．

正規化群に対して，S のどの元とも可換な G の元の全体は部分群をつくり，これを S の**中心化群**とよんで $C_G(S)$ で表す：$C_G(S)=\bigcap_{s\in S}C_G(s)$．

§13. シローの定理

本節では群はすべて有限群とする．また p は一つの素数とする．

群 G の位数が p のべきであるとき，G は**p-群**であるという．

群 G の位数が $|G|=p^n g'$，$(p,g')=1$ であるとき，位数が p^n の部分群を G の**シロー p-部分群**とよぶ．すなわち G のシロー p-部分群は，指数が p と素な p-部分群にほかならない．

以下でのべるシロー p-部分群の存在とその性質は，有限群論で最も基本的である．まず次の補題からはじめる．

補題 13.1. アーベル群 G の位数が p で割りきれるならば，G に位数 p の元が存在する．

証明 $|G|=p$ ならば明らかであるから，$|G|$ に関する帰納法による．G の元 $a\neq 1$ を一つとる．

（1） $p|o(a)$ のとき：$o(a)=pm$ とすれば，a^m は位数 p の元である．

（2） $p\nmid o(a)$ のとき：剰余群 $\bar{G}=G/\langle a\rangle$ の位数は p で割りきれるから，帰納法の仮定により位数 p の元 $\bar{b}=\langle a\rangle b$ が存在する．いま b の位数を n とすれば，$\bar{b}^n=\overline{b^n}=\bar{1}$．したがって $p|n$ となり，（1）の場合に帰着される． □

補題 13.2. 群 $G(\neq 1)$ の任意の真部分群の指数が p で割りきれるならば，G の中心 $Z(G)$ の位数は p で割りきれる．特に $Z(G)\neq 1$ である．

証明 G の類等式 (12.4)：

$$|G|=|Z(G)|+\sum_{|a_i{}^G|>1}|a_i{}^G|$$

において，$|a_i{}^G|=|G:C_G(a_i)|$ であるから，$|a_i{}^G|>1$ ならば仮定により $p||a_i{}^G|$．また $|G|=|G:1|$ も p の倍数であるから，上の等式より $p||Z(G)|$ となる． □

補題 13.2 からただちに，p-群に関する次の基本的な性質が導かれる．

定理 13.3. $P(\neq 1)$ が p-群ならば，$Z(P)\neq 1$ である．

シロー p-群の存在は次の定理で示される．

定理 13.4. $p^r||G|$ ならば，G に位数 p^r の部分群が存在する．特に G のシロー p-部分群が存在する．

証明 $|G|$ に関する帰納法による．G の真部分群 H で，指数 $|G:H|$ が p と素なものが存在すれば，$p^r||H|$ であるから帰納法の仮定により H に位数

p^r の部分群が存在する.

したがって，G の任意の真部分群の指数は p で割りきれるとしてよい. このとき補題 13.2 より $p|Z(G)$. $Z(G)$ はアーベル群であるから，補題 13.1 により位数 p の部分群 A がある. $A \subset Z(G)$ より $A \lhd G$ で，$p^{r-1}||G/A|$ であるから，帰納法の仮定により位数が p^{r-1} の部分群 H/A が存在する. このとき H は位数 p^r の部分群である. □

次の定理はシロー p-部分群の基本性質である.

定理 13.5. (i) Hを群 G の p-部分群とすれば，H を含む G のシロー p-部分群が存在する.

(ii) G の二つのシロー p-部分群は G-共役である.

(iii) G のシロー p-部分群の個数は $kp+1$ $(k \in \boldsymbol{Z})$ の形で表される.

証明 P を G の一つのシロー p-部分群とする.

(i) (P,H) による G の両側分解を

$$G=Pa_1H+Pa_2H+\cdots+Pa_rH$$

とすれば，定理 8.10 により Pa_iH に含まれる P の右剰余類の個数は $|H:H\cap a_i^{-1}Pa_i|$ に等しい. したがって

$$|G:P|=\sum_{i=1}^{r}|H:H\cap a_i^{-1}Pa_i|.$$

$|G:P|$ は p と素であるから，ある i に対して $|H:H\cap a_i^{-1}Pa_i|$ は p と素である. 一方 H は p-群であるからこれは p のべきで，したがって $|H:H\cap a_i^{-1}Pa_i|=1$，すなわち $H=H\cap a_i^{-1}Pa_i$ となり，H は G のシロー p-部分群 $a_i^{-1}Pa_i$ に含まれる.

(ii) 上の (i) の証明において H を G の任意のシロー p-部分群とすれば，ある i があって $H=a_i^{-1}Pa_i$ となり，H は P に G-共役である.

(iii) (ii) により G のシロー p-部分群の個数は $|G:N_G(P)|$ に等しい. $N_G(P)=N$ とおけば，P は N のシロー p-部分群であるが，$P \lhd N$ であるから，(ii) より P は N のただ一つのシロー p-部分群である. いま G の (N,P) による両側分解を

$$G=Nb_1P+Nb_2P+\cdots+Nb_sP$$

とし，$b_1=1$ とする. また $t_i=|P:P\cap b_i^{-1}Nb_i|$ とおけば，$t_1=1$ で

$$|G:N|=1+t_2+\cdots+t_s$$

となる．各 t_i は p のべきであるが，ある $i>1$ に対して $t_i=1$ とすれば，$P\subset b_i^{-1}Nb_i$，$b_iPb_i^{-1}\subset N$ となる．上で注意したように P は N のただ一つのシロー p-部分群であるから，$P=b_iPb_i^{-1}$，$b_i\in N$ となり，$Nb_iP=NP=Nb_1P$ となって $i>1$ という仮定に反する．したがって $t_i(i>1)$ はすべて p で割りきれて，$|G:N|=1+kp$ とかける． □

問 13.6. 群 G のシロー p-部分群 P が G の正規部分群ならば，P は G の特性部分群であることを示せ．

群 G のシロー p-部分群の全体を $\mathrm{Syl}_p(G)$ で表す．シロー p-部分群の重要な性質をいくつかあげておこう．

例題 13.7. $G\triangleright N$ とし，$P\in\mathrm{Syl}_p(G)$ とすれば

(i) $P\cap N\in\mathrm{Syl}_p(N)$．　(ii) $PN/N\in\mathrm{Syl}_p(G/N)$．

証明 PN は G の部分群で，$|G:P|=|G:PN||PN:P|$ は p と素であるから，$|G:PN|$, $|PN:P|$ はともに p と素である．

$|PN:P|=|N:P\cap N|$ は p と素で，$P\cap N$ は N の p-部分群であるから，$P\cap N\in\mathrm{Syl}_p(N)$ である．

また $|G:PN|=|G/N:PN/N|$ は p と素で，PN/N は G/N の p-部分群であるから $PN/N\in\mathrm{Syl}_p(G)$ である（図5）． □

図 5

例題 13.8.（フラッチニ） $G\triangleright H$ で $Q\in\mathrm{Syl}_p(H)$ とすれば，$G=N_G(Q)H$ となる．

証明 x を G の任意の元とする．$x^{-1}Qx\subset H$ で，$x^{-1}Qx$ はまた H のシロー p-部分群であるから Q と H-共役で，ある $h\in H$ があって $x^{-1}Qx=h^{-1}Qh$ となる．このとき $(xh^{-1})^{-1}Q(xh^{-1})=Q$，したがって $xh^{-1}\in N_G(Q)$，$x\in N_G(Q)h\subset N_G(Q)H$ となって $G=N_G(Q)H$ をえる． □

例題 13.9. $P\in\mathrm{Syl}_p(G)$ とすれば，$N_G(P)$ を含む G の任意の部分群 H に対して $N_G(H)=H$ が成り立つ．

証明 $K=N_G(H)$ とおく．$K\triangleright H$，$P\in\mathrm{Syl}_p(H)$ であるから，例題 13.8 より $K=N_K(P)H\subset N_G(P)H=H$．よって $K=H$ となる． □

§14. 直 積

n 個の群 $G_1, G_2, \cdots, G_n$ が与えられたとき，これらの集合の直積 $G=G_1\times G_2\times\cdots\times G_n$ に乗法を次のように定義する．G の元 $a=(a_1, a_2, \cdots, a_n)$ と $b=(b_1, b_2, \cdots, b_n)$ に対して

$$ab=(a_1b_1, a_2b_2, \cdots, a_nb_n).$$

このように成分ごとに定義された乗法に関して，G は群をつくる．実際，結合法則が成り立つことは明らかで，各 G_i の単位元を 1 で表せば $(1, 1, \cdots, 1)$ は単位元，また $(a_1, a_2, \cdots, a_n)$ の逆元は $(a_1^{-1}, a_2^{-1}, \cdots, a_n^{-1})$ である．

上のようにしてつくった群 G を群 $G_1, G_2, \cdots, G_n$ の**直積**とよぶ．

定義から明らかに次のことが成り立つ．

(14.1) $G_1\times G_2\simeq G_2\times G_1$.

(14.2) $G_i\simeq H_i\,(i=1, 2, \cdots, n)$ ならば $G_1\times G_2\times\cdots\times G_n\simeq H_1\times H_2\times\cdots\times H_n$.

(14.3) $G=G_1\times G_2\times\cdots\times G_m$, $H=H_1\times H_2\times\cdots\times H_n$ ならば

$$G\times H\simeq G_1\times\cdots\times G_m\times H_1\times\cdots\times H_n.$$

群 $G_1, G_2, \cdots, G_n$ の直積 $G=G_1\times G_2\times\cdots\times G_n$ において，第 i 成分が $a_i\in G_i$ で他の成分はすべて 1 である元を

$$a_i^*=(1, \cdots, 1, a_i, 1, \cdots, 1)$$

とし，$G_i^*=\{a_i^* \mid a_i\in G_i\}$ とすれば，次のことが成り立つ．

(14.4) G_i^* は G_i に同型な G の部分群である．

(14.5) $i\neq j$ ならば G_i^* の元と G_j^* の元は可換である．

(14.6) G の元 a は $a=a_1^*a_2^*\cdots a_n^*\,(a_i^*\in G_i^*)$ と一意的に表される．

上の (14.4) より G_i を G_i^* と同一視して，これを G の部分群と考えてよい．

問 14.1. (14.5), (14.6) が成り立つことを示せ．

逆に次のことが成り立つ．

定理 14.2. 群 G の部分群 $H_1, H_2, \cdots, H_n$ が次の二つの条件をみたすとする．

(14.7) $i\neq j$ ならば H_i の元と H_j の元は可換である．

(14.8) G の任意の元 a は $a=a_1a_2\cdots a_n\,(a_i\in H_i)$ と一意的に表される．

このとき

$$G \simeq H_1 \times H_2 \times \cdots \times H_n$$

となる.

証明　写像 $f: H_1 \times H_2 \times \cdots \times H_n \to G$ を

$$f(a_1, a_2, \cdots, a_n) = a_1 a_2 \cdots a_n \qquad (a_i \in H_i)$$

によって定義すれば, f は (14.8) により全単射である. また $a_i, b_i \in H_i$ $(i=1, 2, \cdots, n)$ であるとき, (14.7) より

$$(a_1 a_2 \cdots a_n)(b_1 b_2 \cdots b_n) = (a_1 b_1)(a_2 b_2) \cdots (a_n b_n)$$

となるから, f は同型写像である. □

群 G の部分群 $H_1, H_2, \cdots, H_n$ が定理 14.2 の条件 (14.7), (14.8) をみたすとき, G と直積 $H_1 \times H_2 \times \cdots \times H_n$ を同一視して

$$G = H_1 \times H_2 \times \cdots \times H_n$$

とかき, G はこれらの**部分群の直積**であるという.

注意　部分群の直積に対して, 本節の最初にのべたような, 与えられたいくつかの群の直積を**外部直積**とよぶことがある.

定理 14.3.　$H_1, H_2, \cdots, H_n$ を G の部分群とするとき, $G = H_1 \times H_2 \times \cdots \times H_n$ となるため必要十分な条件は, 次の三つが成り立つことである.

(i)　$G \triangleright H_i$ $(i=1, 2, \cdots, n)$.

(ii)　$G = H_1 H_2 \cdots H_n$.

(iii)　$(H_1 \cdots H_{i-1}) \cap H_i = 1$ $(i=2, 3, \cdots, n)$.

証明　まず $G = H_1 \times H_2 \times \cdots \times H_n$ とする. $G \ni x = x_1 x_2 \cdots x_n$ $(x_i \in H_i)$ とするとき, $j \neq i$ ならば x_j は H_i の各元と可換であるから $x_j^{-1} H_i x_j = H_i$, また明らかに $x_i^{-1} H_i x_i = H_i$ であるから, $x^{-1} H_i x = x_n^{-1} \cdots x_2^{-1} x_1^{-1} H_i x_1 x_2 \cdots x_n = H_i$ となり (i) が成り立つ. (ii) は明らかである. (iii) を示すため $(H_1 \cdots H_{i-1}) \cap H_i \ni a_i$ とすれば

$$\begin{aligned} a_i &= a_1 \cdots a_{i-1} 1 \cdots 1 \qquad (a_j \in H_j) \\ &= 1 \cdots\cdots 1 a_i \cdots 1 \end{aligned}$$

となり, (14.8) より $a_i = 1$ をえる.

逆に条件 (i)～(iii) がみたされているとする. $i < j$ とすれば $H_i \subset H_1 \cdots H_{j-1}$ であるから, $H_i \cap H_j = 1$ である. $H_i \ni a_i$, $H_j \ni a_j$ に対して元 $c = a_i^{-1} a_j^{-1} a_i a_j$

を考える.（i）より $a_j^{-1}a_ia_j \in H_i$, したがって $c \in H_i$. 同様に $a_i^{-1}a_j^{-1}a_i \in H_j$ より $c \in H_j$ となり, $c \in H_i \cap H_j = 1$, したがって $a_i^{-1}a_j^{-1}a_ia_j = 1$. これより $a_ia_j = a_ja_i$ となり (14.7) が成り立つ.

（ii）より G の任意の元 a は $a = a_1a_2\cdots a_n$ ($a_i \in H_i$) と表されるから, (14.8) を示すにはその表示の一意性をいえばよい. そのため a が上と異なる表示 $a = b_1b_2\cdots b_n$ ($b_i \in H_i$) をもつとし, $a_j \neq b_j$ となる j の最大値を i とする. このとき $a_{i+1} = b_{i+1}, \cdots, a_n = b_n$ であるから, (14.7) が成り立つことを用いて

$$1 = aa^{-1} = (a_1b_1^{-1})\cdots(a_{i-1}b_{i-1}^{-1})(a_ib_i^{-1})$$

となり,

$$1 \neq a_ib_i^{-1} = ((a_1b_1^{-1})\cdots(a_{i-1}b_{i-1}^{-1}))^{-1} \in (H_1\cdots H_{i-1}) \cap H_i.$$

これは (iii) に反する. □

上の証明で用いた元 $a_i^{-1}a_j^{-1}a_ia_j$ を a_i と a_j の **交換子** とよび, 記号 $[a_i, a_j]$ で表す. 交換子については§16 でもっと詳しく考察するが, 上の証明で用いたことがらをまとめると次の問のようになる.

問 14.4. （i） 群 G の 2 元 a, b に対して

$$[a, b] = 1 \Longleftrightarrow ab = ba.$$

(ii) A, B を G の二つの正規部分群とし, $A \ni a$, $B \ni b$ とすれば $[a, b] \in A \cap B$ である. 特に $A \cap B = 1$ ならば A の元と B の元は可換である.

次の定理は定理 14.3 の特別の場合 ($n=2$ の場合) である.

定理 14.5. A, B を G の二つの部分群とするとき, $G = A \times B$ となるため必要十分な条件は, 次の三つがみたされることである.

（i） A, B は G の正規部分群である.

(ii) $G = AB$.

(iii) $A \cap B = 1$.

問 14.6. 群 G の二つの正規部分群 A, B に対して, $(|A|, |B|) = 1$ ならば $AB = A \times B$ となることを示せ.

群 G の部分群 A に対して, $G = A \times B$ となる部分群 B が存在するとき, A は G の **直積因子** であるという. $A = G$ または 1 のとき, B として 1 または G をとれば $G = A \times B$ となるから, G と 1 は自明な直積因子である. $G (\neq 1)$ が

自明でない直積因子をもたないとき，すなわち1と異なる二つの部分群の直積に分解されないとき，G は**直既約**であるといい，そうでないとき**直可約**であるという．

群 G の直積分解 $G=H_1\times H_2\times\cdots\times H_n$ において，各 H_i が直既約であるときこれを G の**直既約分解**という．

問 14.7.　$G=H_1\times H_2\times\cdots\times H_n$ であるとき，次のことを示せ．

(i)　$Z(G)=Z(H_1)\times Z(H_2)\times\cdots\times Z(H_n)$.

(ii)　$K\lhd H_i \Rightarrow K\lhd G$.

(iii)　$G\ni a=a_1a_2\cdots a_n$ $(a_i\in H_i)$ に a_i を対応させる写像 $\varepsilon_i : G\to G$ は準同型で，$\mathrm{Ker}\,\varepsilon_i=H_1\times\cdots\times H_{i-1}\times H_{i+1}\times\cdots\times H_n$, $\mathrm{Im}\,\varepsilon_i=H_i$ である．特に $G/H_1\times\cdots\times H_{n-1}\simeq H_n$ である．(ε_i を上の直積分解における H_i への**射影**という．)

巡回群の直積分解については，次のことが成り立つ．

例題 14.8.　$\langle a\rangle$ は位数 n の有限巡回群とする．

(i)　$n=p^e$ (p は素数) ならば $\langle a\rangle$ は直既約である．

(ii)　$n=rs$, $(r,s)=1$ ならば

$$\langle a\rangle=\langle a^r\rangle\times\langle a^s\rangle$$

と直積に分解され，$\langle a^r\rangle, \langle a^s\rangle$ の位数はそれぞれ s, r である．

証明　(i)　$\langle a\rangle=A\times B$, $A\neq 1$, $B\neq 1$ とすれば A, B はそれぞれ位数 p の部分群を含み，$A\cap B=1$ よりこれらは異なる．これは定理9.1(ii) に反する．

(ii)　$(r,s)=1$ より $1=rx+sy$ なる整数 x, y が存在する．このとき $a=a^{rx+sy}=(a^r)^x(a^s)^y$ となるから $\langle a\rangle=\langle a^r\rangle\langle a^s\rangle$ である．$\langle a\rangle$ はアーベル群であるから $\langle a^r\rangle, \langle a^s\rangle$ はその正規部分群で，それぞれの位数 s, r は互いに素であるから $\langle a^r\rangle\cap\langle a^s\rangle=1$ となり，$\langle a\rangle=\langle a^r\rangle\times\langle a^s\rangle$ をえる．　□

例題14.8から，位数有限の元の次のような分解がえられる．

定理 14.9.　群 G の位数有限の元 a に対して，$o(a)=rs$, $(r,s)=1$ とすれば，位数がそれぞれ r, s の可換な2元 b, c が存在して

$$a=bc=cb \qquad (o(b)=r,\ o(c)=s)$$

と表される．またこのような表示は一意的で，しかも b, c はともに a のべきである．

証明 直積分解 $\langle a\rangle=\langle a^s\rangle\times\langle a^r\rangle$ において，$a=bc$ ($b\in\langle a^s\rangle$, $c\in\langle a^r\rangle$) と分解されたとする．このとき明らかに $bc=cb$, $o(a)=o(b)o(c)$ が成り立つ．一方 $o(b)\,|\,o(a^s)=r$, $o(c)\,|\,o(a^r)=s$ で，$o(a)=rs$ であるから $o(b)=r$, $o(c)=s$ となる．

次に表示の一意性を示すため $a=b'c'=c'b'$, $o(b')=r$, $o(c')=s$ とする．b', c' はそれぞれ $b'c'=a$ と可換であるから，a のべきである b,c とも可換である．$bc=b'c'$ より $b'^{-1}b=c'c^{-1}$．一方 $(b'^{-1}b)^r=b'^{-r}b^r=1$, $(c'c^{-1})^s=c'^sc^{-s}=1$, $(r,s)=1$ であるから，$b'^{-1}b=c'c^{-1}=1$．したがって $b=b'$, $c=c'$ をえる． □

定理 14.9 で，特に $o(a)=p^em$, $(p,m)=1$, p は素数として

$$a=bc=cb, \qquad o(b)=p^e, \qquad o(c)=m$$

と分解されたとき，b を a の **p-成分**，c を a の **p'-成分**という．

巡回群の直既約性について，次が成り立つ．

例題 14.10. 巡回群 $\langle a\rangle$ が直既約であるため必要十分な条件は，$o(a)=\infty$ または $o(a)=p^e$ (p は素数) であることである．

証明 (必要性) 上の条件を否定すると，$o(a)$ は有限でしかも二つ以上の素因数をもつ．その一つを p とし，$o(a)=p^em$, $(p,m)=1$ とすれば

$$\langle a\rangle=\langle b\rangle\times\langle c\rangle, \qquad o(b)=p^e>1, \qquad o(c)=m>1$$

と直積に分解され，$\langle a\rangle$ は直可約である．

(十分性) $o(a)=p^e$ のときは例題 14.8 で証明したから，$o(a)=\infty$ とする．このとき $\langle a\rangle$ の 1 と異なる二つの任意の部分群を $A=\langle a^r\rangle$, $B=\langle a^s\rangle$ $(r,s>0)$ とすれば，$A\cap B\ni a^{rs}\neq 1$ となるから，定理 14.5 より $\langle a\rangle$ は直既約である． □

§15. アーベル群

15.1. 有限アーベル群

例題 15.1. A は有限アーベル群とする．A の位数の素因数分解を $|A|=p_1^{n_1}p_2^{n_2}\cdots p_r^{n_r}$ とし，$A(p_i)$ を A のシロー p_i-部分群とすれば

$$A=A(p_1)\times A(p_2)\times\cdots\times A(p_r) \tag{15.1}$$

と直積分解される．

証明 A はアーベル群であるから，$2\leq i\leq r$ なる任意の i に対して $A(p_1)\cdots$

$A(p_{i-1})$ の元の位数は $p_1^{n_1}\cdots p_{i-1}^{n_{i-1}}$ の約数で，したがって p_i と互いに素である．よって $(A(p_1)\cdots A(p_{i-1}))\cap A(p_i)=1$ となり，定理14.3より $A(p_1)A(p_2)\cdots A(p_r)=A(p_1)\times A(p_2)\times\cdots\times A(p_r)$．この群の位数は $|A|$ に一致するから例題の主張が成り立つ．□

有限アーベル群が巡回群の直積に分解されることを示すため，補題を二つ証明しておく．

補題 15.2.　有限アーベル群 A の元の最大位数を e とすれば，A の任意の元の位数は e の約数である．

証明　A は (15.1) のようにシロー群の直積に分解しているとする．a_i を $A(p_i)$ の最大位数の元とし，その位数を $p_i^{m_i}$ とすれば $a=a_1a_2\cdots a_r$ の位数は $e'=p_1^{m_1}p_2^{m_2}\cdots p_r^{m_r}$ である．A の任意の元 x の位数が e' の約数であることを示せば，e' は A の元の最大位数で補題が証明される．

$x=x_1x_2\cdots x_r\,(x_i\in A(p_i))$ とし，$o(x_i)=p_i^{k_i}$ とすれば，a_i の選び方から $k_i\leq m_i$ で，したがって $o(x)=p_1^{k_1}p_2^{k_2}\cdots p_r^{k_r}$ は e' の約数である．□

補題 15.3.　a を有限アーベル群 A の最大位数の元とすれば，$\langle a\rangle$ は A の直積因子である．

証明　$|A|$ に関する帰納法による．$o(a)=e$ とする．$A=\langle a\rangle$ ならば明らかであるから $\langle a\rangle\subsetneqq A$ とし，剰余群 $\bar{A}=A/\langle a\rangle$ から位数が素数 p である元 $\bar{b}=\langle a\rangle b$ を一つとる．同型定理により $\langle\bar{b}\rangle=\langle a\rangle\langle b\rangle/\langle a\rangle\simeq\langle b\rangle/\langle b\rangle\cap\langle a\rangle$ であるから $p|o(b)$，したがって補題15.2より $p|e$ である．いま $b^p=a^r$ であるとすれば

$$1=b^e=b^{p(e/p)}=a^{r(e/p)}$$

となり，re/p は e の倍数，したがって $p|r$ である．そこで $a_1=a^{r/p}$ とおき，$c=ba_1^{-1}$ とすれば $c^p=b^pa_1^{-p}=a^ra^{-r}=1$ で，$\langle a\rangle c=\langle a\rangle b$ であるから $c\notin\langle a\rangle$ である．このとき $\langle c\rangle$ は位数 p の群で，$\langle a\rangle\cap\langle c\rangle=1$ である．

剰余群 $A^*=A/\langle c\rangle$ において，$A\ni x$ を含む剰余類を x^* で表す．$\langle x^*\rangle\simeq\langle x\rangle/\langle x\rangle\cap\langle c\rangle$ であるから，一般に $o(x^*)\,|\,o(x)$ となるが，特に a については $o(a^*)=o(a)=e$ であるから，a^* は A^* の最大位数の元である．A^* に帰納法の仮定を適用して，$A^*=\langle a^*\rangle\times H^*$ と直積に分解される．ここで H は $\langle c\rangle$ を含む部分群で，$H^*=\{h^*|h\in H\}$ である．このとき $\langle a\rangle\cap H\subset\langle c\rangle$，したがって $\langle a\rangle$

$\cap H = \langle c\rangle \cap \langle a\rangle \cap H = 1$ となり，$\langle a\rangle H = \langle a\rangle \times H$. これと A の位数を比較して $A = \langle a\rangle \times H$ をえる. □

補題 15.3 を用いて，次の基本定理が証明される.

定理 15.4. (有限アーベル群の基本定理)　有限アーベル群 A は巡回群の直積に分解される. 特に次のような直積分解が存在する.

(15.2) $$A = \langle a_1\rangle \times \langle a_2\rangle \times \cdots \times \langle a_r\rangle$$

ここで，$e_i = o(a_i)$ とするとき $e_i | e_{i+1} (i = 1, 2, \cdots, r-1)$, $1 < e_1$. またこのとき，直積因子の位数の組 $(e_1, e_2, \cdots, e_r)$ は，このような直積分解によらず一意的に定まる.

証明　$|A|$ に関する帰納法による. a を A の最大位数の元とし，$o(a) = e$ とすれば補題 15.3 より $A = B \times \langle a\rangle$ と分解される. B に帰納法の仮定を 適用して

$$B = \langle a_1\rangle \times \cdots \times \langle a_{r-1}\rangle, \qquad o(a_i) \,|\, o(a_{i+1}) \quad (1 \leq i \leq r-2)$$

とすれば，補題 15.2 より $o(a_{r-1}) \,|\, o(a) = e$. したがって $a_r = a$, $e_r = e$ とおけば (15.2) のような直積分解がえられる.

次に位数の組の一意性を示すため，(15.2) と異なる分解を

(15.3) $$A = \langle b_1\rangle \times \langle b_2\rangle \times \cdots \times \langle b_s\rangle$$

とし，$o(b_i) = f_i$, $f_i | f_{i+1}$ $(1 \leq i \leq s-1)$ とする.

いま p を e_1 の一つの素因数とし，$A_p = \{a \in A \,|\, a^p = 1\}$ とすれば，(15.2) から $A_p = \langle a_1^{e_1/p}\rangle \times \cdots \times \langle a_r^{e_r/p}\rangle$ となって $|A_p| = p^r$ をえる. 一方 (15.3) において $p \nmid f_i$, $p | f_{i+1}$ とすれば，$A_p = \langle b_{i+1}^{f_{i+1}/p}\rangle \times \cdots \times \langle b_s^{f_s/p}\rangle$ となり $|A_p| = p^{s-i}$, したがって $r = s - i \leq s$ となる. 全く同様にして $s \leq r$ がえられるから，$r = s$ となる. また上の考察から $p | f_1$ となることがわかる.

次に (15.2) において $e_1 = \cdots = e_k = p < e_{k+1}$ とし，また (15.3) において $f_1 = \cdots = f_l = p < f_{l+1}$ とする $(0 \leq k, l \leq r)$. このとき $A^{(p)} = \{a^p \,|\, a \in A\}$ とおけば

$$\begin{aligned} A^{(p)} &= \langle a_{k+1}{}^p\rangle \times \cdots \times \langle a_r{}^p\rangle \\ &= \langle b_{l+1}{}^p\rangle \times \cdots \times \langle b_r{}^p\rangle \end{aligned}$$

となり，$o(a_i{}^p) = e_i/p$, $o(b_i{}^p) = f_i/p$ である. $A^{(p)}$ に帰納法の仮定を適用すると $k = l$, $e_i = f_i (k+1 \leq i \leq r)$ となり，(15.2) と (15.3) の直積因子の位数の組

は一致する. □

定理 15.4 における位数の組 $(e_1, e_2, \cdots, e_r)$ を A の**不変系**とよび, A は $(e_1, e_2, \cdots, e_r)$ **型**のアーベル群であるともいう. 特に素数 p に対して, $(p, p, \cdots, p)$ 型のアーベル群を**基本アーベル p-群**とよぶ. これは任意の元 x が $x^p=1$ をみたす有限アーベル群にほかならない. 例えばクラインの 4 元群 V は $(2,2)$ 型のアーベル群である.

15.2. 指標群と双対性

0 と異なる複素数全体のつくる乗法群を $C^\#=C-\{0\}$ とする. アーベル群 A から $C^\#$ への準同型 $\lambda: A\to C^\#$ を A の(1 次の)**指標**とよび, A の指標の全体を $\hat{A}$ で表す. 例えば A の各元 a に $1\in C^\#$ を対応させる写像は A の指標で, これを 1_A で表し, A の**単位指標**とよぶ. A の二つの指標 λ, μ の積 $\lambda\mu$ を

$$(\lambda\mu)(a)=\lambda(a)\mu(a) \qquad (a\in A)$$

により定義すれば, $\lambda\mu$ はまた A の指標で, $\hat{A}$ はこの乗法に関してアーベル群になる. $\hat{A}$ を A の**指標群**とよぶ.

問 15.5. 上のことを証明せよ.

以下有限アーベル群の指標群について考察する.

定理 15.6. A を有限アーベル群とすれば, $A\simeq\hat{A}$ である.

証明 $A=\langle a_1\rangle\times\langle a_2\rangle\times\cdots\times\langle a_r\rangle$, $o(a_i)=e_i\,(1\leq i\leq r)$ とする. $\hat{A}\ni\lambda$ に対して, $\lambda(a_i)^{e_i}=\lambda(a_i^{e_i})=\lambda(1)=1$ であるから, $\lambda(a_i)$ は 1 の e_i 乗根である. また $A\ni a=a_1^{n_1}\cdots a_r^{n_r}$ に対して $\lambda(a)=\lambda(a_1)^{n_1}\cdots\lambda(a_r)^{n_r}$ となるから, λ は A の生成元 $\{a_i \mid 1\leq i\leq r\}$ における値によって一意的に定まる.

逆に $\alpha_i\,(i=1,2,\cdots,r)$ を 1 の e_i 乗根とするとき, 写像 $\mu: A\to C^\#$ を $A\ni a=a_1^{n_1}\cdots a_r^{n_r}$ に対して $\mu(a)=\alpha_1^{n_1}\cdots\alpha_r^{n_r}$ として定義すれば, $\mu\in\hat{A}$ となる. すなわち $\mu(a_i)=\alpha_i\,(i=1,2,\cdots,r)$ となる指標 μ が一意的に定まる.

さて $\zeta_i\,(i=1,2,\cdots,r)$ を 1 の原始 e_i 乗根とし, $\lambda_i\in\hat{A}$ を

$$\lambda_i(a_i)=\zeta_i, \qquad j\neq i \quad \text{ならば} \quad \lambda_i(a_j)=1$$

となる指標とする. このとき明らかに $o(\lambda_i)=e_i$ となる. また任意の指標 λ に対し, $\lambda(a_i)=\zeta_i^{n_i}$ とするとき, $(\lambda_1^{n_1}\cdots\lambda_r^{n_r})(a_i)=\zeta_i^{n_i}=\lambda(a_i)$ となるから $\lambda=\lambda_1^{n_1}\cdots\lambda_r^{n_r}$. $0\leq n_i<e_i$ とすれば, このような表示は一意的であるから

$$\hat{A}=\langle\lambda_1\rangle\times\langle\lambda_2\rangle\times\cdots\times\langle\lambda_r\rangle, \qquad o(\lambda_i)=e_i$$

となり，$A\simeq\hat{A}$ をえる． □

問 15.7. 有限アーベル群 A の異なる 2 元 a, b に対して，$\lambda(a)\neq\lambda(b)$ となる $\lambda\in\hat{A}$ が存在することを示せ．

問 15.8. 有限アーベル群 A の元 a に対して，写像 $a^*:\hat{A}\to C^\#$ を $a^*(\lambda)=\lambda(a)$ $(\lambda\in\hat{A})$ により定義する．このとき次のことを示せ．

(i) a^* は準同型である．

(ii) A から $\hat{A}$ の指標群 $\hat{\hat{A}}$ への写像 $f:A\to\hat{\hat{A}}$ $(a\longmapsto a^*)$ は同型である．

アーベル群 A の部分群 B に対して，$\hat{A}$ の部分群 $B^\perp$ を

$$B^\perp=\{\lambda\in\hat{A}\,|\,\lambda(b)=1 \;\; (\forall b\in B)\}$$

により定義する．実際 $B^\perp$ が部分群になることは容易に確かめられる．

いま群 G の部分群全体の集合を $\mathscr{S}(G)$ と表すことにすれば，次の**双対性**の定理が成り立つ．

定理 15.9. A は有限アーベル群とする．このとき

(i) 写像 $\perp:\mathscr{S}(A)\to\mathscr{S}(\hat{A})$ $(B\longmapsto B^\perp)$

は全単射で，包含関係を逆転させる（図 6）．すなわち

$$C\subset B\Rightarrow C^\perp\supset B^\perp.$$

(ii) B を A の部分群とすれば

$$B^\perp\simeq\widehat{A/B}, \qquad \hat{A}/B^\perp\simeq\hat{B}.$$

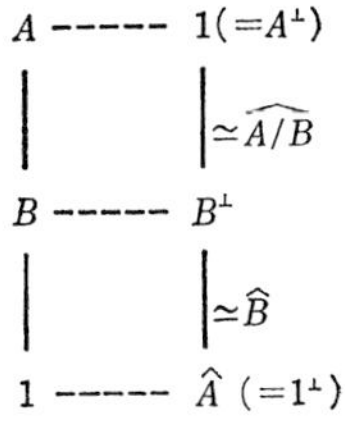

図 6

証明 まず (ii) を示す．$f:A\to A/B$ を自然な準同型とするとき，$\bar{\lambda}\in\widehat{A/B}$ に対し $\bar{\lambda}\circ f\in\hat{A}$ で，これを $\hat{f}(\bar{\lambda})$ と表すことにすれば，写像 $\hat{f}:\widehat{A/B}\to\hat{A}$ がえられる（図 7）．すなわち $\bar{A}=A/B$ で $Ba=\bar{a}$ とすれば，$\bar{\lambda}\in\widehat{A/B}$ に対して $\hat{f}(\bar{\lambda})(a)=\bar{\lambda}(\bar{a})$ である．これより $\hat{f}$ は準同型でしかも単射であることが容易に確かめられる．

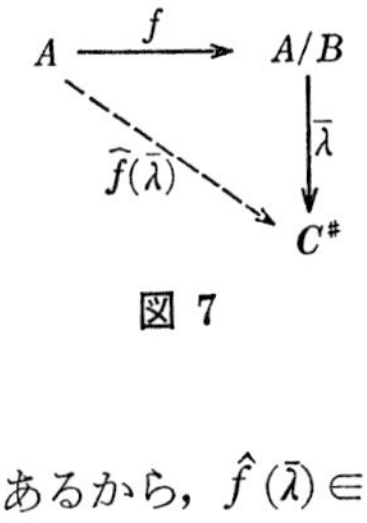

図 7

また $\mathrm{Im}\,\hat{f}=B^\perp$，したがって $\widehat{A/B}\simeq B^\perp$ となることが次のようにして示される．

まず $\bar{\lambda}\in\widehat{A/B}$, $b\in B$ とすれば $\hat{f}(\bar{\lambda})(b)=\bar{\lambda}(\bar{b})=\bar{\lambda}(\bar{1})=1$ であるから，$\hat{f}(\bar{\lambda})\in B^\perp$，したがって $\mathrm{Im}\,\hat{f}\subset B^\perp$ となる．次に $\lambda\in B^\perp$ とすれば，剰余類 $Ba=\bar{a}$ の任

意の元 $ba\,(b\in B)$ に対して $\lambda(ba)=\lambda(b)\lambda(a)=\lambda(a)$ となるから，$\bar{\lambda}(\bar{a})=\lambda(a)$ とおいて写像 $\bar{\lambda}: A/B\to \boldsymbol{C}^{\#}$ が定義される．これは明らかに準同型で，しかも $\hat{f}(\bar{\lambda})=\lambda$ となる．したがって $B^{\perp}\subset \mathrm{Im}\,\hat{f}$ である．

上で示したことから，定理 15.6 を用いて $|B^{\perp}|=|A/B|$ となることがわかる．

次に $\hat{A}/B^{\perp}\simeq\hat{B}$ を示すため，$\lambda\in\hat{A}$ に対し，その定義域を B に制限してえられる B の指標 $\lambda_B: B\to\boldsymbol{C}^{\#}$ $(b\longmapsto\lambda(b))$ を考える．写像 $r_B: \hat{A}\to\hat{B}\,(\lambda\longmapsto\lambda_B)$ は明らかに準同型で，$\mathrm{Ker}\,r_B=B^{\perp}$ となる．したがって $\hat{A}/B^{\perp}$ は $\hat{B}$ のある部分群と同型であるが，位数について $|\hat{B}|=|B|$，また

$$|\hat{A}/B^{\perp}|=\frac{|\hat{A}|}{|B^{\perp}|}=\frac{|A|}{|A/B|}=|B|$$

となるから，$\hat{A}/B^{\perp}\simeq\hat{B}$ をえる．

(i) を示すため B, C を A の部分群とする．定義から明らかに $C\subset B$ ならば $C^{\perp}\supset B^{\perp}$ である．また $C\subsetneqq B$ ならば $|C^{\perp}|=|A:C|>|A:B|=|B^{\perp}|$ となるから，$C^{\perp}\supsetneqq B^{\perp}$ である．一般に $(BC)^{\perp}=B^{\perp}\cap C^{\perp}$ となることが定義から容易にわかる．したがって $B^{\perp}=C^{\perp}$ とすれば，$(BC)^{\perp}=B^{\perp}\cap C^{\perp}=B^{\perp}=C^{\perp}$．$BC\supset B, C$ であるから．このとき上で示したことより $BC=B=C$ となる．よって写像 $\perp: \mathscr{S}(A)\to\mathscr{S}(\hat{A})$ は単射となるが，$A\simeq\hat{A}$ より両者の部分群の個数が等しいから，$\perp$ は全射でもある． □

上の証明において，制限写像 $r_B: \hat{A}\to\hat{B}$ が全射になること，すなわち任意の $\mu\in\hat{B}$ に対して $\lambda_B=\mu$ となる $\lambda\in\hat{A}$ が存在することを示したが，このような λ を μ の A への**拡張**とよぶ．すなわち次の系が成り立つ．

系 15.10. A を有限アーベル群，B をその部分群とすれば，B の任意の指標は A のある指標に拡張される．

15.3. 有限生成なアーベル群

アーベル群 A が有限個の元で生成されるとき，A は**有限生成**であるという．以下の目標は有限生成なアーベル群の構造をきめることである．

アーベル群 F がいくつかの無限巡回群の直積として

$$F=\langle x_1\rangle\times\langle x_2\rangle\times\cdots\times\langle x_r\rangle,\qquad o(x_i)=\infty$$

と分解されるとき，F は(有限生成な)**自由アーベル群**であるといい，直積因子

の生成元の組 $\{x_1, x_2, \cdots, x_r\}$ を F の基(き)とよぶ. F の任意の元 x は基を用いて $x=x_1^{n_1}x_2^{n_2}\cdots x_r^{n_r}$ $(n_i\in \boldsymbol{Z})$ と一意的に表される.

定理 15.11. 自由アーベル群の基に属する元の個数は, 基のとり方によらず一定である.

証明 $F=\langle x_1\rangle\times\langle x_2\rangle\times\cdots\times\langle x_r\rangle$ を自由アーベル群とする. このとき自然数 n に対して $F^{(n)}=\{x^n \mid x\in F\}$ とおけば, $F^{(n)}=\langle x_1{}^n\rangle\times\langle x_2{}^n\rangle\times\cdots\times\langle x_r{}^n\rangle$ となり

$$F/F^{(n)}\simeq\langle x_1\rangle/\langle x_1{}^n\rangle\times\cdots\times\langle x_r\rangle/\langle x_1{}^n\rangle.$$

ここで $\langle x_i\rangle/\langle x_i{}^n\rangle$ は位数 n の巡回群であるから, $|F/F^{(n)}|=n^r$ となる. $F/F^{(n)}$ は基のとり方に無関係な群であるから, r も基のとり方によらない. □

自由アーベル群 F の基に属する元の個数を F の**階数**とよび, $\operatorname{rank} F$ で表す.

例題 15.12. $f: A\to F$ をアーベル群 A から自由アーベル群 F への全準同型とすれば, $B=\operatorname{Ker} f$ は A の直積因子である. すなわち A の部分群 C が存在して

$$A=B\times C, \qquad C\simeq F$$

となる.

証明 $F=\langle x_1\rangle\times\cdots\times\langle x_r\rangle$ とし, 各 x_i に対して $f(c_i)=x_i$ となる元 $c_i\in A$ を一つとる. このとき $C=\langle c_1, \cdots, c_r\rangle$ とおけば, $A=B\times C$ となることを示す.

A の任意の元 a に対して $f(a)=x_1^{n_1}\cdots x_r^{n_r}$ とするとき, $c=c_1^{n_1}\cdots c_r^{n_r}$ とおけば $f(a)=f(c)$ となる. したがって $b=ac^{-1}\in\operatorname{Ker} f=B$, よって $A=BC$ となる. また $B\cap C\ni d=c_1^{m_1}\cdots c_r^{m_r}$ とすれば, $1=f(d)=x_1^{m_1}\cdots x_r^{m_r}$ となり, $m_1=\cdots=m_r=0$, したがって $d=1$ となる. よって $B\cap C=1$ となり, $A=B\times C$ をえる. □

定理 15.13. A を自由アーベル群 F の部分群とすれば, A はまた自由アーベル群で, $\operatorname{rank} A\leq\operatorname{rank} F$ が成り立つ.

証明 $F=\langle x_1\rangle\times\cdots\times\langle x_r\rangle$ とし, $r=\operatorname{rank} F$ に関する帰納法で証明する.

$A\ni a=x_1^{n_1}\cdots x_r^{n_r}$ に $x_r^{n_r}$ を対応させれば, 準同型 $f: A\to\langle x_r\rangle$ がえられる. $\operatorname{Im} f=1$ であれば $A\subset\langle x_1\rangle\times\cdots\times\langle x_{r-1}\rangle$ となり, 帰納法の仮定が適用できる.

$\mathrm{Im}\,f\neq 1$ ならば，$\mathrm{Im}\,f=\langle x_r{}^m\rangle\,(m\neq 0)$ となり，これは無限巡回群であるから，$B=\mathrm{Ker}\,f$ とすれば例題15.12により $A=B\times C$, $C=\langle c\rangle$ は無限巡回群となる．$B\subset\langle x_1\rangle\times\cdots\times\langle x_{r-1}\rangle$ であるから，帰納法の仮定により B は自由アーベル群で, $\mathrm{rank}\,B\leq r-1$ である．したがって A も自由アーベル群で, $\mathrm{rank}\,A=\mathrm{rank}B+1\leq r$ となる． □

アーベル群 A の位数が有限な元を**トーション元**とよび，A のトーション元の全体を $T(A)$ で表す．$T(A)$ は明らかに A の部分群で，これを A の**トーション部分群**とよぶ．$T(A)=1$ であるとき，1以外にトーション元がないという意味で，A は**トーションのないアーベル群**であるという．

問 15.14. アーベル群 A に対して，次のことを示せ．

(i) $A/T(A)$ はトーションのないアーベル群である．

(ii) $A=T(A)$ で，A が有限生成ならば，A は有限アーベル群である．

自由アーベル群はトーションのないアーベル群であるが，有限生成な場合はこの逆が成り立つ．すなわち

例題 15.15. A を有限生成でトーションのないアーベル群とすれば，A は自由アーベル群である．

証明 $A=\langle a_1,a_2,\cdots,a_n\rangle$ とする．$\{a_i|1\leq i\leq n\}$ の部分集合 $\{a_{i_1},\cdots,a_{i_k}\}$ に対し，$\langle a_{i_1},\cdots,a_{i_k}\rangle=\langle a_{i_1}\rangle\times\cdots\times\langle a_{i_k}\rangle$ となるとき，この部分集合は自由であるということにする．このとき仮定により $o(a_{i_\nu})=\infty$ であるから，上の部分群は自由アーベル群である．

さて $\{a_i|1\leq i\leq n\}$ の自由な部分集合のうち元の個数の最大なものを一つとり，それを(適当に番号をつけかえて) $\{a_1,\cdots,a_m\}$ とし，$B=\langle a_1,\cdots,a_m\rangle$ とおく．このとき $\bar{A}=A/B$ は $\bar{a}_i=Ba_i$ $(m+1\leq i\leq n)$ で生成されるが，各 $\bar{a}_i$ は位数有限である．実際 $m+1\leq i\leq n$ なるある i に対して $o(\bar{a}_i)=\infty$ とすれば，$B\cap\langle a_i\rangle=1$ となり，$\{a_1,\cdots,a_m,a_i\}$ は自由である．これは m の最大性に反する．いま $o(\bar{a}_i)$ $(m+1\leq i\leq n)$ の最小公倍数を l とすると，任意の $a\in A$ に対して $\bar{a}^l=\bar{1}$，したがって $a^l\in B$ となる．よって $A^{(l)}=\{a^l|a\in A\}$ は B の部分群で，定理15.13により自由アーベル群である．

一方，一般に $f:A\to A^{(l)}\,(a\longmapsto a^l)$ は全準同型であるが，A にトーション

がないから Ker $f=1$，したがって $A\simeq A^{(l)}$ で，A は自由アーベル群である．□

以上の事柄を用いて，有限生成アーベル群の構造が次のようにきめられる．

定理 15.16. A を有限生成なアーベル群とすれば

$$A=T(A)\times F.$$

ここで，$T(A)$ は有限群，F は自由アーベル群である．

証明 $A/T(A)$ は有限生成でトーションのないアーベル群であるから，自由アーベル群である．自然な準同型 $f: A\to A/T(A)$ を考えれば，例題 15.12 により $A=T(A)\times F$ と直積分解され，$F\simeq A/T(A)$ となる．また，このとき $T(A)\simeq A/F$ で，これは有限生成であるから有限群である（問 15.14(ii)）．□

定理 15.16 から次の基本定理がえられる．

定理 15.17.（有限生成なアーベル群の基本定理） 有限生成なアーベル群 A は巡回群の直積に分解される．特に次のような直積分解が存在する．

$$A=\langle a_1\rangle\times\cdots\times\langle a_n\rangle\times\langle b_1\rangle\times\cdots\times\langle b_r\rangle \tag{15.4}$$

ここで $o(a_i)=e_i<\infty$，$e_i|e_{i+1}$ $(1\leq i\leq n-1)$，$o(b_j)=\infty$．また，このとき位数の組 $(e_1,\cdots,e_n,\infty,\cdots,\infty)$ は，このような直積分解によらず一意的に定まる．

証明 (15.4) のような直積分解は，定理 15.16 と定理 15.4 を用いてえられる．また A が (15.4) のように直積に分解されているとき，$\langle a_1\rangle\times\cdots\times\langle a_n\rangle=T(A)$，$\langle b_1\rangle\times\cdots\times\langle b_r\rangle\simeq A/T(A)$ であるから，定理 15.4 と定理 15.11 より位数の組の一意性もえられる．□

上の基本定理については，3 章の §30 で拡張した形の別証を与えるが，そのとき位数 ∞ の巡回群に対してはその位数を 0 と考えるのが自然であることがわかるであろう．その意味で，上の定理の位数の組を普通 $(e_1,\cdots,e_n,0,\cdots,0)$ とかいて，これを A の**不変系**とよぶ．

§16. 可解群とべき零群

16.1. 可解群

§14 で定義したように，群 G の 2 元 x,y に対して $x^{-1}y^{-1}xy$ を x と y の**交換子**とよび，$[x,y]$ で表す．このとき $[x,y]=1$ となることと，x と y が可換，すなわち $xy=yx$ となることと同値である．

以下，簡単のため $y^{-1}xy$ を x^y で，また $y^{-1}x^{-1}y$ を x^{-y} で表す．

問 16.1. 交換子について次の等式が成り立つことを示せ．

(i) $[y,x]=[x,y]^{-1}$.

(ii) $xy=yx[x,y]$.

(iii) $y^{-1}xy=x[x,y]$.

(iv) $[x,y]^z=[x^z,y^z]$.

(v) $[xy,z]=[x,z]^y[y,z]$, $[x,yz]=[x,z][x,y]^z$.

群 G の二つの部分群 H,K に対して，H の元と K の元の交換子全体で生成される部分群を H と K の**交換子群**とよび，$[H,K]$ で表す: $[H,K]=\langle[h,k]\mid h\in H, k\in K\rangle$. このとき $[H,K]=1$ となることと，H と K が元ごと可換，すなわち $hk=kh$ ($\forall h\in H$, $\forall k\in K$) が成り立つことと同値である．

例題 16.2. H,K を群 G の部分群とするとき，次のことが成り立つ．

(i) $[H,K]=[K,H]$.

(ii) $H\lhd G$, $K\lhd G\Rightarrow[H,K]\lhd G$.

(iii) $H\subset N_G(K)\Leftrightarrow[H,K]\subset K$.

証明 (i) $[h,k]=[k,h]^{-1}$ より明らかである．

(ii) $h\in H$, $k\in K$, $x\in G$ とするとき，$x^{-1}[h,k]x=[h^x,k^x]\in[H,K]$ となる．したがって $x^{-1}[H,K]x\subset[H,K]$ となり，$[H,K]$ は G の正規部分群である．

(iii) h,k をそれぞれ H,K の任意の元とする．

($\Rightarrow$) $[h,k]=(h^{-1}k^{-1}h)k\in K$. よって $[H,K]\subset K$ となる．

($\Leftarrow$) $h^{-1}kh=k[k,h]\in K$. よって $h^{-1}Kh\subset K$ となる． □

群 G とそれ自身との交換子群 $[G,G]$ を $D(G)$ で表し，これを G の**交換子群**とよぶ．定義から明らかに $D(G)$ は G の特性部分群である．

例題 16.3. (i) $G/D(G)$ はアーベル群である．

(ii) $N\lhd G$ で G/N がアーベル群ならば，$N\supset D(G)$ である．

すなわち $D(G)$ は，G/N がアーベル群となるような正規部分群 N のうち最小のものである．

証明 (i) $\bar{G}=G/D(G)$ において，$[\bar{a},\bar{b}]=\overline{[a,b]}=\bar{1}$ となるから，$\bar{G}$ はア

ーベル群である.

(ii) G/N において $[Na, Nb]=N$ であるから, $[a, b]\in N$. したがって $D(G)\subset N$ である. □

群 G の交換子群 $D(G)$ を $D_1(G)$ とし, $D_i(G)$ を帰納的に

$$D_i(G)=[D_{i-1}(G), D_{i-1}(G)]$$

と定義してえられる G の正規部分群の列

$$G\supset D_1(G)\supset D_2(G)\supset\cdots$$

を G の**交換子群列**とよび, これが有限回で1に到達するとき, すなわち $D_n(G)=1$ となる n が存在するとき, G は**可解**であるという.

注意 4章でのべるように, 方程式の代数的可解性と, そのガロア群とよばれる群が上の性質をもつことが同値で, これが可解群という名称の由来である.

問 16.4. $D_i(G)=D_{i+1}(G)$ ならば, $D_i(G)=D_{i+1}(G)=D_{i+2}(G)=\cdots$ となることを示せ.

群 G が可解ならば, ある n に対して

$$G\supsetneqq D_1(G)\supsetneqq D_2(G)\supsetneqq\cdots\supsetneqq D_n(G)=1$$

となり, 各剰余群 $D_i(G)/D_{i+1}(G)$ はアーベル群である. このように, 可解群はアーベル群をつぎつぎに積み重ねた群で, 群としては取り扱いやすい. 特にそれがアーベル群でなければ, 自明でない正規部分群(例えば $D(G)$)が存在して, 帰納法が使いやすい.

例題 16.5. 可解群の部分群, 剰余群はそれぞれ可解群である. また可解群の直積も可解群である.

証明 G は可解群で $D_n(G)=1$ とする. H を G の部分群とすれば, $D_i(G)\supset D_i(H)$ となるから $D_n(H)=1$ である. また $N\triangleleft G$, $\bar{G}=G/N$ とすれば, $D_i(\bar{G})=D_i(G)N/N$ であるから, $D_n(\bar{G})=\bar{1}$ となる.

次に $G=G_1\times\cdots\times G_r$ とするとき, $D_i(G)=D_i(G_1)\times\cdots\times D_i(G_r)$ となるから, 各 G_i が可解ならば G も可解である. □

一般に群 G の部分群の列

$$G=H_0\supset H_1\supset\cdots\supset H_i\supset\cdots$$

において, $H_i\triangleright H_{i+1}$ $(i=0, 1, \cdots)$ となっているとき, これを G の**正規列**とよ

ぶ.

例題 16.6.　群Gが可解群であるため必要十分な条件は，有限回で1に到達するGの正規列

$$G=H_0\supset H_1\supset\cdots\supset H_r=1$$

で，H_i/H_{i+1} $(i=0,1,\cdots)$ がアーベル群となるものが存在することである.

証明　Gが可解群ならば，Gの交換子群列が上の条件をみたしている．逆にGが上のような正規列をもつとき，$H_{i+1}\supset[H_i,H_i]$ であるから，iに関する帰納法で$H_i\supset D_i(G)$ $(i=1,2,\cdots)$ が示される．したがって$D_r(G)=1$となり，Gは可解群である.　□

上の例題から次のことが容易にわかる.

例題 16.7.　$N\lhd G$で，G/NとNがともに可解群ならばGは可解群である.

証明　G/Nが可解であるから，正規列

$$G=H_0\supset H_1\supset\cdots\supset H_s=N$$

で，H_i/H_{i+1} $(i=0,1,\cdots,s-1)$ がアーベル群となるものがある.

またNが可解であることから，正規列

$$N=H_s\supset H_{s+1}\supset\cdots\supset H_r=1$$

で，$H_j/H_{j+1}(j=s,s+1,\cdots,r-1)$ がアーベル群となるものがある．このとき$G=H_0\supset H_1\supset\cdots\supset H_r=1$は例題16.6の条件をみたしている.　□

例 16.8.　n次対称群S_nは$n\leq 4$のとき可解である.

実際S_2は位数2の巡回群，S_3については正規列$S_3\supset A_3\supset 1$において，S_3/A_3，A_3は位数がそれぞれ2, 3の巡回群である．またS_4については，$S_4\supset A_4\supset V\supset 1$($V$はクラインの4元群)は正規列で，$S_4/A_4, A_4/V$は位数がそれぞれ2, 3の巡回群，$V$は(2, 2)型のアーベル群である.

以下で示すように，$n\geq 5$ならば対称群S_nは非可解である．この事実は4章でのべるように，5次以上の方程式の根の公式が存在しないという歴史的に有名な発見の根拠となるものである.

まず一つの定義からはじめる．群Gが自明でない(すなわちG，1と異なる)正規部分群をもたないとき，Gは**単純群**であるという.

問 16.9. 可解群 G が単純群ならば，G は位数が素数の巡回群であることを示せ．

次の定理は重要である．

定理 16.10. $n\geq 5$ ならば，交代群 A_n は単純群である．したがって $S_n(n\geq 5)$ は非可解である．

定理 16.10 の証明のため補題を一つ用意しておく．

補題 16.11. 交代群 $A_n(n\geq 3)$ は長さ 3 の巡回置換全体で生成される．

証明 長さ 3 の巡回置換はすべて A_n の元である．また A_n は二つの互換の積 $\sigma=(i,j)(k,l)$ の全体で生成されるから，このような互換の積が長さ 3 の巡回置換の積で表されることを示せばよい．

$\{i,j\}=\{k,l\}$ ならば $\sigma=1$ であるから，$\{i,j\}\neq\{k,l\}$ としてよい．$\{i,j\}$ と $\{k,l\}$ が共通の文字を一つもつとき，例えば $j=k$ とすれば $(i,j)(j,l)=(i,l,j)$ となる．（置換の積は左から順に行うと定義したことに注意．）共通の文字をもたないときは，間に $(j,k)(j,k)$ をいれて

$$\begin{aligned}(i,j)(k,l)&=(i,j)(j,k)(j,k)(k,l)\\&=(i,k,j)(j,l,k)\end{aligned}$$

となる． □

（定理 16.10 の）**証明** $n\geq 5$ とし，$N\neq 1$ を A_n の正規部分群として $N=A_n$ となることを示す．そのためには N が長さ 3 の巡回置換を一つ含むことを示せば十分である．実際，例えば $(1,2,3)\in N$ のとき，任意の $(i,j,k)\in N$ となることが次のように示されて，上の補題により $N=A_n$ をえる．

S_n には次のような元

$$\rho=\begin{pmatrix}1 & 2 & 3 & \cdots\\ i & j & k & \cdots\end{pmatrix}$$

が存在し，$\rho^{-1}(1,2,3)\rho=(i,j,k)$ となる．ここで ρ が奇置換ならば $(n-1,n)\rho$ は偶置換で，これも上の形をしているから，$\rho\in A_n$ としてよい．このとき $(i,j,k)\in N$ となる．

さて N の 1 と異なる元のうち，実際に動かす文字の個数が最小なものを σ とすれば，σ は長さ 3 の巡回置換になることを示す．そのため σ が少なくとも

4個の文字を動かすとして矛盾を導けばよい.

σ を巡回置換分解したとき，互換ばかりの積になるか，長さが3以上の巡回置換が一つはあらわれる．それぞれの場合 σ は次のいずれかの形であるとしてよい.

（1） $\sigma=(1,2)(3,4)\cdots$.

（2） $\sigma=(1,2,3,\cdots)\cdots$.

（2）の場合，σ がちょうど4個の文字しか動かさないとすると，σ は長さ4の巡回置換となり，これは奇置換であるから矛盾である．したがって σ は少なくとも5個の文字，例えば1, 2, 3, 4, 5を動かすとしてよい．このとき $\tau=(3,4,5)$ で σ を変換すると，上の各場合について

（1） $\sigma_1=\tau^{-1}\sigma\tau=(1,2)(4,5)\cdots$,

（2） $\sigma_1=\tau^{-1}\sigma\tau=(1,2,4,\cdots)\cdots$

となり，$\sigma_1\sigma^{-1}\neq 1$ である．文字 $k>5$ が σ で不変ならば，$k^\tau=k$ でもあるから $k^{\sigma_1\sigma^{-1}}=k$ である．また上のいずれの場合も $1^{\sigma_1\sigma^{-1}}=1$ であり，（1）の場合はさらに $2^{\sigma_1\sigma^{-1}}=2$ であるから，$\sigma_1\sigma^{-1}$ で不変な文字の個数は σ のそれよりも大きい．$\sigma_1\sigma^{-1}\in N$ であるからこれは矛盾である.

A_n が非可解ならば，例題16.5より S_n も非可解である. □

16.2. べき零群

群 G に対して $\Gamma_0(G)=G$，$\Gamma_1(G)=[G,G]$ とおいて，一般に $\Gamma_i(G)$ を帰納的に

$$\Gamma_i(G)=[\Gamma_{i-1}(G),G]$$

とおいて定義すると，G の正規部分群の列

$$G=\Gamma_0(G)\supset\Gamma_1(G)\supset\cdots\supset\Gamma_i(G)\supset\cdots$$

ができる．これを G の**降中心列**とよび，ある自然数 n に対して $\Gamma_n(G)=1$ となるとき，G は**べき零**であるという．明らかに $\Gamma_i(G)\supset D_i(G)$ であるから，べき零群は可解である．また $\Gamma_i(G)=\Gamma_{i+1}(G)$ ならば，任意の $j>i$ に対して $\Gamma_j(G)=\Gamma_i(G)$ となるから，G がべき零ならば

$$G=\Gamma_0(G)\supsetneqq\Gamma_1(G)\supsetneqq\cdots\supsetneqq\Gamma_c(G)=1$$

となる．このとき c をべき零群 G の**クラス**とよぶ．例えばクラス1のべき零

群はアーベル群にほかならない.

問 16.12. 次のことを示せ.

(i) べき零群の部分群，剰余群はまたべき零である.

(ii) $G=G_1\times\cdots\times G_r$ において，各 G_i がべき零ならば G もべき零である.

剰余群 $\bar{G}=G/\Gamma_i(G)$ において，$[\overline{\Gamma_{i-1}(G)}, \bar{G}]=\bar{1}$ となるから，$\overline{\Gamma_{i-1}(G)}=\Gamma_{i-1}(G)/\Gamma_i(G)$ は $\bar{G}$ の中心に含まれる.

一般に G の正規部分群の列

$$G=N_0\supset N_1\supset\cdots\supset N_r=1$$

において，N_{i-1}/N_i $(i=1,\cdots,r)$ が G/N_i の中心に含まれるとき，すなわち $[N_{i-1},G]\subset N_i$ となるとき，この列を G の**中心列**といい，r をこの中心列の**長さ**という.

また $Z_0(G)=1$，$Z_1(G)=Z(G)$ (G の中心) とおいて，一般に $Z_i(G)$ を帰納的に

$$Z(G/Z_{i-1}(G))=Z_i(G)/Z_{i-1}(G)$$

となる部分群と定義してえられる正規部分群の列

$$Z_0(G)=1\subset Z_1(G)\subset\cdots\subset Z_i(G)\subset\cdots$$

を G の**昇中心列**という.

例題 16.13. 群 G が中心列 $G=N_0\supset N_1\supset\cdots\supset N_r=1$ をもつとき，$0\leq i\leq r$ なる任意の i に対して，次が成り立つ.

(i) $N_i\supset\Gamma_i(G)$.

(ii) $Z_i(G)\supset N_{r-i}$.

証明 i に関する帰納法による. いずれも $i=0$ のときは明らかである.

(i) $N_i\supset\Gamma_i(G)$ と仮定すると，$N_{i+1}\supset[N_i,G]\supset[\Gamma_i(G),G]=\Gamma_{i+1}(G)$ となる.

(ii) $Z_i(G)\supset N_{r-i}(G)$ と仮定する. このとき $[N_{r-i-1},G]\subset N_{r-i}\subset Z_i(G)$ であるから，$G/Z_i(G)$ において $N_{r-i-1}Z_i(G)/Z_i(G)\subset Z(G/Z_i(G))$. ここで $Z(G/Z_i(G))=Z_{i+1}(G)/Z_i(G)$ であるから，$N_{r-i-1}\subset Z_{i+1}(G)$ となる. □

上の例題から次の定理がえられる.

定理 16.14. 群 G について，次の条件は同値である.

(1) Gはべき零群である.

(2) $Z_n(G)=G$となるnがある.

(3) Gは中心列をもつ.

またこのとき, $Z_n(G)=G$となる最小のn(昇中心列の長さ)はGのクラスcに一致し, 一般に中心列の長さはc以上である.

証明 (1)⇒(3):降中心列はGの一つの中心列である.

(3)⇒(1):Gが長さrの中心列をもつとすれば, 例題16.13により$\Gamma_r(G)=1$. また$r\geq c$となる.

(2)⇒(3):昇中心列がGの一つの中心列である.

(3)⇒(2):Gが長さrの中心列をもてば, 例題16.13により$Z_r(G)=G$となる. また昇中心列の長さはr以下である.

後半について, 昇中心列の長さをc'とすれば, (3)⇒(1)で示したように$c'\geq c$となる. 一方(3)⇒(2)で示したように$c'\leq c$が成り立つから, $c'=c$をえる. □

次の定理はべき零群の最も基本的な性質の一つである.

定理 16.15. Hをべき零群Gの真部分群とすれば, $H\subsetneqq N_G(H)$となる.

証明 $1=Z_0(G)\subset Z_1(G)\subset\cdots\subset Z_c(G)=G$を$G$の昇中心列とする. このとき$H\subsetneqq G$であるから, $Z_i(G)\subset H$, $Z_{i+1}(G)\not\subset H$となるiが存在する. $[H, Z_{i+1}(G)]\subset[G, Z_{i+1}(G)]\subset Z_i(G)\subset H$となるから, 例題16.2(iii)により$Z_{i+1}(G)\subset N_G(H)$となり, $H\subsetneqq N_G(H)$をえる. □

群Gの真部分群Mで, GとMの間に$G\supsetneqq H\supsetneqq M$となる部分群$H$が存在しないとき, MはGの**極大部分群**であるという. 定理16.15からただちに次の系が導かれる.

系 16.16. べき零群Gの極大部分群はGの正規部分群である. またその指数は素数である.

証明 MをGの極大部分群とすれば$M\subsetneqq N_G(M)$, したがって$N_G(M)=G$となる. G/MはMの極大性から自明な部分群しかもたないから, 位数が素数の巡回群である. □

有限べき零群については, まず次の定理が成り立つ.

定理 16.17. p-群はべき零群である.

証明 $P(\neq 1)$をp-群とすれば, 定理13.3より $Z_1(P)=Z(P)\neq 1$. $Z_1(P)\neq P$ ならば $P/Z_1(P)\ (\neq 1)$ もp-群であるから, $Z(P/Z_1(P))=Z_2(P)/Z_1(P)\neq 1$. 以下同様にして $Z_0(P)=1\subsetneqq Z_1(P)\subsetneqq Z_2(P)\subsetneqq\cdots$ なる列をえるが, Pは有限群であるからこの列は有限回でPに到達し, Pはべき零である. □

また次の定理が成り立ち, 有限べき零群の問題はp-群の問題に帰着される.

定理 16.18. 有限群Gについて次の条件は同値である.

(1) Gはべき零である.

(2) Gの任意の極大部分群は正規部分群である.

(3) Gのシロー部分群はすべて正規部分群である.

(4) Gはいくつかのp-群の直積である.

証明 (1)⇒(2):系16.16で証明している.

(2)⇒(3):$P\in \mathrm{Syl}_p(G)$ に対して $N_G(P)\subsetneqq G$ とすれば, $N_G(P)$ を含むGの極大部分群Mがある. このとき $N_G(M)=G$ となるが, これは例題13.9に反する.

(3)⇒(4):$|G|=p_1^{e_1}\cdots p_n^{e_n}$ を $|G|$ の素因数分解とし, $P_i\in \mathrm{Syl}_{p_i}(G)$ とするとき, $P_i\lhd G$ という仮定から $P_1\cdots P_i=P_1\times\cdots\times P_i$ となることがiに関する帰納法で容易に示される. 特に位数を比較して $P_1\cdots P_n=P_1\times\cdots\times P_n=G$ となる.

(4)⇒(1):問16.12(ii)と定理16.17より明らかである. □

§17. 組成列

群Gの一つの正規列を

(H)
$$G=H_0\supset H_1\supset\cdots\supset H_r=1$$

とする. Gの別の正規列

(K)
$$G=K_0\supset K_1\supset\cdots\supset K_s=1$$

が, (H)の部分群の間にいくつか部分群を挿入してえられるとき, すなわち各H_iに対して$K_{j_i}=H_i$となるK_{j_i}が存在するとき(K)は(H)の**細分**であるという.

正規列 (H) にあらわれる部分群 H_i がすべて異なり，しかも各剰余群 $H_{i-1}/H_i(i=1,2,\cdots,r)$ がすべて単純群であるとき，(H) は G の **組成列** であるといい，r をその**長さ**とよぶ．このとき (H) は重複する部分群のない正規列にこれ以上細分されない．組成列 (H) において，各剰余群 H_{i-1}/H_i をその**組成剰余群**とよび，これらを並べた列 $H_0/H_1,\cdots,H_{r-1}/H_r$ を**組成剰余群列**とよぶ．

有限群 G については，G の極大な正規部分群を H_1，H_1 の極大な正規部分群を H_2 として，以下同様に部分群をとっていけば最後は1に到達するから，G は組成列をもつ．

例 17.1. n 次の対称群 S_n について，次の列はそれぞれ組成列である．

$$S_2\supset 1, \qquad S_3\supset A_3\supset 1,$$

$$S_4\supset A_4\supset V=\langle(1,2)(3,4),(1,3)(2,4)\rangle\supset\langle(1,2)(3,4)\rangle\supset 1,$$

$$n\geq 5 \text{ のとき}: S_n\supset A_n\supset 1.$$

問 17.2. 可解群 G について，次のことを示せ．

(i) G が組成列をもてば，その組成剰余群はすべて位数が素数の巡回群である．

(ii) G が組成列をもつ $\Leftrightarrow$ $|G|<\infty$.

以下の目標は，組成列をもつ群について，その組成剰余群列のある意味の一意性を主張する**ジョルダン-ヘルダーの定理** (定理 17.5) を証明することである．

まず次の補題を証明する．

補題 17.3. (ツァッセンハウス) H_1,H_2,K_1,K_2 を群 G の部分群とし，$H_2\lhd H_1$，$K_2\lhd K_1$ であるとすれば

$$(17.1)\qquad (H_1\cap K_1)H_2/(H_1\cap K_2)H_2\simeq(H_1\cap K_1)K_2/(H_2\cap K_1)K_2$$

となる．

証明 $H_1\cap K_1$ の元は，仮定により $N_G(H_1\cap K_2)$ にも $N_G(H_2)$ にも属するから，$(H_1\cap K_1)H_2\rhd(H_1\cap K_2)H_2$ である．同様に (17.1) の右辺の剰余群も意味をもつ．以下で

$$(17.2)\qquad (H_1\cap K_1)H_2/(H_1\cap K_2)H_2\simeq(H_1\cap K_1)/(H_1\cap K_2)(H_2\cap K_1)$$

が成り立つことを示す．これが示されれば，この右辺は H と K に関して対称

的で，(17.1) の右辺は (17.2) の左辺の H と K を入れかえたものであるから，(17.1) の右辺も (17.2) の右辺に同型となり補題が示される．

さて同型定理を用いると

$$(H_1\cap K_1)H_2/(H_1\cap K_2)H_2=(H_1\cap K_1)\cdot(H_1\cap K_2)H_2/(H_1\cap K_2)H_2$$
$$\simeq(H_1\cap K_1)/(H_1\cap K_1)\cap(H_1\cap K_2)H_2$$

ここで $H_1\cap K_1\supset H_1\cap K_2$ であるから

$$(H_1\cap K_1)\cap(H_1\cap K_2)H_2=(H_1\cap K_2)(H_2\cap(H_1\cap K_1))$$
$$=(H_1\cap K_2)(H_2\cap K_1)$$

である．□

上の補題を用いて次の定理がえられる．

定理 17.4. (シュライヤーの細分定理)　群 G の二つの正規列

(H)　$$G=H_0\supset H_1\supset\cdots\supset H_r=1$$

(K)　$$G=K_0\supset K_1\supset\cdots\supset K_s=1$$

が与えられたとき，それぞれを適当に細分して，それらの剰余群列が同型と順序を度外視して一致するようにできる．

証明　$H_{i,j}=(H_i\cap K_j)H_{i+1}$，$K_{i,j}=(H_i\cap K_j)K_{j+1}$ とおき，H_i と H_{i+1} の間と K_j と K_{j+1} の間にそれぞれ部分群を次のように挿入する．

$$H_i=H_{i,0}\supset H_{i,1}\supset\cdots\supset H_{i,s-1}\supset H_{i,s}=H_{i+1}$$
$$K_j=K_{0,j}\supset K_{1,j}\supset\cdots\supset K_{r-1,j}\supset K_{r,j}=K_{j+1}$$

このようにしてできる部分群の列

(H′)　$$G=H_{0,0}\supset H_{0,1}\supset\cdots\supset H_{0,s}=H_1=H_{1,0}\supset\cdots$$

(K′)　$$G=K_{0,0}\supset K_{1,0}\supset\cdots\supset K_{r,0}=K_1=K_{0,1}\supset\cdots$$

はそれぞれ rs 個の部分群 $\{H_{i,j}|0\leq i\leq r-1,\ 0\leq j\leq s-1\}$，$\{K_{i,j}|0\leq i\leq r-1,\ 0\leq j\leq s-1\}$ と $1=H_{r-1,s}=K_{r,s-1}$ からなる正規列で，(H)，(K) の細分である．また $H_{i+1}\lhd H_i$，$K_{j+1}\lhd K_j$ であるから，補題により

$$H_{i,j}/H_{i,j+1}=(H_i\cap K_j)H_{i+1}/(H_i\cap K_{j+1})H_{i+1}$$
$$\simeq(H_i\cap K_j)K_{j+1}/(H_{i+1}\cap K_j)K_{j+1}=K_{i,j}/K_{i+1,j}.$$

したがって (H′) と (K′) の剰余群の間に1対1の対応がつき，対応するものは同型となるようにできる．□

上の定理から次の定理がただちにえられる.

定理 17.5. (ジョルダン-ヘルダー) 組成列をもつ群の組成列の長さは一定で,その組成剰余群列は同型と順序を度外視すれば一意的に定まる.

証明 G の二つの組成列

(H) $$G=H_0\supset H_1\supset\cdots\supset H_r=1$$

(K) $$G=K_0\supset K_1\supset\cdots\supset K_s=1$$

について,定理17.4の証明におけるような細分 (H′), (K′) を考える.それらの1と異なる剰余群だけを拾いだせば,それぞれ (H), (K) の組成剰余群列と一致する.それらは1対1に対応して,対応するものは同型となるから,$r=s$ で定理が成り立つ. □

問 17.6. G は組成列をもつとし,その組成列の長さを r とすれば,G の異なる部分群からなる任意の正規列の長さは r 以下であることを示せ.

問 17.7. $G\triangleright N$ とするとき,G が組成列をもつため必要十分な条件は,G/N と N がともに組成列をもつことである.またこのとき,G の組成列の長さは G/N と N の組成列の長さの和に等しい.これを証明せよ.

§18. 作用域をもつ群

群 G と集合 Ω に対して,$G\times\Omega$ から G への写像 $f: G\times\Omega\to G$ が与えられているとし,$f(a,\alpha)$ を a^α と表すことにする.これが次の条件

(18.1) $$(ab)^\alpha=a^\alpha b^\alpha \qquad (a,b\in G,\ \alpha\in\Omega)$$

をみたすとき,Ω は群 G に**作用**しているといい,また G は Ω を**作用域**にもつ群,あるいは簡単に **Ω-群**であるという.このとき条件 (18.1) は,$\alpha\in\Omega$ に対してきまる写像 $f_\alpha: G\to G(a\longmapsto a^\alpha)$ が G から G 自身への準同型(G の**自己準同型**)であることにほかならない.

注意 §12では群の集合への作用を考察したが,ここで考えるのは集合の群への作用で,その意味が異なることに注意されたい.

作用域をもつ群を考えることにより,群論の応用範囲が飛躍的に拡大される.例えば3章で考察する環を作用域にもつ加群の理論などはその好例である.

ここでは作用域をもつ群について，その部分群とか準同型などを作用域を考慮に入れたものに制限すれば，基本的な定理がほとんど今までと同様に成り立つことを注意したい．

Ω-群 G の部分群 H としては，Ω の作用に関して閉じているもの，すなわち

$$a\in H,\ \alpha\in\Omega \Rightarrow a^{\alpha}\in H$$

をみたすものを考え，このような部分群を **Ω-部分群**とよぶ．

また二つの Ω-群 G, G' に対して，準同型 $f: G\to G'$ としては，Ω の作用と可換なもの，すなわち

$$a\in G,\ \alpha\in\Omega \Rightarrow f(a^{\alpha})=f(a)^{\alpha}$$

をみたすものを考え，このような準同型を **Ω-準同型**とよぶ．このとき，例えば次の準同型定理が成り立つ．

定理 18.1.　G, G' を Ω-群とし，$f: G\to G'$ を Ω-準同型とすれば，$\mathrm{Ker}\, f$ は G の Ω-正規部分群，$\mathrm{Im}\, f$ は G' の Ω-部分群で，$G/\mathrm{Ker}\, f$ と $\mathrm{Im}\, f$ は Ω-同型である．

問 18.2.　定理 18.1 を証明せよ．

同型定理も全く同様に Ω-群の場合に拡張される．

例 18.3.　群 G に対して，$\Omega=\mathrm{Inn}\, G$ とすれば，これは G に自然に作用する．このとき Ω-部分群は，G の正規部分群にほかならない．

また $\Omega=\mathrm{Aut}\, G$ も G に自然に作用し，このとき Ω-部分群とは G の特性部分群を意味する．

Ω-群 G に対して，その Ω-正規列や Ω-組成列なども普通の場合と同様に定義され，例えばジョルダン-ヘルダーの定理は次のように拡張される．

定理 18.4.　Ω-群 G が Ω-組成列をもてば，その Ω-組成剰余群列は Ω-同型と順序を度外視して一意的に定まる．

特に $\Omega=\mathrm{Inn}\, G$ のとき，G の Ω-組成列

(H)　$$G=H_0\supset H_1\supset\cdots\supset H_r=1$$

を G の**主組成列**とよぶ．これは G の正規部分群 H_i の列であって，各 i について H_{i-1} と H_i の間には，これらと異なる G の正規部分群が存在しないものである．

問 18.5.　有限な可解群 G の上のような主組成列 (H) において，各主組成剰余群 H_{i-1}/H_i は(ある素数 p について)基本アーベル p-群であることを示せ.

§19.* クルル-レマク-シュミットの定理

以下では，群の直既約分解に関する上記の定理の証明を目標にする.

19.1.　自己準同型

Ω-群 G に対して，G から G 自身への Ω-準同型を G の **Ω-自己準同型** とよび，その全体を $\mathrm{End}_\Omega G$ で表す．作用域を考えないときは単に $\mathrm{End}\, G$ と表す.

問 19.1.　$\mathrm{End}_\Omega G$ は写像の積に関してモノイドをつくることを示せ.

特に G の各元を G の単位元 1 にうつす写像は Ω-自己準同型で，これを 0 で表す: $x^0=1$　$(\forall x\in G)$.

$\mathrm{End}_\Omega G\in\sigma,\tau$ に対して，x^σ と y^τ　$(\forall x,y\in G)$ がつねに可換であるとき，σ と τ は**加法可能**であるという．このとき写像 $G\to G$　$(x\longmapsto x^\sigma x^\tau)$ は G の Ω-自己準同型で，これを $\sigma+\tau$ で表す: $x^{\sigma+\tau}=x^\sigma x^\tau$.

問 19.2.　上のことを確かめよ.

問 19.3.　$\mathrm{End}_\Omega G\ni\sigma,\tau,\rho$ であるとき，次のことを示せ.

(i)　$\sigma+0=0+\sigma=\sigma$.

(ii)　σ,τ,ρ のどの二つも加法可能ならば，$(\sigma+\tau)+\rho=\sigma+(\tau+\rho)$．(これを $\sigma+\tau+\rho$ とかく.)

(iii)　σ と τ が加法可能ならば，$\sigma+\tau=\tau+\sigma$，$(\sigma+\tau)\rho=\sigma\rho+\tau\rho$，$\rho(\sigma+\tau)=\rho\sigma+\rho\tau$.

(iv)　G がアーベル群ならば，$\mathrm{End}_\Omega G$ は環をつくる.

特に G がアーベル群のとき，環 $\mathrm{End}_\Omega G$ を G の **Ω-自己準同型環**とよぶ.

$\mathrm{End}_\Omega G\ni\sigma$ が G の任意の内部自己同型と可換であるとき，すなわち任意の $a,x\in G$ に対して

(19.1)　$$(a^{-1}xa)^\sigma=a^{-1}x^\sigma a$$

が成り立つとき，σ は**正規**であるという.

問 19.4.　次のことを示せ.

(i)　$\mathrm{End}_\Omega G\ni\sigma$ が正規ならば，G^σ は G の Ω-正規部分群である.

(ii) σ が G の Ω-自己同型であるとき

$$\sigma \text{ が正規} \Longleftrightarrow a^{-1}a^{\sigma}\in Z(G) \qquad (\forall a\in G).$$

またこのとき $f: G\to Z(G)$ $(a\longmapsto a^{-1}a^{\sigma})$ は Ω-準同型である.

(iii) $Z(G)=1$, または $G=[G,G]$ ならば, G の正規な Ω-自己同型は恒等写像にかぎる.

例題 19.5. Ω-群 G は Ω-部分群 $H_1, H_2, \cdots, H_n$ の直積であるとする: $G=H_1\times H_2\times\cdots\times H_n$. また ε_i をこの直積分解に関する H_i への射影とする. すなわち $G\ni a=a_1a_2\cdots a_n\,(a_i\in H_i)$ に対して $a^{\varepsilon_i}=a_i$. このとき

(i) 各 ε_i は正規な Ω-自己準同型である.

(ii) $\varepsilon_1, \varepsilon_2, \cdots, \varepsilon_n$ のどの二つも加法可能で

$$\varepsilon_1+\varepsilon_2+\cdots+\varepsilon_n=\mathrm{id}_G, \qquad \varepsilon_i^2=\varepsilon_i, \qquad \varepsilon_i\varepsilon_j=0 \quad (i\neq j)$$

となる.

逆に $\mathrm{End}_{\Omega}(G)\ni\varepsilon_1, \cdots, \varepsilon_n$ が上の (i), (ii) をみたせば, $G=G^{\varepsilon_1}\times G^{\varepsilon_2}\times\cdots\times G^{\varepsilon_n}$ と直積に分解され, ε_i は G^{ε_i} への射影に一致する.

証明 前半: (i) $G\ni a=a_1\cdots a_n$ $(a_i\in H_i)$, $\alpha\in\Omega$, $b\in G$ とする. $a^{\alpha}=a_1^{\alpha}\cdots a_n^{\alpha}$, $a_i^{\alpha}\in H_i^{\alpha}\subset H_i$ より $(a^{\alpha})^{\varepsilon_i}=a_i^{\alpha}=(a^{\varepsilon_i})^{\alpha}$ となり ε_i は Ω-自己準同型である. また $b^{-1}ab=a^b=a_1^b\cdots a_n^b$, $a_i^b\in H_i$ より $(a^b)^{\varepsilon_i}=a_i^b=(a^{\varepsilon_i})^b$ となるから ε_i は正規である. (ii) $i\neq j$ ならば $H_i=G^{\varepsilon_i}$ と $H_j=G^{\varepsilon_j}$ は元ごとに可換であるから, ε_i と ε_j は加法可能である. また射影の定義から上の等式がえられる.

後半: 定理 14.2 の条件 (14.7) は ε_i と ε_j の加法の可能性からみたされている. また $G\ni a=a^{\varepsilon_1+\cdots+\varepsilon_n}=a^{\varepsilon_1}\cdots a^{\varepsilon_n}$ と表されるが, 表示の一意性を示すため $a=b_1^{\varepsilon_1}\cdots b_n^{\varepsilon_n}$ とする. このとき $a^{\varepsilon_i}=b_1^{\varepsilon_1\varepsilon_i}\cdots b_i^{\varepsilon_i\varepsilon_i}\cdots b_n^{\varepsilon_n\varepsilon_i}=b_i^{\varepsilon_i}$ となり, (14.8) がみたされる. よって $G=G^{\varepsilon_1}\times\cdots\times G^{\varepsilon_n}$. □

19.2. クルルーレマクーシュミットの定理

これから Ω-主組成列をもつ群について考える. そのため $\tilde{\Omega}=\Omega\cup\mathrm{Inn}\,G$ とおけば, Ω-群 G は $\tilde{\Omega}$-群と考えることができて, Ω-主組成列は $\tilde{\Omega}$-組成列と同じことである. また正規な Ω-自己準同型は $\tilde{\Omega}$-自己準同型と同じである. 以下では作用域 Ω に対して, $\tilde{\Omega}$ は上の集合を意味するものとする.

補題 19.6. G は Ω-主組成列をもつとし, σ は G の正規な Ω-自己準同型と

する．このとき

（i）　σ が全射 $\Leftrightarrow \sigma$ が単射．

（ii）　$G^\sigma=G^{\sigma^2}\Rightarrow G=G^\sigma\times\mathrm{Ker}\,\sigma$.

証明　$\sigma\in\mathrm{End}_{\tilde{\Omega}}G$ であるから，$G^\sigma, \mathrm{Ker}\,\sigma$ はともに G の $\tilde{\Omega}$-(正規)部分群である．

（i）　($\Rightarrow$) $G=G^\sigma\simeq G/\mathrm{Ker}\,\sigma$ ($\tilde{\Omega}$-同型)．一方 $G/\mathrm{Ker}\,\sigma$ と $\mathrm{Ker}\,\sigma$ の $\tilde{\Omega}$-組成列の長さの和は G のそれに一致するから，$\mathrm{Ker}\,\sigma=1$ である．

($\Leftarrow$) $G\simeq G^\sigma$ ($\tilde{\Omega}$-同型)．一方 G^σ と G/G^σ の $\tilde{\Omega}$-組成列の長さの和は G のそれに等しい．よって $G/G^\sigma=\bar{1}$，$G=G^\sigma$ となる．

（ii）　σ の G^σ への制限は全射，したがって（i）より単射となるから $G^\sigma\cap\mathrm{Ker}\,\sigma=1$ である．一方任意の $a\in G$ に対して $a^\sigma=b^{\sigma^2}$ となる $b\ni G$ がある．このとき $(ab^{-\sigma})^\sigma=1$，$ab^{-\sigma}\in\mathrm{Ker}\,\sigma$ となるから $a\in G^\sigma(\mathrm{Ker}\,\sigma)$，$G=G^\sigma(\mathrm{Ker}\,\sigma)$ となって（ii）の直積分解をえる．　□

次の補題は重要である．

補題 19.7. (フィッティング)　G は Ω-主組成列をもつとし，σ は G の正規な Ω-自己準同型とすれば，ある自然数 k に対して

$$G=G^{\sigma^k}\times\mathrm{Ker}\,\sigma^k \tag{19.2}$$

となる．

証明　G の部分群の列 $G\supset G^\sigma\supset G^{\sigma^2}\supset\cdots$ は G の $\tilde{\Omega}$-正規列で，G は $\tilde{\Omega}$-組成列をもつからこれらがすべて異なることはない．すなわち $G^{\sigma^k}=G^{\sigma^{k+1}}$ となる自然数 k があり，このとき $G^{\sigma^k}=G^{\sigma^{k+1}}=G^{\sigma^{k+2}}=\cdots$ となる．よって $\sigma^k=\tau$ とおけば，$G^\tau=G^{\tau^2}$ となって補題 19.6(ii) が適用できる．　□

Ω-群 G は 1 と異なる二つの Ω-部分群の直積に分解されないとき，**Ω-直既約**であるという．

フィッティングの補題から，容易に次が導かれる．

例題 19.8.　$G\neq 1$ は Ω-主組成列をもつとし，かつ Ω-直既約であるとする．このとき

（i）　σ を G の正規な Ω-自己準同型とすれば，σ は Ω-自己同型であるか，ある自然数 k に対して $\sigma^k=0$ となる．（後者の場合 σ は**べき零**であるという．）

(ii) $\mathrm{End}_\Omega G \ni \sigma, \tau$ はともに正規で加法可能であるとき，$\sigma+\tau$ が Ω-自己同型ならば σ, τ のいずれかが Ω-自己同型になる．

証明 (i) G は補題 19.7 の (19.2) のような直積分解をもつが，直既約性により $G=G^{\sigma^k}$ または $G^{\sigma^k}=1$ となる．前者のときは補題 19.6(i) より σ^k は自己同型，したがって σ も自己同型である．また後者の場合は $\sigma^k=0$ である．

(ii) $\rho=\sigma+\tau$ が自己同型であるとすれば $\mathrm{id}_G=\sigma\rho^{-1}+\tau\rho^{-1}$ となる．$\sigma_1=\sigma\rho^{-1}$, $\tau_1=\tau\rho^{-1}$ とおけば $\mathrm{id}_G=\sigma_1+\tau_1$，かつ $\sigma_1, \tau_1 \in \mathrm{End}_{\tilde{\Omega}} G$ となる．また $\sigma_1(\sigma_1+\tau_1)=(\sigma_1+\tau_1)\sigma_1$ より $\sigma_1\tau_1=\tau_1\sigma_1$ をえる．

さて σ, τ がともに自己同型でないとすれば，σ_1, τ_1 もそうで，(i) よりある n に対して $\sigma_1{}^n=\tau_1{}^n=0$ となる．このとき $\mathrm{id}_G=(\sigma_1+\tau_1)^{2n}=\sum_{\nu=0}^{2n}\binom{2n}{\nu}\sigma_1{}^\nu\tau_1{}^{2n-\nu}$ となるが，ν, $2n-\nu$ のいずれかは n 以上となるから，$\mathrm{id}_G=0$ となり矛盾である． □

次が目標の定理である．

定理 19.9. (クルルーレマクーシュミット) Ω-群 G が Ω-主組成列をもてば，G は Ω-直既約な有限個の Ω-部分群の直積に分解される．また

$$
(19.3)\qquad \begin{aligned} G &= H_1\times H_2\times\cdots\times H_m \\ &= K_1\times K_2\times\cdots\times K_n \end{aligned}
$$

をそのような二つの直既約分解とすれば，$m=n$ で，また任意の r 個の $H_1, \cdots, H_r$ に対して $K_{j_1}, \cdots, K_{j_r}$ を適当にとれば，G の正規な Ω- 自己同型 σ で

$$
H_\nu{}^\sigma=K_{j_\nu} \qquad (\nu=1, \cdots, r),
$$

$$
\sigma \text{ は } H_{r+1}\times\cdots\times H_m \text{ 上恒等写像}
$$

となるものがある．したがって

$$
G=K_{j_1}\times\cdots\times K_{j_r}\times H_{r+1}\times\cdots\times H_m.
$$

特に $r=m$ とすれば，$K_1, \cdots, K_m$ を $K_{j_1}, \cdots, K_{j_m}$ と適当に並べかえて，$H_\nu \simeq K_{j_\nu} (\nu=1, \cdots, m)$ となるようにできる．

証明 G は $\tilde{\Omega}$-組成列をもち，その長さに関する帰納法で直既約分解の存在が次のように示される．G が $\tilde{\Omega}$-直既約ならば Ω-直既約でもある．したがって $G=G_1\times G_2$, $G_i (i=1,2)$ は 1 と異なる $\tilde{\Omega}$-部分群としてよい．このとき G_i の $\tilde{\Omega}$-組成列の長さは G のそれより小であるから，これらに帰納法の仮定を適用すれ

ばよい．

次に後半を r に関する帰納法で示す．そのため (19.3) の2番目の分解に関する K_j への射影を $\varepsilon_j (j=1,\cdots,n)$ とする．また $L=H_2\times\cdots\times H_m$ とおき，$G=H_1\times L$ に関する H_1 への射影を η，L への射影を δ とする．このとき $\varepsilon_j, \eta, \delta$ はいずれも $\tilde{\Omega}$-自己準同型で

$$\mathrm{id}_G=\varepsilon_1+\cdots+\varepsilon_n=\eta+\delta$$

である．$\eta=\varepsilon_1\eta+\cdots+\varepsilon_n\eta$ の H_1 への制限は恒等写像で，各 $\varepsilon_i\eta$ の H_1 への制限は正規な $\tilde{\Omega}$-自己準同型であり，また H_1 は $\tilde{\Omega}$-主組成列をもつから例題 19.8 (ii) を用いて，ある $\varepsilon_i\eta$ の H_1 への制限は自己同型になる．このとき $H_1=H_1^{\varepsilon_i\eta}\subset K_i^{\eta}\subset H_1$ であるから，$H_1=H_1^{\varepsilon_i\eta}=K_i^{\eta}$ となる．これを用いて

$$H_1^{\varepsilon_i}=K_i$$

となることが次のようにして示される．

$$K_i^{(\eta\varepsilon_i)^2}=K_i^{\eta\varepsilon_i\eta\varepsilon_i}=H_1^{\varepsilon_i\eta\varepsilon_i}=K_i^{\eta\varepsilon_i}$$

ここで $K_i^{\eta\varepsilon_i}=H_1^{\varepsilon_i}\neq 1$ であるから，例題 19.8 (i) により $\eta\varepsilon_i$ の K_i への制限は自己同型で，$K_i=K_i^{\eta\varepsilon_i}=H_1^{\varepsilon_i}$ となる．

さて $\eta\varepsilon_i$ は $\delta\varepsilon_j (1\leq j\leq n)$ と加法可能で，したがって $\eta\varepsilon_i$ は $\delta=\delta\varepsilon_1+\cdots+\delta\varepsilon_n$ と加法可能である．このとき $\sigma=\eta\varepsilon_i+\delta$ が $r=1$ のときの求める自己同型であることを示す．σ は明らかに $\tilde{\Omega}$-自己準同型で

$$H_1^{\sigma}=H_1^{\eta\varepsilon_i+\delta}=H_1^{\eta\varepsilon_i}=H_1^{\varepsilon_i}=K_i,$$
$$x\in L\Rightarrow x^{\sigma}=x^{\eta\varepsilon+\delta}=x^{\delta}=x$$

となる．次に σ が単射であることをみるために $x\in G$ に対し $1=x^{\sigma}=x^{\eta\varepsilon_i}x^{\delta}$ とする．このとき $1=x^{\eta\varepsilon_i\eta}x^{\delta\eta}=x^{\eta\varepsilon_i\eta}$ で，$x^{\eta}\in H_1$，$\varepsilon_i\eta$ は H_1 上自己同型であるから $x^{\eta}=1$ をえる．したがって $1=x^{\sigma}=x^{\delta}$ となり，$x=x^{\eta}x^{\delta}=1$ となる．よって σ は単射で，補題 19.6 により $\tilde{\Omega}$-自己同型になる．

次に $H_1,\cdots,H_{r-1}$ に対して $K_{j_1},\cdots,K_{j_{r-1}}$ と G の $\tilde{\Omega}$-自己同型 σ_{r-1} で定理の条件をみたすものが存在したとする．このとき

$$G=K_{j_1}\times\cdots\times K_{j_{r-1}}\times H_r\times\cdots\times H_m \tag{19.4}$$

となる．この分解と (19.3) の2番目の分解について，$r=1$ のときの上の議論で H_1 のかわりに H_r をとれば，G の $\tilde{\Omega}$-自己同型 σ と K_{j_r} が存在して，H_r^{σ}

$=K_{j_r}$, σ は $K_{j_1}\times\cdots\times K_{j_{r-1}}\times H_{r+1}\times\cdots\times H_m$ 上恒等写像となる．このとき H_1, $\cdots$, H_r に対して $K_{j_1},\cdots,K_{j_r}$ と $\sigma_r=\sigma_{r-1}\sigma$ は定理の条件をみたす．

上の考察から $m\leq n$ がえられるが，$n\leq m$ も同様にしてえられるから $m=n$ となる． □

問 19.4(iii) のような場合には，正規な Ω-自己同型は恒等写像しかない．したがって次の系がえられる．

系 19.10. Ω-群 G は Ω-主組成列をもつとする．このとき $Z(G)=1$，または $G=[G,G]$ ならば，G の Ω-直既約分解はただ一つしかない．

§20.* 生成元と基本関係

20.1. 自由群

集合 $X=\{x_\lambda\mid\lambda\in\Lambda\}$ に対して，新しい文字 x_λ^{-1} の集合 $X^{-1}=\{x_\lambda^{-1}\mid\lambda\in\Lambda\}$ を考え，$\tilde{X}=X\cup X^{-1}$ とおく．ただし $X\cap X^{-1}=\phi$ とする．

$\tilde{X}$ の有限個の元を $(u_1,\cdots,u_n)$ $(u_i\in\tilde{X})$ と並べたものを X 上の**語**とよび，n をその長さという．長さ 0 の語（ ）も考えて，これを 1 で表す．いま X 上の語の全体を $W(X)$ で表し，二つの語 $P=(u_1,\cdots,u_n)$，$Q=(v_1,\cdots,v_m)$ の積を

$$PQ=(u_1,\cdots,u_n,v_1,\cdots,v_m)$$

と定義すれば，$W(X)$ に乗法が定義される．このとき結合法則は明らかに成り立つ．また 1 は単位元であるから $W(X)$ はモノイドである．

語 $P=(u_1,\cdots,u_n)$ において，ある i に対し $u_i=x_\lambda$，$u_{i+1}=x_\lambda^{-1}$ となるか $u_i=x_\lambda^{-1}$，$u_{i+1}=x_\lambda$ であるとき，u_i と u_{i+1} をとり除いて新しい語 $Q=(u_1,\cdots,u_{i-1},u_{i+2},\cdots,u_n)$ をつくることを，P を**簡約**するという．また簡約できない語は**既約**であるという．

語 $P=(u_1,\cdots,u_n)$ から何回か簡約を行って既約な元がえられるが，その最後の結果は簡約の仕方によらないことが，n に関する帰納法で次のようにして示される．

P から u_i, u_{i+1} をとり除いた語を P_i で表すことにする．いま P から二通りの簡約の仕方で既約な語 $\rho_1(P),\rho_2(P)$ がえられたとし，$\rho_1(P)$ については最

初 P から u_i, u_{i+1} を, $\rho_2(P)$ については最初 u_j, u_{j+1} をとり除いてえられるものとする. ここで $i \leq j$ と仮定してよい.

まず $i=j$ ならば, $\rho_1(P)$ も $\rho_2(P)$ も P_i から簡約を行ってえられるから, 帰納法の仮定により $\rho_1(P)=\rho_2(P)$ である. 次に $j=i+1$ とすれば, (u_i, u_{i+1}, u_{i+2}) は $(x_\lambda, x_\lambda^{-1}, x_\lambda)$ か $(x_\lambda^{-1}, x_\lambda, x_\lambda^{-1})$ の形をしていて, いずれの場合も $P_i=P_{i+1}$ である. よって上と同様にして $\rho_1(P)=\rho_2(P)$ をえる. 最後に $j>i+1$ のときは, P から $u_i, u_{i+1}, u_j, u_{j+1}$ をとり除いてえられる語を P_{ij} とおき, これから簡約を行って既約な語 $\rho(P_{ij})$ がえられたとする. P_{ij} は P_i から u_j, u_{j+1} をとり除くという簡約を行ってえられるから, P_i に帰納法の仮定を適用して $\rho_1(P)=\rho(P_{ij})$ をえる. 同様に $\rho_2(P)=\rho(P_{ij})$ となるから, $\rho_1(P)=\rho_2(P)$ である.

以上で示したように, 語 P から何回か簡約を行ってえられる既約な語は一意的に定まる. これを $\rho(P)$ とかいて P の**簡約表示**という. 二つの語 P, Q は, それらの簡約表示が一致するとき**同値**であるといい, $P \sim Q$ とかく. これは明らかに $W(X)$ における同値関係で, 既約な語の全体はその同値類による類別の完全代表系である. 同値類の集合 $W(X)/\sim$ を $F(X)$ と表す.

問 20.1. $P \sim P', Q \sim Q'$ ならば $PQ \sim P'Q'$ となることを示せ.

語 P を含む同値類を $\bar{P}$ と表し, $F(X)$ における乗法を $\bar{P}\bar{Q}=\overline{PQ}$ と定義すれば, 問 20.1 によりこれは同値類の代表のとり方によらずきまる. 定義より結合法則は成り立ち, また $\bar{1}$ は単位元である. $u=x_\lambda^{-1}$ のとき x_λ を u^{-1} とかくこととし, $P=(u_1, \cdots, u_n)$ に対して $P^{-1}=(u_n^{-1}, \cdots, u_1^{-1})$ とおけば $\bar{P}\overline{P^{-1}}=\overline{P^{-1}}\bar{P}=\bar{1}$ となり, $F(x)$ は群をつくる.

長さ1の語 (x_λ) は既約で, $\lambda \neq \mu$ ならば $\overline{(x_\lambda)} \neq \overline{(x_\mu)}$ であるから, $\overline{(x_\lambda)}$ を x_λ と同一視して $X \subset F(X)$ と考えてよい. このとき $\overline{(x_\lambda^{-1})}=\overline{(x_\lambda)}^{-1}=x_\lambda^{-1}$ であるから, $P=(u_1, \cdots, u_n)$ に対して $\bar{P}=u_1 \cdots u_n$ となり $F(X)$ は X で生成される. また $F(X)$ の1と異なる元 $\bar{P}$ は P の簡約表示に対応して

$$x_{\lambda_1}^{n_1} x_{\lambda_2}^{n_2} \cdots x_{\lambda_r}^{n_r} \tag{20.1}$$

と一意的に表される. ただし $n_i \neq 0$, $x_{\lambda_i} \neq x_{\lambda_{i+1}}$ とする. (20.1) のような表示を $F(X)$ の元の**簡約表示**とよぶ.

群 $F(X)$ を集合 X 上の**自由群**とよぶ.

定理 20.2. 任意の群はある自由群の準同型像である.

証明 群 G は部分集合 $A=\{a_\lambda|\lambda\in\Lambda\}$ で生成されているとする. (例えば A として G 自身をとればよい.) このとき A と同じ濃度をもつ集合 $X=\{x_\lambda|\lambda\in\Lambda\}$ を考え, X 上の自由群を $F(X)$ とする. 写像 $f:F(X)\to G$ を, $F(X)$ の元 $x=x_{\lambda_1}{}^{n_1}\cdots x_{\lambda_r}{}^{n_r}$ (簡約表示)に対して $f(x)=a_{\lambda_1}{}^{n_1}\cdots a_{\lambda_r}{}^{n_r}$ とおいて定義すれば, f は全射である. また上の x と $y=x_{\mu_1}{}^{m_1}\cdots x_{\mu_s}{}^{m_s}$ (簡約表示)の積 $xy=x_{\lambda_1}{}^{n_1}\cdots x_{\lambda_r}{}^{n_r}x_{\mu_1}{}^{m_1}\cdots x_{\mu_s}{}^{m_s}$ の簡約表示を $x_{\tau_1}{}^{l_1}\cdots x_{\tau_t}{}^{l_t}$ とすれば, 簡約表示をえる仕方を考えて $a_{\lambda_1}{}^{n_1}\cdots a_{\lambda_r}{}^{n_r}a_{\mu_1}{}^{m_1}\cdots a_{\mu_s}{}^{m_s}=a_{\tau_1}{}^{l_1}\cdots a_{\tau_t}{}^{l_t}$ となること, すなわち $f(x)f(y)=f(xy)$ となることがわかる. したがって f は全準同型である. □

20.2. 生成元と関係式

定理 20.2 の証明におけるように, 群 G は $A=\{a_\lambda|\lambda\in\Lambda\}$ で生成されているとし, $X=\{x_\lambda|\lambda\in\Lambda\}$ 上の自由群 $F(X)$ を簡単に F とかく. また全準同型 $f:F\to G$ $(x_\lambda\longmapsto a_\lambda)$ を考え, $R=\mathrm{Ker}\,f$ とすれば $F/R\simeq G$ である.

$F\ni p(x)=x_{\lambda_1}{}^{n_1}\cdots x_{\lambda_r}{}^{n_r}$ (簡約表示とはかぎらない)に対して $f(p(x))=a_{\lambda_1}{}^{n_1}\cdots a_{\lambda_r}{}^{n_r}$ を $p(a)$ とかくことにする. このとき

$$p(x)\in R\Longleftrightarrow p(a)=a_{\lambda_1}{}^{n_1}\cdots a_{\lambda_r}{}^{n_r}=1.$$

上の右辺のような式を A の元の間の**関係式**という.

注意 関係式を $a_{\mu_1}{}^{m_1}\cdots a_{\mu_s}{}^{m_s}=a_{\tau_1}{}^{l_1}\cdots a_{\tau_t}{}^{l_t}$ の形にかくこともある.

M を R の部分集合とするとき, $q_i(x)\in M$, $p_i(x)\in F$, $\varepsilon_i=\pm1$ $(i=1,\cdots,t)$ に対して

$$(p_1(x)^{-1}q_1(x)^{\varepsilon_1}p_1(x))\cdots(p_t(x)^{-1}q_t(x)^{\varepsilon_t}p_t(x)) \tag{20.2}$$

の形の元はまた R の元である. R の任意の元が (20.2) の形で表されるとき, すなわち R が M を含む最小の F の正規部分群であるとき, 関係式の集合 $\{q(a)=1|q(x)\in M\}$ を G の生成元 A に関する**基本関係**という. 基本関係を与えることは M を, したがって R を与えることと同じで, これによって G $(\simeq F/R)$ がきまる.

定理 20.3. 群 G は生成元 $A=\{a_\lambda|\lambda\in\Lambda\}$ と基本関係 $\{q(a)=1|q(x)\in M\}$ で定義されているとする. ただし M は $X=\{x_\lambda|\lambda\in\Lambda\}$ 上の自由群 F の部分集

合とする.

いま群 H が $B=\{b_\lambda \mid \lambda\in\Lambda\}$ で生成され，任意の $q(x)\in M$ に対して $q(b)=1$ をみたせば，a_λ を $b_\lambda(\forall\lambda\in\Lambda)$ にうつす全準同型 $\varphi: G\to H$ が存在する.

証明 $f: F\to G(x_\lambda\longmapsto a_\lambda)$，$g: F\to H(x_\lambda\longmapsto b_\lambda)$ はそれぞれ全準同型で，仮定により $\mathrm{Ker}\, f\subset\mathrm{Ker}\, g$ である．よって全準同型 $h: F/\mathrm{Ker}\, f\to F/\mathrm{Ker}\, g$ があるが，$G\simeq F/\mathrm{Ker}\, f$，$H\simeq F/\mathrm{Ker}\, g$ であるから全準同型 $\varphi: G\to H$ がえられる．またそれぞれの対応を考えて，$\varphi(a_\lambda)=b_\lambda$ としてよいことがわかる. □

群 G が生成元 A と基本関係 $\{q(a)=1 \mid q(x)\in M\}$ で定義されるとき，$G=\langle A \mid q(a)=1\ (q(x)\in M)\rangle$ と表す．もちろんこのような表示は一意的ではない.

例 20.4. 2面体群 D_n は次の（i）または（ii）のように表される.

（i） $D_n=\langle\sigma,\tau \mid \sigma^n=1,\ \tau^2=1,\ \tau^{-1}\sigma\tau=\sigma^{-1}\rangle$.

（ii） $D_n=\langle a,b \mid a^2=1,\ b^2=1,\ (ab)^n=1\rangle$.

証明 （i） $G=\langle x,y \mid x^n=1,\ y^2=1,\ y^{-1}xy=x^{-1}\rangle$ とし，D_n の元 σ,τ を例 11.12 のようにとる．このとき $D_n=\langle\sigma,\tau\rangle$ で，$\sigma^n=\tau^2=1$，$\tau^{-1}\sigma\tau=\sigma^{-1}$ となるから定理 20.3 より全準同型 $\varphi: G\to D_n$ がある．一方 G において $\langle x\rangle\lhd G$ で，$G=\langle x\rangle\cup\langle x\rangle y$，$|\langle x\rangle|\le n$ となるから $|G|\le 2n$ である．G と D_n の位数を比較して φ は同型であることがわかる.

（ii） $G=\langle x,y \mid x^2=1,\ y^2=1,\ (xy)^n=1\rangle$ とする．また D_n において σ,τ を上のようにとり，$a=\sigma\tau$，$b=\tau$ とおく．このとき $D_n=\langle a,b\rangle$ で $a^2=\sigma\tau\sigma\tau=\sigma\tau^{-1}\sigma\tau=\sigma\sigma^{-1}=1$，$b^2=\tau^2=1$，$(ab)^n=\sigma^n=1$ となるから，全準同型 $\varphi: G\to D_n$ がある．一方 G において，$x^{-1}(xy)x=yx=(xy)^{-1}$，$y^{-1}(xy)y=yx=(xy)^{-1}$ であるから $\langle xy\rangle\lhd G$，$G=\langle xy\rangle\cup\langle xy\rangle y$ となり，$|G|\le 2n$．したがって位数を比較して φ は同型であることがわかる. □

例 20.5. n 次の対称群 S_n において，$\sigma_i=(i,i+1)$ とすれば

$$S_n=\langle\sigma_1,\cdots,\sigma_{n-1} \mid \sigma_i{}^2=1\ (1\le i\le n-1),\ (\sigma_i\sigma_{i+1})^3=1\ (1\le i\le n-2),\ (\sigma_i\sigma_j)^2=1\ (|i-j|\ge 2)\rangle.$$

証明 $\sigma_1,\cdots,\sigma_{n-1}$ は上の関係式をみたし，$S_n=\langle\sigma_1,\cdots,\sigma_{n-1}\rangle$ である．よって

$$G_n=\langle x_1,\cdots,x_{n-1} \mid x_i{}^2=1\ (1\le i\le n-1),\ (x_ix_{i+1})^3=1\ (1\le i\le n-2),\ (x_ix_j)^2=1\ (|i-j|\ge 2)\rangle$$

とおけば，全準同型 $\varphi: G_n \to S_n$ がある．したがって $|G_n| \leq n!$ が示されればよい．これを n に関する帰納法で示す．

$n=2$ のときは明らかである．$n>2$ のとき，G_n の部分群 $H=\langle x_1, \cdots, x_{n-2}\rangle$ は G_{n-1} の準同型像で，帰納法の仮定により $|H| \leq (n-1)!$ である．いま

$$K=H \cup Hx_{n-1} \cup Hx_{n-1}x_{n-2} \cup \cdots \cup Hx_{n-1}\cdots x_1$$

とおくとき，任意の x_i に対し $Kx_i \subset K$ となることが次のようにして示される．これが示されれば $x_i \in K$ で $G_n=K$，$|G_n|=|K| \leq n|H| \leq n!$ となる．

各 j に対し $(Hx_{n-1}\cdots x_j)x_i \subset K$ を示せばよい．

(1)　$j>i+1$ のとき：$j \leq k \leq n-1$ なる k に対し，$(x_ix_k)^2=1$，$x_i^2=x_k^2=1$ より x_i と x_k は可換．また $i \leq n-2$ より

$$Hx_{n-1}\cdots x_jx_i=Hx_ix_{n-1}\cdots x_j=Hx_{n-1}\cdots x_j \subset K.$$

(2)　$j=i+1$ のとき：$(Hx_{n-1}\cdots x_j)x_{j-1} \subset K$.

(3)　$j=i$ のとき：$(Hx_{n-1}\cdots x_j)x_j=Hx_{n-1}\cdots x_{j+1} \subset K$.

(4)　$j<i$ のとき：x_i と $x_{i-2}, \cdots, x_j$ は可換，$x_ix_{i-1}x_i=x_{i-1}x_ix_{i-1}$ であるから

$$\begin{aligned}(Hx_{n-1}\cdots x_j)x_i &= Hx_{n-1}\cdots x_ix_{i-1}x_ix_{i-2}\cdots x_j \\ &= Hx_{n-1}\cdots x_{i+1}x_{i-1}x_ix_{i-1}x_{i-2}\cdots x_j.\end{aligned}$$

ここで x_{i-1} は $x_{i+1}, \cdots, x_{n-2}$ と可換で，$i-1 \leq n-2$ であるから

$$上式=Hx_{i-1}x_{n-1}\cdots x_{i+1}x_ix_{i-1}\cdots x_j=Hx_{n-1}\cdots x_j \subset K.$$ □

問　題　1

1.　有限群 G において，部分群 H, K の指数が互いに素ならば $G=HK$ である．

2.　$\boldsymbol{Q}, \boldsymbol{R}$ を加群とみるとき，いずれも指数有限の真部分群を含まない．

3.　乗法群 $\boldsymbol{C}^\#$ は指数有限の真部分群を含まない．また乗法群 $\boldsymbol{R}^\#$ においては，正の実数の全体 $\boldsymbol{R}^+$ は指数 2 の部分群で，これ以外に指数有限の真部分群は存在しない．

4.　群 G が 2 元 a, b で生成され，$o(a)=o(b)=2$，$o(ab)=n$ ならば，G は 2 面体群 D_n に同型である．

5.　群 G に対し Aut $G=A$，Inn $G=I$ とおくとき

(i)　$Z(G)=1 \Rightarrow C_A(I)=1$，特に $Z(A)=1$.

(ii)　$Z(G)=1$ で I が A の特性部分群ならば Aut $A=$ Inn A である．

(iii)　G が非可換単純群ならば Aut $A=$ Inn A である．

6. 対称群 S_n について，$n \neq 6$ ならば $\mathrm{Aut}\, S_n = \mathrm{Inn}\, S_n$ である．また $n=6$ のときは $|\mathrm{Aut}\, S_6 : \mathrm{Inn}\, S_6| = 2$ である(文献[10]，pp. 291–293 参照)．

7. 有限群 G が有限集合 X に作用しているとし，$G \ni a$ で不変な X の元の個数を $\mathrm{fix}(a)$ で表す: $\mathrm{fix}(a) = |\{\alpha \in X \mid \alpha^a = \alpha\}|$．このとき次の等式が成り立つ:

$$|\mathrm{Orb}(X, G)| = \frac{1}{|G|} \sum_{a \in G} \mathrm{fix}(a).$$

すなわち G-軌道の個数は G の元の固定点の個数の平均に等しい．(ヒント：集合 $M = \{(\alpha, a) \in X \times G \mid \alpha^a = \alpha\}$ の元の個数を二通りに求めよ．すなわちまず各 a に対し $(\alpha, a) \in M$ の個数を求めて a についての総和を求める．次に各 α に対して $(\alpha, a) \in M$ の個数を求めて α についての総和を求めよ．)

8. $S_n \ni \sigma$ の型が $1^{r_1} 2^{r_2} \cdots n^{r_n}$ であるとき，$|C_{S_n}(\sigma)| = 1^{r_1} 2^{r_2} \cdots n^{r_n} (r_1!)(r_2!) \cdots (r_n!)$，したがって σ に共役な元の個数は $n! / \Pi_{i=1}^n i^{r_i} \Pi_{i=1}^n r_i!$ となる(文献[10]，pp. 287–289 参照)．

9. 5次の交代群 A_5 の類等式を求め，それを用いて A_5 が単純群であることを示せ．

10. 位数が p^2 の群はアーベル群である．ただし p は素数とする．

11. 有限群 G の部分群 H の任意の元 $h \neq 1$ に対して $C_G(h) \subset H$ が成り立てば，$|H|$ と $|G : H|$ は互いに素である．(ヒント：H のシロー p-部分群 $(\neq 1)$ は G のシロー p-部分群であることを示せ．)

12. 有限個の元からなる体を有限体とよび，q 個の元からなる有限体を $\boldsymbol{F}_q$ で表す．このとき

(i) $|GL(n, \boldsymbol{F}_q)| = (q^n - 1)(q^n - q) \cdots (q^n - q^{n-1})$ を示せ．また $SL(n, \boldsymbol{F}_q)$ の位数を求めよ．

(ii) $q = p^e$，p は素数であるとき

$$P = \left\{ \begin{pmatrix} 1 & & * \\ & \ddots & \\ 0 & & 1 \end{pmatrix} \in GL(n, \boldsymbol{F}_q) \right\}$$

は $GL(n, \boldsymbol{F}_q)$ のシロー p-部分群である．(注意：4章で示すように有限体 $\boldsymbol{F}_q$ の元の個数 q はある素数のべきである．)

13. $G = G_1 \times G_2$ において，G_i への射影を $\varepsilon_i : G \to G_i$ とする．

(i) G_i の部分群の列 $H_i \lhd K_i \subset G_i (i=1, 2)$ と同型 $\varphi : K_1/H_1 \to K_2/H_2$ が与えられたとき，$H = \{(g_1, g_2) \mid g_1 \in K_1, g_2 \in K_2,\ \varphi(H_1 g_1) = H_2 g_2\}$ は G の部分群である．

(ii) 逆に H を G の部分群とし，$H_i = H \cap G_i$ とすれば，$H_i \lhd H^{\varepsilon_i} \subset G_i$ で同型 $\varphi : H^{\varepsilon_1}/H_1 \simeq H^{\varepsilon_2}/H_2$ が存在し，H はこれらから (i) のようにしてえられる．

(iii) 特に $|G_1|$ と $|G_2|$ が互いに素ならば，G の部分群 H は $H = H_1 \times H_2 (H_i = H \cap G_i)$ と分解される．

14. $\langle a \rangle, \langle b \rangle$ を1と異なる二つの巡回群とするとき，$\langle a \rangle \times \langle b \rangle$ が巡回群であるため必要十分な条件は，$o(a), o(b)$ がともに有限で，かつ互いに素であることである．

15. A を有限アーベル群，$\hat{A}$ をその指標群とする．このとき

（i）$\lambda\in\hat{A}$ に対して

$$\sum_{a\in A}\lambda(a)=\begin{cases}|A| & (\lambda=1_A)\\ 0 & (\lambda\neq 1_A)\end{cases}$$

（ii）$a\in A$ に対して

$$\sum_{\lambda\in\hat{A}}\lambda(a)=\begin{cases}|A| & (a=1)\\ 0 & (a\neq 1)\end{cases}$$

16. A は有限アーベル群，B はその部分群とすれば，A の部分群 C で A/B に同型なものがある.（ヒント：双対性を用いよ.）

17. A は有限アーベル p-群，B はその部分群とし，$A,B,A/B$ の不変系をそれぞれ $(p^{\alpha_1},\cdots,p^{\alpha_r})$，$(p^{\beta_1},\cdots,p^{\beta_s})$，$(p^{\gamma_1},\cdots,p^{\gamma_t})$ とする．このとき $r\geq s,t$ で，$\alpha_r\geq\beta_s,\cdots,\alpha_{r-s+1}\geq\beta_1$；$\alpha_r\geq\gamma_t,\cdots,\alpha_{r-t+1}\geq\gamma_1$ が成り立つ.

18. $A=\langle a_1\rangle\times\cdots\times\langle a_r\rangle$ を有限アーベル p-群とするとき，A の位数 p の部分群の個数を求めよ．また指数が p の部分群の個数を求めよ.

19. G の正規部分群 $N_1,\cdots,N_r$ に対し，G/N_i がすべてアーベル群ならば $G/\bigcap_{i=1}^{r}N_i$ もアーベル群である.

20. $n\geq 3$ ならば $[S_n,S_n]=A_n$，$n\geq 5$ ならば $[A_n,A_n]=A_n$ である.

21. H,K を群 G の部分群とし，$H\cup K$ で生成される部分群を $\langle H,K\rangle$ で表せば，$[H,K]\lhd\langle H,K\rangle$ である.

22. 群 G の元 x,y,z に対して $[[x,y],z]$ を $[x,y,z]$ とかく．（これを3階の交換子とよぶ．一般に n 階の交換子も同様に定義される.）

（i）**ヴィットの恒等式** $[x,y^{-1},z]^y[y,z^{-1},x]^z[z,x^{-1},y]^x=1$ が成り立つ.

（ii）（3部分群補題）A,B,C を G の部分群とし，$\langle[a,b,c]\mid a\in A,\ b\in B,\ c\in C\rangle$ を $[A,B,C]$ で表すとき

$$[A,B,C]=1,\ [B,C,A]=1\Rightarrow[C,A,B]=1$$

となる.

（iii）G の部分群 A,B に対して

$$[A,B,B]=1\Rightarrow[A,D(B)]=1,$$
$$[A,B]\subset Z(B),\ B=D(B)\Rightarrow[A,B]=1.$$

23. $G/Z(G)$ が巡回群ならば G はアーベル群である.

24. べき零群 G に対し，$G/D(G)$ が巡回群ならば G は巡回群である.

25. H,K は群 G のべき零正規部分群とすれば，HK もまたべき零である．特に G が有限群ならば，G は最大のべき零正規部分群をもつ．（これを $F(G)$ で表して，G の**フィッティング部分群**とよぶ.）

26. G が有限可解群ならば $C_G(F(G))\subset F(G)$ である.

27. 有限群 G のすべての極大部分群の共通部分を $\Phi(G)$ で表し，これを G の**フラッチニ部分群**とよぶ.

（i）$\Phi(G)$ はべき零な特性部分群である.

(ii)　Gがべき零 $\Leftrightarrow \Phi(G) \supset D(G)$.

(iii)　SはGの部分集合，$x \in \Phi(G)$ とするとき，$G=\langle S \cup \{x\} \rangle$ ならば$G=\langle S \rangle$ である.

(iv)　$G/\Phi(G)$ が巡回群ならばGは巡回群である.

(v)　Gがp-群ならば，$G/\Phi(G)$ は $(p, \cdots, p)$ 型のアーベル群である.

28.　Hは群Gの部分群，TはHの右剰余類の完全代表系で$T \ni 1$ とする．このとき$G=\langle S \rangle$ ならば$H=\langle TST^{-1} \cap H \rangle$ となる．(ここで$TST^{-1}=\{t_1 s t_2^{-1} | t_i \in T, s \in S\}$.) 特に$G$が有限生成で，$|G:H|<\infty$ ならばHも有限生成である(文献[9], pp. 33–34参照).

29.　前問で$G=S_n$, $H=A_n$, $T=\{1, (1,2)\}$, $S=\{(1,2), (2,3), \cdots, (n-1, n)\}$ とおいて，A_nが $\{(1,2,3), (1,2)(3,4), (1,2)(4,5), \cdots, (1,2)(n-1,n)\}$ で生成されることを示せ.

30.*　交代群A_nにおいて，$\sigma_1=(1,2,3)$, $\sigma_2=(1,2)(3,4)$, $\cdots$, $\sigma_{n-2}=(1,2)(n-1,n)$ とおくとき

$$A_n=\langle \sigma_1, \cdots, \sigma_{n-2} \mid \sigma_1{}^3=\sigma_2{}^2=\cdots=\sigma_{n-2}{}^2=1,\ (\sigma_i\sigma_{i+1})^3=1\ (1 \le i \le n-3),\ (\sigma_i\sigma_j)^2=1\ (j-i>1,\ i \ge 1) \rangle$$

となる.

第3章

環　　　論

§21.　イデアルと剰余環

21.1.　イデアル

環 R の部分集合 I が次の二つの条件

(21.1)　$a, b \in I \Rightarrow a+b \in I,$

(21.2)　$a \in I,\ r \in R \Rightarrow ra \in I$

をみたすとき，I は R の **左イデアル**であるという．このとき $a \in I$ に対して $-a = (-1)a \in I$ であるから，I は加法に関して R の部分加群である．

I が (21.1) と次の条件

(21.3)　$a \in I,\ r \in R \Rightarrow ar \in I$

をみたすとき，I は R の**右イデアル**であるという．また I が左かつ右イデアルであるとき，すなわち (21.1)～(21.3) の三つの条件をみたすとき，I は R の**両側イデアル**であるという．

R が可換環のときはイデアルの左，右，両側などの区別は不要で，これを単に**イデアル**とよぶ．

環 R の二つの部分集合 A, B に対して

$$A+B = \{a+b \mid a \in A, b \in B\}$$

とする．また A の元と B の元の積の有限和の全体を AB とおく：

$$AB = \left\{\sum_{i=1}^{n} a_i b_i \mid a_i \in A, b_i \in B\right\}.$$

問 21.1.　次のことを示せ．

(i)　環 R の左(右，両側)イデアル I, J に対して

　(1)　$I\cap J$ は I と J に含まれる左(右，両側)イデアルのうち最大のものである．

　(2)　$I+J$ は I と J を含む左(右，両側)イデアルのうち最小のものである．

(ii)　I, J が R の両側イデアルならば，IJ も R の両側イデアルで

$$IJ\subset I\cap J$$

となる．

R 自身と 0 はともに R の左(右，両側)イデアルで，これらを R の**自明な左(右，両側)イデアル**とよぶ．

問 21.2.　環 R の左イデアル I に対して

$$I=R \Leftrightarrow 1\in I$$

となることを示せ．

環 R の元 a に対して，$Ra=\{ra \mid r\in R\}$ は明らかに R の左イデアルで，これを a で生成される**単項左イデアル**とよぶ．同様に aR を a で生成される**単項右イデアル**とよぶ．

$R=R1$，$0=R0$ であるから，R と 0 はともに単項左イデアルである．

例題 21.3.　環 R が斜体であるため必要十分な条件は，R が自明でない左(右)イデアルをもたないことである．

特に可換環 R が体であるため必要十分な条件は，R が自明でないイデアルをもたないことである．

証明　(必要性) R は斜体とし，I を R の 0 と異なる左イデアルとする．$I\ni a\neq 0$ とすれば，$a^{-1}a=1\in I$ となるから $I=R$ をえる．

(十分性) R の左イデアルは R と 0 のみとし，$R\ni a\neq 0$ とする．このとき $Ra\ni 1a=a\neq 0$ であるから $R=Ra$ となり，$ba=1$ となる $b\in R$ が存在する．ここで $b\neq 0$ であるから，同様にして $cb=1$ となる $c\in R$ がある．このとき

$$c=c(ba)=(cb)a=a$$

となり，$ab=1$ である．よって a は正則元で，R は斜体である．　□

R が可換環のときは，単項イデアル Ra を簡単に (a) で表すことが多い．

問 21.4. 整域 R においては，次が成り立つことを示せ．

$$(a)=(b) \Longleftrightarrow b=au \text{ となる正則元 } u \text{ がある．}$$

可換環 R の任意のイデアルが単項イデアルであるとき，R は**単項イデアル環**であるといい，R がさらに整域であるとき**単項イデアル整域**であるという．

整域 R から整列集合 X への写像 $\varphi: R \to X$ があって，次の二つの条件がみたされているとき，R は**ユークリッド環**であるという：

(21.4) $R \ni a \neq 0 \Rightarrow \varphi(0) < \varphi(a)$,

(21.5) $R \ni a \neq 0$, $R \ni b$ ならば

$$b=aq+r, \qquad \varphi(r)<\varphi(a)$$

をみたす $q, r \in R$ が存在する．

定理 21.5. ユークリッド環は単項イデアル整域である．

証明 R をユークリッド環とし，$I \neq 0$ をそのイデアルとする．このとき $\{\varphi(x) \mid 0 \neq x \in I\}$ に最小元があり，$\varphi(a)$ $(a \in I)$ はその最小元であるとする．$b \in I$ とすれば $b=aq+r$，$\varphi(r)<\varphi(a)$ と表されるが，$r=b-aq \in I$ と $\varphi(a)$ の最小性より $r=0$，$b \in Ra$ となる．したがって $I=Ra$ となり，R は単項イデアル整域である． □

注意 上の証明で R が整域であることは使っていない．したがって，ユークリッド環の定義から整域であるという条件をのぞいても単項イデアル環になる．

例 21.6. (i) $\varphi: \boldsymbol{Z} \to \{0\} \cup \boldsymbol{N}$ を $\varphi(a)=|a|$ により定義すれば，(21.4)，(21.5) をみたし，有理整数環 $\boldsymbol{Z}$ はユークリッド環，したがって単項イデアル整域である．

(ii) $K[x]$ を体 K 上の多項式環とするとき，$\varphi: K[x] \to \{-\infty, 0\} \cup \boldsymbol{N}$ $(f(x) \longmapsto \deg f)$ は (21.4)，(21.5) をみたし，$K[x]$ はユークリッド環，したがって単項イデアル整域である．

(iii) $a+b\sqrt{-1}$ $(a, b \in \boldsymbol{Z})$ の形の複素数を**ガウスの整数**とよび，その全体を $\boldsymbol{Z}[\sqrt{-1}]$ で表す．これは明らかに整域で，これを**ガウスの整数環**とよぶ．これがユークリッド環，したがって単項イデアル整域であることを示すため，複素数 $\alpha=a+b\sqrt{-1}$ に対して $N(\alpha)=|\alpha|^2=a^2+b^2$ とおき，α のノルムとよぶ．このとき $N(\alpha\beta)=N(\alpha)N(\beta)$ が成り立つ．

さて $\varphi: \boldsymbol{Z}[\sqrt{-1}] \to \{0\} \cup \boldsymbol{N}$ $(\alpha \longmapsto N(\alpha))$ は明らかに (21.4) をみたす．また (21.5) をみたすことが次のようにして示される．$\boldsymbol{Z}[\sqrt{-1}] \ni \alpha \neq 0$, β に対して $\beta/\alpha = r + s\sqrt{-1}$ $(r, s \in \boldsymbol{Q})$ とする．m, n をそれぞれ r, s に最も近い整数とすれば，$|m-r| \leq 1/2$, $|n-s| \leq 1/2$ となる．$\gamma = m + n\sqrt{-1}$, $\delta = (r-m) + (s-n)\sqrt{-1}$ とおけば，$\beta/\alpha = \gamma + \delta$ で，$N(\delta) = (r-m)^2 + (s-n)^2 \leq 1/4 + 1/4 < 1$ となる．したがって $\beta = \alpha\gamma + \alpha\delta$ で，$\gamma \in \boldsymbol{Z}(\sqrt{-1})$ より $\alpha\delta \in \boldsymbol{Z}(\sqrt{-1})$，かつ $N(\alpha\delta) = N(\alpha)N(\delta) < N(\alpha)$ となる．よって (21.5) が成り立つ．

問 21.7.　$\boldsymbol{Z}[\sqrt{-1}] \ni \alpha$ が正則元 $\Leftrightarrow N(\alpha) = 1$．したがって $\boldsymbol{Z}[\sqrt{-1}]$ の単数群は $\{\pm 1, \pm\sqrt{-1}\}$ であることを示せ．

問 21.8.　体 K 上の 2 変数の多項式環 $R = K[x, y]$ は単項イデアル整域ではない．例えば $Rx + Ry$ は単項イデアルではない．このことを示せ．

問 21.9.　有理整数環 $\boldsymbol{Z}$ において，次が成り立つことを示せ．

(i)　$(m) \subset (n) \Leftrightarrow n|m$；$(m) = (n) \Leftrightarrow m = \pm n$．

(ii)　$(m) + (n) = (d)$，$(m) \cap (n) = (l)$ とすれば，d, l はそれぞれ m と n の最大公約数，最小公倍数である．

21.2.　剰余環

R を環，$I(\neq R)$ をその両側イデアルとする．いま加法のみに着目すれば，剰余加群 R/I がえられ，元 a を含む剰余類は $a + I = \{a + x | x \in I\}$ である．簡単のためこれを $\bar{a}$ で表すことにする．また 2 元 a, b が同じ剰余類に属するため必要十分な条件は，$a - b \in I$ となることで，このとき

$$a \equiv b \qquad (\mathrm{mod}\, I)$$

とかく．乗法に関しては

(21.6)　$a \equiv a', b \equiv b' \ (\mathrm{mod}\, I) \Rightarrow ab \equiv a'b' \ (\mathrm{mod}\, I)$

が成り立つことが次のようにして示される．

$$\begin{aligned} ab - a'b' &= ab - a'b + a'b - a'b' \\ &= (a - a')b + a'(b - b') \end{aligned}$$

ここで $a - a' \in I, b - b' \in I$ で，I は両側イデアルであるから $ab - a'b' \in I$ となる．

さて R/I における乗法を

$$\bar{a}\bar{b} = \overline{ab}$$

により定義する．これは各剰余類の代表元を一つきめ，それを用いて定義しているが，(21.6) はこれが代表元の選び方によらずきまることを示している．また結合法則，分配法則が成り立つことは定義から明らかで，$\bar{1}$ は単位元となるから R/I は環になる．これを R の I による**剰余環**とよぶ．

n を自然数とするとき，有理整数環 $\boldsymbol{Z}$ の剰余環 $\boldsymbol{Z}/(n)$ を $\boldsymbol{Z}_n$ で表し，これを n を法とする $\boldsymbol{Z}$ の剰余環とよぶ．これは $\bar{0}, \bar{1}, \cdots, \overline{n-1}$ の n 個の元からなる．

例題 21.10. $\boldsymbol{Z}$ の剰余環 $\boldsymbol{Z}_n=\boldsymbol{Z}/(n)$ について，次が成り立つ．

(i) $\boldsymbol{Z}_n$ の単数群は既約剰余類の全体である．すなわち

$$U(\boldsymbol{Z}_n)=\{\bar{r}\in\boldsymbol{Z}_n \mid (r,n)=1\}$$

で，その位数はオイラーの関数 $\varphi(n)$ である．特に

$$(r,n)=1 \Rightarrow r^{\varphi(n)}\equiv 1 \pmod{n}$$

が成り立つ．

(ii) $\boldsymbol{Z}_n$ が体であるため必要十分な条件は，n が素数であることである．また素数 p に対して

$$r\not\equiv 0 \pmod{p} \Rightarrow r^{p-1}\equiv 1 \pmod{p} \tag{21.7}$$

が成り立つ．

証明 (i) $(r,n)=1$ とすれば，$rx+ny=1$ となる $x,y\in\boldsymbol{Z}$ が存在する．このとき $\bar{r}\bar{x}=\bar{1}$ となり，$\bar{r}$ は正則元である．逆に $\bar{r}$ が正則元であれば，$rx\equiv 1 \pmod{n}$ となる $x\in\boldsymbol{Z}$ があり，このとき $(r,n)=1$ である．また $\bar{r}\in U(\boldsymbol{Z}_n)$ ならば $\bar{1}=\bar{r}^{\varphi(n)}=\overline{r^{\varphi(n)}}$ であるから，$r^{\varphi(n)}\equiv 1 \pmod{n}$ となる．

(ii) p が素数のとき，$1\leq r\leq p-1$ なる r はすべて p と素であるから，$\boldsymbol{Z}_p$ の 0 以外の元はすべて正則元で，$\boldsymbol{Z}_p$ は体である．また $\varphi(p)=p-1$ であるから (21.7) が成り立つ．

また n が素数でないときは $n=rs$, $r>1$, $s>1$ と分解されるが，$\bar{r}\bar{s}=\bar{0}$, $\bar{r}\neq\bar{0}$ $\bar{s}\neq\bar{0}$ となるから，零因子が存在して $\boldsymbol{Z}_n$ は体ではない． □

注意 (21.7) は**フェルマーの小定理**とよばれることがある．これに対して"自然数 $n>2$ に対して $x^n+y^n=z^n$ をみたす整数 x,y,z で $xyz\neq 0$ となるものは存在しない" という予想は**フェルマーの大定理**とよばれ，いまなお未解決の有名な問題である．

問 21.11. 位数 n の巡回群 $G=\langle a\rangle$ に対し，$\mathrm{Aut}\,G\simeq U(\boldsymbol{Z}_n)$ となることを

示せ.

特に素数 p のべきに対して，$U(\boldsymbol{Z}_{p^n})$ の構造を調べるため次の補題を準備しておく.

補題 21.12. （i） p が奇素数であるとき，$(k,p)=1$ とすれば任意の自然数 n に対して

(21.8)　　$(1+kp)^{p^n}=1+lp^{n+1},\qquad (l,p)=1$

となる.

（ii） ($p=2$ のとき) $(k,2)=1$ とすれば任意の自然数 n に対して

(21.9)　　$(1+2^2k)^{2^n}=1+2^{n+2}l,\qquad (l,2)=1$

となる.

証明 n に関する帰納法による.

（i） p が奇素数のとき：$(1+kp)^{p^{n-1}}=1+lp^n$，$(l,p)=1$ と仮定すれば

$$(1+kp)^{p^n}=(1+lp^n)^p=\sum_{i=0}^{p}\binom{p}{i}l^ip^{ni}$$

$$=1+lp^{n+1}+\binom{p}{2}l^2p^{2n}+\cdots+\binom{p}{p-1}l^{p-1}p^{(p-1)n}+l^pp^{pn}$$

となる．ここで $2\leq i\leq p-1$ ならば $p\left|\binom{p}{i}\right.$ で，また $p\geq 3$ より $pn\geq n+2$ であるから，上の第3項以下はすべて p^{n+2} で割り切れる．よって第3項以下の和を mp^{n+2} とおくと，$(1+kp)^{p^n}=1+(l+mp)p^{n+1}$ となり，$(l+mp,p)=1$ であるから (21.8) が成り立つ.

（ii） $p=2$ のとき：$(1+2^2k)^{2^{n-1}}=1+2^{n+1}l$，$(l,2)=1$ と仮定すれば

$$(1+2^2k)^{2^n}=(1+2^{n+1}l)^2=1+2^{n+2}l+2^{2(n+1)}l^2$$

$$=1+2^{n+2}(l+2^nl^2).$$

ここで $l+2^nl^2$ は奇数であるから (21.9) が成り立つ.　□

p を素数とするとき，次の定理が成り立つ.

定理 21.13. （i） p が奇素数のとき：$U(\boldsymbol{Z}_{p^n})$ は位数が $\varphi(p^n)=p^{n-1}(p-1)$ の巡回群である.

（ii） $p=2$ のとき：$U(\boldsymbol{Z}_2)=1$，$U(\boldsymbol{Z}_{2^2})=\langle-\bar{1}\rangle$ (位数2の巡回群).

$n\geq 3$ ならば

$$U(\boldsymbol{Z}_{2^n})=\langle-\bar{1}\rangle\times\langle\bar{5}\rangle.$$

ここで $o(-\bar{1})=2$, $o(\bar{5})=2^{n-2}$ である.

証明 (i) $U(\boldsymbol{Z}_{p^n})$ は位数が $\varphi(p^n)=p^{n-1}(p-1)$ のアーベル群である. 特に $\boldsymbol{Z}_p$ は体であるから, 2章の問9.9により $U(\boldsymbol{Z}_p)$ は位数 $p-1$ の巡回群である. その生成元を $a+(p)\in\boldsymbol{Z}_p$ とする. $\boldsymbol{Z}_{p^n}$ において $\bar{a}=a+(p^n)$ とし, $o(\bar{a})=m$ とすると $a^m\equiv 1 \pmod{p^n}$, よって $a^m\equiv 1 \pmod{p}$ であるから, $p-1|m$ となる. $\alpha=\bar{a}^{m/(p-1)}$ とおけば $o(\alpha)=p-1$ である.

一方 $\beta=\overline{1+p}(=1+p+(p^n))$ とおけば, 補題21.12より $\beta^{p^{n-1}}=\bar{1}$ であるから $o(\beta)|p^{n-1}$, また $\beta^{p^{n-2}}\neq\bar{1}$ となり, $o(\beta)=p^{n-1}$ である. よって $o(\alpha\beta)=p^{n-1}(p-1)$ となり, $U(\boldsymbol{Z}_{p^n})=\langle\alpha\beta\rangle$ をえる.

(ii) $n=1,2$ のときは明らかであるから, $n\geq 3$ とする. $U(\boldsymbol{Z}_{2^n})$ は位数が $\varphi(2^n)=2^n-2^{n-1}=2^{n-1}$ のアーベル群で, そこで $o(-\bar{1})=2$ である. また $5=1+2^2$ であるから, 補題21.12より $o(\bar{5})=2^{n-2}$ となることがわかる.

さて $\langle-\bar{1}\rangle\cap\langle\bar{5}\rangle\neq\bar{1}$ とすれば $\langle-\bar{1}\rangle\subset\langle\bar{5}\rangle$ となり, $5^r\equiv -1 \pmod{2^n}$ となる自然数 r がある. このとき $n\geq 3$ であるから, $5^r\equiv -1 \pmod{4}$. 一方 $5^r=(1+4)^r\equiv 1 \pmod{4}$ であるから矛盾である.

よって $\langle-\bar{1}\rangle\cap\langle\bar{5}\rangle=\bar{1}$ で $\langle-\bar{1}\rangle\langle\bar{5}\rangle=\langle-\bar{1}\rangle\times\langle\bar{5}\rangle$ となり, 位数を比較してこれは $U(\boldsymbol{Z}_{2^n})$ に一致する. □

問21.11と定理21.13から, ただちに次の系がえられる.

系 21.14. 素数 p に対し, 位数が p^n の巡回群の自己同型群は, p が奇素数か, $p=2$ かつ $n=1,2$ のときは巡回群である. また $p=2$, $n\geq 3$ のときは $(2,2^{n-2})$ 型のアーベル群である.

§22. 準同型定理

環 R から環 R' への写像 $f: R\to R'$ が次の条件

(22.1) $f(a+b)=f(a)+f(b)$,

(22.2) $f(ab)=f(a)f(b)$,

(22.3) $f(1_R)=1_{R'}$ ($1_R, 1_{R'}$ はそれぞれ R, R' の単位元)

をみたすとき, f は R から R' への**準同型**, または**環準同型**であるという. また f が全単射であるとき**同型**であるといい, このような f が存在するとき, R

と R' は**同型**であるといって

$$R \simeq R'$$

とかく．群の場合と同様に，同型な環は環として同じ構造をもつと考えられ，しばしば同一視される．

準同型 $f: R \to R'$ が全射であるとき**全準同型**であるといい，単射であるとき**単準同型**であるという．また R から R' への全準同型が存在するとき，R' は R に**準同型**であるといって

$$R \sim R'$$

とかく．

注意　全射 $f: R \to R'$ が (22.2) をみたせば，(22.3) は必然的に成り立つ．したがって (22.1) と (22.2) をみたせば f は全準同型である．

環準同型 $f: R \to R'$ は，(22.1) より加群としての準同型になっており，その核 $\mathrm{Ker}\, f = \{a \in R \mid f(a) = 0\}$ を環準同型 f の**核**という．

問 22.1.　複素数体 $\boldsymbol{C}$ から実数体 $\boldsymbol{R}$ 上 2 次の全行列環への写像

$$f: \boldsymbol{C} \to M(2, \boldsymbol{R}) \qquad \left(a + b\sqrt{-1} \longmapsto \begin{pmatrix} a & b \\ -b & a \end{pmatrix}\right)$$

は単準同型で，したがって

$$\boldsymbol{C} \simeq \left\{ \begin{pmatrix} a & b \\ -b & a \end{pmatrix} \middle| \, a, b \in \boldsymbol{R} \right\}$$

となることを示せ．

例 22.2.　I を環 R の両側イデアルとし，剰余環 $\bar{R} = R/I$ において，$a + I$ を $\bar{a}$ で表せば

$$\overline{a+b} = \bar{a} + \bar{b}, \qquad \overline{ab} = \bar{a}\bar{b}, \qquad \bar{1}_R = 1_{\bar{R}}$$

となっている．したがって，写像 $f: R \to \bar{R}\ (a \longmapsto \bar{a})$ は全準同型で，$\mathrm{Ker}\, f = I$ である．この f を R から剰余環 R/I への**自然な準同型**という．

一般に環 R の部分集合 S が次の条件

(22.4)　$a, b \in S \Rightarrow a - b \in S,\ ab \in S,$

(22.5)　$1_R \in S$　　(1_R は R の単位元)

をみたすとき，S は R の**部分環**であるという．また R は S の**拡大環**であると

もいう．このとき (22.4) より，S は R の部分加群で，また乗法の定義された集合と考えられ，結合法則，分配法則なども成り立っている．1_R は S の単位元でもあるから，S 自身 R と単位元を共有する環である．

例題 22.3. $f: R \to R'$ を環準同型とするとき，$\mathrm{Ker}\, f$ は R の両側イデアルで，$\mathrm{Im}\, f$ は R' の部分環である．

証明 $f(a-b)=f(a)-f(b)\in \mathrm{Im}\, f$，$f(ab)=f(a)f(b)\in \mathrm{Im}\, f$，$f(1_R)=1_{R'}\in \mathrm{Im}\, f$ であるから，$\mathrm{Im}\, f$ は R' の部分環である．また $a,b\in \mathrm{Ker}\, f$，$r\in R$ ならば，$f(a+b)=f(a)+f(b)=0+0=0$ より $a+b\in \mathrm{Ker}\, f$，$f(ra)=f(r)f(a)=f(r)0=0$，同様に $f(ar)=0$ となるから $ra\in \mathrm{Ker}\, f$，$ar\in \mathrm{Ker}\, f$ となり，$\mathrm{Ker}\, f$ は R の両側イデアルである．□

定理 22.4. (準同型定理) R, R' を環とし，$f: R \to R'$ が環準同型であるとき

$$R/\mathrm{Ker}\, f \simeq \mathrm{Im}\, f$$

となる．特に f が全準同型ならば

$$R/\mathrm{Ker}\, f \simeq R'$$

となり，R' は R のある剰余環に同型である．

証明 $\bar{f}: \bar{R}=R/\mathrm{Ker}\, f \to \mathrm{Im}\, f$ $(\bar{a} \longmapsto f(a))$ は加群としての同型を与えるが，$\bar{f}(\bar{a}\bar{b})=\bar{f}(\overline{ab})=f(ab)=f(a)f(b)=\bar{f}(\bar{a})\bar{f}(\bar{b})$ であるから，$\bar{f}$ は環同型である．□

例題 22.5. $f: R \to R'$ を環の全準同型とし，$\mathrm{Ker}\, f$ を含む R の両側イデアルの全体を $\mathcal{J}$，R' の両側イデアルの全体を $\mathcal{J}'$ とする．このとき f は写像 $f^*: \mathcal{J} \to \mathcal{J}'$ $(J \longmapsto f(J))$ をひきおこすが，この写像 f^* は全単射である．また $J\in\mathcal{J}$ に対して $J'=f(J)$ とおけば

$$R/J \simeq R'/J'$$

となる．

証明 $\mathcal{J}\ni J$ に対して $f(J)=J'$ とおく．このとき $J\ni a,b$ に対して $f(a)+f(b)=f(a+b)\in J'$，また $r'\in R'$ に対して $f(r)=r'$ となる $r\in R$ があるから，$r'f(a)=f(r)f(a)=f(ra)\in J'$，同様に $f(a)r'\in J'$ となって，J' は R' の両側イデアルである．また $f^{-1}(J')=J+\mathrm{Ker}\, f=J$ となるから f^* は単射である．実際 $\mathcal{J}\ni J_1, J_2$ に対して $J_1'=f(J_1)$ と $J_2'=f(J_2)$ が一致したとすれば，$J_1=$

$f^{-1}(J_1')=f^{-1}(J_2')=J_2$ となる.

次に f^* が全射であることを示すため，$J'\in\mathcal{J}'$ を任意にとり，$J=f^{-1}(J')$ とおく．このとき $J\supset f^{-1}(0)=\mathrm{Ker}\,f$ である．また $J\ni a,b$，$R\ni r$ に対して，$f(a+b)=f(a)+f(b)\in J'$ となるから $a+b\in J$，$f(ra)=f(r)f(a)\in J'$ となるから $ra\in J$，同様に $ar\in J$ となり，J は $\mathrm{Ker}\,f$ を含む R の両側イデアルである．f は全射であるから $f(J)=J'$ となり，f^* は全射である．

また $J\in\mathcal{J}$，$J'=f(J)$ とし，$g:R'\to R'/J'$ を自然な準同型とすれば，$g\circ f:R\to R'/J'$ の核は $f^{-1}(J')=J$ で，したがって準同型定理により $R/J\simeq R'/J'$ となる． □

例 22.6. 可換環 R 上の2変数の多項式環 $R[x,y]$ の元 $f(x,y)$ は，変数 x について整理して

$$f(x,y)=f_0(y)+xf_1(y)+\cdots+x^nf_n(y) \qquad (f_i(y)\in R[y])$$

と一意的に表され，写像 $\varphi:R[x,y]\to R[y]$ $(f(x,y)\longmapsto f_0(y))$ は全準同型である．また $\mathrm{Ker}\,\varphi=xR[x,y]$ であるから

$$R[x,y]/xR[x,y]\simeq R[y]$$

となる.

§23. 素イデアルと極大イデアル

本節では可換環のイデアルについて考える.

可換環 R のイデアル $I(\neq R)$ について，剰余環 R/I が整域であるとき，すなわち

$$a\not\equiv 0,\ b\not\equiv 0 \pmod I \Rightarrow ab\not\equiv 0 \pmod I$$

が成り立つとき，I は R の**素イデアル**であるという.

また R と I の間に $R\supsetneqq J\supsetneqq I$ となるイデアル J が存在しないとき，I は R の**極大イデアル**であるという.

定理 23.1. 可換環 R のイデアル I が極大イデアルであるため必要十分な条件は，剰余環 R/I が体であることである．したがって，極大イデアルは素イデアルである.

証明 例題22.5により，I が極大イデアルであることと R/I が自明なイデ

アルしかもたないことと同値で，これはまた例題21.3より，R/I が体であることと同値である．後半は体が整域であることから明らかである．　□

単項イデアル整域については，次の定理が成り立つ．

定理 23.2. 単項イデアル整域 R の 0 と異なるイデアル I について，I が素イデアルであることと極大イデアルであることは同値である．

証明 $I=(a)\neq 0$ は素イデアルとし，これが極大イデアルであることを示せばよい．そのため $R\supsetneqq(b)\supsetneqq(a)$ となるイデアル (b) があるとして矛盾を導く．$(b)\ni a$ であるから，$a=bc$ となる $c\in R$ がある．このとき $bc\equiv 0$, $b\not\equiv 0$ $(\mathrm{mod}\,(a))$ で，(a) は素イデアルであるから $c\equiv 0$ $(\mathrm{mod}\,(a))$ となり，$c=ad$ となる $d\in R$ がある．$a=abd$, $a(1-bd)=0$ であるから，$1=bd$ となり $R=(b)$．これは仮定に反する．　□

例 23.3. 一般には素イデアルであって極大イデアルでないものが存在する．簡単な例としては，有理整数環 $\boldsymbol{Z}$ において，0 は素イデアルであるが極大イデアルではない．また 0 と異なるイデアルの例として，$R=K[x,y]$ を体 K 上の2変数の多項式環とし，$I=Rx$ とすれば，$R/I\simeq K[y]$ であるから I は素イデアルである．一方 $R\supsetneqq Rx+Ry\supsetneqq I$ であるから，I は極大イデアルではない．

例 23.4. n を自然数とするとき，有理整数環 $\boldsymbol{Z}$ において，(n) が素イデアル(したがって極大イデアル)であるため必要十分な条件は，n が素数であることである(例題 21.10 参照)．

最後に多項式環の素イデアルについて考えよう．

整域 R 上の次数が1次以上の多項式 $f(x)$ は，$R[x]$ において

$$f(x)=g(x)h(x), \qquad \deg g>0, \quad \deg h>0$$

と分解されるとき**可約**であるといい，そうでないとき**既約**であるという．

例題 23.5. 可換体 K 上の多項式環 $K[x]$ のイデアル $(f(x))\neq 0$ が素イデアルであるため必要十分な条件は，$f(x)$ が既約多項式であることである．

証明 定理 23.2 より，$(f(x))$ が素イデアルであることと極大イデアルであることは同値である．

(必要性) $f(x)$ は可約とし

$$f(x)=g(x)h(x), \quad \deg g>0, \quad \deg h>0$$

とすれば，$\deg f>\deg g>0$ より $K[x]\supsetneqq(g(x))\supsetneqq(f(x))$ となり，$f(x)$ は極大イデアルではない．

（十分性） $(f(x))$ が極大イデアルでないとすれば，$K[x]\supsetneqq(g(x))\supsetneqq(f(x))$ となる $g(x)$ がある．このとき $K[x]\supsetneqq(g(x))$ より $\deg g>0$，また $f(x)=g(x)h(x)$ と表されるが，$(g(x))\supsetneqq(f(x))$ より $\deg h>0$ となり，$f(x)$ は可約である． □

一般に，与えられた多項式が既約かどうかを判定することはやさしくないが，次の判定条件は有名である．

例題 23.6. （アイゼンシュタイン） p は素数とする．このとき $\boldsymbol{Z}[x]$ の元

$$f(x)=a_nx^n+\cdots+a_1x+a_0$$

が次の条件

$$a_n\not\equiv 0 \pmod p, \quad a_{n-1}\equiv\cdots\equiv a_1\equiv a_0\equiv 0 \pmod p,$$
$$a_0\not\equiv 0 \pmod{p^2}$$

をみたせば，$f(x)$ は既約である．

証明 $f(x)$ が可約であると仮定して矛盾を導く．

$$f(x)=g(x)h(x), \quad r=\deg g>0, \quad s=\deg h>0$$
$$g(x)=b_rx^r+\cdots+b_1x+b_0, \quad h(x)=c_sx^s+\cdots+c_1x+c_0$$

とすれば，$p^2\nmid a_0=b_0c_0$ より $p\nmid b_0$ または $p\nmid c_0$ となる．よって $p\nmid b_0$ としてよい．このとき $p|a_0=b_0c_0$ より $p|c_0$ となる．また $p\nmid a_n=b_rc_s$ より，$p\nmid c_s$ である．いま i を $p\nmid c_i$ となる最小の整数とすれば，$c_0\equiv\cdots\equiv c_{i-1}\equiv 0 \pmod p$ であるから

$$a_i=b_0c_i+b_1c_{i-1}+\cdots+b_ic_0\equiv b_0c_i\not\equiv 0 \pmod p$$

となる．$n=r+s>s\geq i$ であるから，これは仮定に反する． □

極大イデアルの存在については，次のことが成り立つ．

例題 23.7. $I(\neq R)$ を可換環 R のイデアルとすれば，I を含む R の極大イデアルが存在する．

証明 I を含み R と異なるイデアルの全体を $\mathcal{I}$ とする．$\mathcal{I}$ は包含関係に関して順序集合で，その全順序部分集合 $\{J_\lambda\}_{\lambda\in\Lambda}$ に対して $J=\bigcup_{\lambda\in\Lambda}J_\lambda$ は R のイデアルである．実際 $a,b\in J$ とすれば，$a\in J_\lambda$，$b\in J_\mu$ となる $\lambda,\mu\in\Lambda$ がある．

仮定よりJ_λ, J_μのいずれか一方は他方の部分集合になっており，$J_\lambda \subset J_\mu$としてよい．このとき，$a+b \in J_\mu \subset J$となる．また$r \in R$に対して$ra \in J_\lambda \subset J$となり，$J$はイデアルである．ここで$1 \notin J_\lambda (\forall \lambda \in \Lambda)$であるから$1 \notin J$となり$J \in \mathcal{I}$．したがって$\mathcal{I}$は帰納的順序集合で，ツォルンの補題により極大元$M$がある．このとき明らかに$M$は$I$を含む$R$の極大イデアルである． □

問 23.8. Rは(可換とはかぎらない)環とし，$I\ (\neq R)$はその左イデアルとする．このときIを含むRの極大左イデアルが存在することを示せ．

§24. 環の直和

環$R_1, R_2, \cdots, R_n$が与えられたとき，これらの直積$R = R_1 \times R_2 \times \cdots \times R_n = \{(a_1, a_2, \cdots, a_n) \mid a_i \in R_i\}$に加法と乗法を次のように定義する：

加法：$(a_1, \cdots, a_n) + (b_1, \cdots, b_n) = (a_1 + b_1, \cdots, a_n + b_n)$.

乗法：$(a_1, \cdots, a_n)(b_1, \cdots, b_n) = (a_1 b_1, \cdots, a_n b_n)$.

このとき，これらの演算が成分ごとに定義されていることから，容易にRが環になることがわかる．このようにしてつくられた環Rを$R_1, R_2, \cdots, R_n$の**直和**といい，記号で

$$R = R_1 \oplus R_2 \oplus \cdots \oplus R_n$$

とかく．明らかにこの単位元は$1_R = (1_{R_1}, 1_{R_2}, \cdots, 1_{R_n})$である．

可換環の剰余環の直和分解に関して次のページの定理 24.2 を証明するため，少し準備をしておく．

可換環Rの二つのイデアルI, Jが$I + J = R$をみたすとき，IとJは**互いに素**であるという．これは$a + b = 1$となる$a \in I$，$b \in J$が存在することと同じことである．例えば有理整数環$\boldsymbol{Z}$においては，イデアル$(m), (n)$が互いに素であることと$(m, n) = 1$であることとは同値である．

定理 24.1. (Chinese remainder theorem) Rは可換環とし，$I_1, I_2, \cdots, I_n$はどの二つも互いに素であるイデアルとする．このときRの任意のn個の元$a_1, a_2, \cdots, a_n$に対して

$$x \equiv a_i \pmod{I_i} \qquad (i = 1, 2, \cdots, n)$$

をみたす元$x \in R$が存在する．

証明 (1) $n=2$のとき：仮定により$1=c_1+c_2$となる$c_1\in I_1, c_2\in I_2$がある．このとき$a_1=a_1c_1+a_1c_2\equiv a_1c_2 \pmod{I_1}, a_2=a_2c_1+a_2c_2\equiv a_2c_1 \pmod{I_2}$であるから，$x=a_1c_2+a_2c_1$とおけば$x\equiv a_1c_2\equiv a_1 \pmod{I_1}$，$x\equiv a_2c_1\equiv a_2 \pmod{I_2}$となる．

(2) $n>2$のとき：まず各iに対して

$$(24.1)\qquad x_i\equiv 1 \pmod{I_i},\qquad j\neq i \text{ ならば } x_i\equiv 0 \pmod{I_j}$$

となる元x_iが存在することを示す．証明はどのiに対しても同様にできるから，$i=1$のときに示す．

さて$j\geq 2$に対して$I_1+I_j=R$であるから，$1=c_1{}^{(j)}+c_j$となる$c_1{}^{(j)}\in I_1$，$c_j\in I_j$がある．このとき

$$1=\prod_{j=2}^{n}(c_1{}^{(j)}+c_j)=c_1+c_2\cdots c_n.$$

ただし，c_1は第2式を展開したとき$c_1{}^{(j)}\,(2\leq j\leq n)$を少なくとも一つ含む項の和で，$I_1$の元である．よって$I_1+(I_2\cdots I_n)=R$となり，$n=2$のときの結果から，2元1,0に対して

$$x_1\equiv 1 \pmod{I_1},\qquad x_1\equiv 0 \pmod{I_2\cdots I_n}$$

となる元x_1がある．任意の$j\geq 2$に対して$I_2\cdots I_n\subset I_j$であるから，$x_1\equiv 0 \pmod{I_j}$ $(2\leq j\leq n)$が成り立ち，x_1は(24.1)をみたす．

いま各iに対して(24.1)をみたすx_iをとり，$x=a_1x_1+a_2x_2+\cdots+a_nx_n$とすれば，$x\equiv a_ix_i\equiv a_i \pmod{I_i}$となり，$x$は求める元である． □

定理24.1を用いて，次の定理がえられる．

定理 24.2. Rは可換環とし，そのイデアル$I_1, I_2, \cdots, I_n$のどの二つも互いに素であるとする．このとき

$$R\Big/\bigcap_{i=1}^{n} I_i\simeq R/I_1\oplus R/I_2\oplus\cdots\oplus R/I_n$$

となる．

証明 写像$f: R\to R/I_1\oplus\cdots\oplus R/I_n\ (x\longmapsto(x+I_1,\cdots,x+I_n))$は環準同型であるが，定理24.1によりこれは全射である．また$x\in\operatorname{Ker} f\Leftrightarrow x\in I_i\,(1\leq i\leq n)$であるから，$\operatorname{Ker} f=\bigcap_{i=1}^{n} I_i$となり，準同型定理により定理がえられる． □

環の直和$R=R_1\oplus R_2\oplus\cdots\oplus R_n$の元$a=(a_1, a_2, \cdots, a_n)$が$R$の正則元であるため必要十分な条件は，各$a_i$が$R_i$の正則元であることである．したがって，単数群について

$$U(R)=U(R_1)\times U(R_2)\times\cdots\times U(R_n)$$

が成り立つ.

特に有理整数環の剰余環について，次のことが成りたつ.

例題 24.3. 自然数 n の素因数分解を $n=p_1^{e_1}p_2^{e_2}\cdots p_r^{e_r}$ とするとき

(i) $\boldsymbol{Z}_n\simeq\boldsymbol{Z}_{p_1^{e_1}}\oplus\boldsymbol{Z}_{p_2^{e_2}}\oplus\cdots\oplus\boldsymbol{Z}_{p_r^{e_r}}$.

(ii) $U(\boldsymbol{Z}_n)\simeq U(\boldsymbol{Z}_{p_1^{e_1}})\times U(\boldsymbol{Z}_{p_2^{e_2}})\times\cdots\times U(\boldsymbol{Z}_{p_r^{e_r}})$.

また $\varphi(n)$ をオイラーの関数とするとき

$$\begin{aligned}\varphi(n)&=\varphi(p_1^{e_1})\varphi(p_2^{e_2})\cdots\varphi(p_r^{e_r})\\&=\left(\prod_{i=1}^{r}p_i^{e_i-1}\right)\left(\prod_{i=1}^{r}(p_i-1)\right).\end{aligned}$$

証明 n は $p_1^{e_1},\cdots,p_r^{e_r}$ の最小公倍数であるから，$(n)=\bigcap_{i=1}^{r}(p_i^{e_i})$ となり，定理 24.2 から (i) がえられる. またこの両辺の単数群を考えて (ii) がえられる. □

イデアルの共通集合については，次が成り立つ.

例題 24.4. 可換環 R のイデアル I,J が互いに素ならば，$I\cap J=IJ$ となる.

証明 一般に $IJ\subset I\cap J$ であるから，逆の包含関係を示せばよい. $I+J=R$ より $1=a+b$ となる $a\in I$, $b\in J$ がある. このとき $x\in I\cap J$ に対して，$x=ax+xb\in IJ$ となる. □

問 24.5. 可換環 R のイデアル $I_1,I_2,\cdots,I_n$ のどの二つも互いに素であれば，$\bigcap_{i=1}^{n}I_i=I_1I_2\cdots I_n$ となることを示せ.

§25. 商環と局所化

25.1. 商 環

本節では有理整数環 $\boldsymbol{Z}$ から有理数体 $\boldsymbol{Q}$ を構成する方法の一般化を，可換環について考える.

可換環 R の部分集合 S が次の条件

(25.1) $a,b\in S\Rightarrow ab\in S$,

(25.2) $1\in S,\quad 0\notin S$

をみたすとき，S は R の**乗法的部分集合**または**積閉集合**であるという.

例 25.1. 次の例は，本節で取り扱う乗法的部分集合の代表的なものである.

(i)　S：R の非零因子の全体.

(ii)　$S=R-P$，ただし P は R の素イデアル.

S を可換環 R の乗法的部分集合とするとき，直積集合 $R\times S$ における関係 $\sim$ を次のように定義する：

$$(a,s)\sim(a',s')\Longleftrightarrow(as'-a's)t=0 \text{ となる } t\in S \text{ がある.}$$

問 25.2.　上の関係は同値関係であることを示せ.

この同値関係で $R\times S$ を類別したとき，(a,s) を含む同値類を a/s で表し，同値類の全体を $S^{-1}R$ で表す．定義から明らかに

(25.3)　$a/s=a'/s' \Longleftrightarrow (as'-a's)t=0$ となる $t\in S$ がある.

$S^{-1}R$ に加法と乗法を次のように定義する：

加法：$a_1/s_1+a_2/s_2=(a_1s_2+a_2s_1)/s_1s_2$,

乗法：$(a_1/s_1)(a_2/s_2)=a_1a_2/s_1s_2$.

これらの和，積は $S^{-1}R$ の元の表し方によらず一意的に定まる．例えば和について，$a_1/s_1=a_1'/s_1'$，$a_2/s_2=a_2'/s_2'$ とすれば $(a_1s_1'-a_1's_1)t_1=0$，$(a_2s_2'-a_2's_2)t_2=0$ となる $t_1,t_2\in S$ があるが，$(a_1s_2+a_2s_1)/s_1s_2$ と $(a_1's_2'+a_2's_1')/s_1's_2'$ を比較すると

$$\begin{aligned}&(a_1s_2+a_2s_1)s_1's_2'-(a_1's_2'+a_2's_1')s_1s_2\\&=(a_1s_1'-a_1's_1)s_2s_2'+(a_2s_2'-a_2's_2)s_1s_1'\end{aligned}$$

で，これに $t_1t_2\in S$ をかければ0となるから，$(a_1s_2+a_2s_1)/s_1s_2=(a_1's_2'+a_2's_1')/s_1's_2'$ となる.

問 25.3.　$S^{-1}R$ の2元の積が元の表し方によらず定まることを示せ.

問 25.4.　$S^{-1}R$ における加法・乗法について，結合法則，分配法則が成り立つことを示せ.

$S^{-1}R$ において $0/1$ はその零元，$1/1$ は単位元で，また a/s の加法に関する逆元は $-a/s$ となり，乗法に関する交換法則はもちろん成り立っているから，$S^{-1}R$ は可換環になる．これを R の S による**商環**とよぶ.

問 25.5.　商環 $S^{-1}R$ において，$s\in S$ のとき $(s/1)(1/s)=1/1$，したがって $s/1$ は正則元で，$(s/1)^{-1}=1/s$ となることを示せ.

特に S が R の非零因子の全体であるとき．$S^{-1}R$ を R の**全商環**とよぶ.

一般に，S が非零因子のみからなるときは，(25.3) より

$$a/s=a'/s' \Leftrightarrow as'-a's=0$$

となる．

可換環 R からその商環 $S^{-1}R$ への写像

$$\varphi_S : R\to S^{-1}R \quad (a\longmapsto a/1)$$

は環準同型で，これを**自然な準同型**とよぶ．明らかに $a/s=(1/s)(a/1)=\varphi_S(s)^{-1}\varphi_S(a)$ となる．

問 25.6. 上の φ_S について，$\mathrm{Ker}\,\varphi_S=\{a\in R \mid at=0$ となる $t\in S$ がある$\}$ となる．特に S が非零因子のみからなるときは，φ_S は単準同型である．これを示せ．

S が非零因子のみからなるときは，a と $a/1$ を同一視して R は $S^{-1}R$ の部分環であると考えてよい．このとき $s(=s/1)\in S$ は $S^{-1}R$ の正則元で，$S^{-1}R=\{s^{-1}a \mid s\in S, a\in R\}$ となる．次の定理は $S^{-1}R$ がこのような性質をもつ最も一般的な環であることを示している．

定理 25.7. S は可換環 R の乗法的部分集合とする．また $f:R\to R'$ は R から可換環 R' への環準同型とし，任意の $s\in S$ に対して $f(s)$ は R' の正則元であるとする．

このとき環準同型 $g:S^{-1}R\to R'$ で，$g\circ\varphi_S=f$ となるものがただ一つ存在する(図 8)．

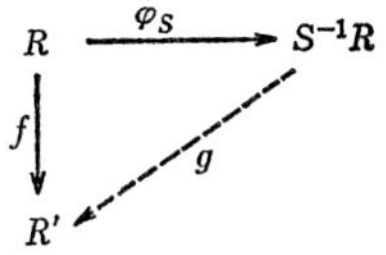

図 8

証明　写像 $g:S^{-1}R\to R'$ を $g(a/s)=f(s)^{-1}f(a)$ とおいて定義する．これが $S^{-1}R$ の元の表し方によらないことは，次のようにして示される．いま $a/s=a'/s'$ とすれば，$(as'-a's)t$ となる元 $t\in S$ がある．このとき $f(t)$ が正則元であることから $f(a)f(s')-f(a')f(s)=0$ となり，両辺に $f(s)^{-1}f(s')^{-1}$ をかけて $f(s)^{-1}f(a)=f(s')^{-1}f(a')$ をえる．

また g が加法と乗法を保つことも容易に確かめられるから，g は環準同型である．さらに $a\in R$ に対して $g\circ\varphi_S(a)=g(a/1)=f(a)$ となるから，$g\circ\varphi_S=f$ である．

次に一意性を示すため，$g':S^{-1}R\to R'$ を $g'\circ\varphi_S=f$ をみたす環準同型であるとする．このとき $g'(a/s)=g'(\varphi_S(s)^{-1}\varphi_S(a))=g'(\varphi_S(s))^{-1}\ g'(\varphi_S(a))=$

$f(s)^{-1}f(a)=g(a/s)$ となり，$g'=g$ をえる． □

可換環 R の全商環 K は R の拡大環で，次の条件をみたしている．

(25.4) R の非零因子は K の正則元である．

(25.5) K の元は $a^{-1}b$ の形で表される．ただし $a,b\in R$ で，a は R の非零因子とする．

定理 25.8. 可換環 R の可換な拡大環 L が，上の二つの(K を L にかえた)条件をみたせば，L は R の全商環 K に同型である．実際，同型 $g:K\to L$ で $g(a)=a(\forall a\in R)$ となるものが存在する．

証明 S を R の非零因子の全体とし，$\varphi:R\to K=S^{-1}R$ を自然な準同型とする．また $\iota:R\to L(a\longmapsto a)$ を埋め込みとすれば，定理 25.7 より準同型 $g:K\to L$ で $g\circ\varphi=\iota$ となるものがある(図 9)．このとき，$s\in S$，$a\in R$ に対して $g(a/s)=g(\varphi(s)^{-1}\varphi(a))=\iota(s)^{-1}\iota(a)=s^{-1}a$ となるから，条件 (25.5) より g は全射である．また $g(a/s)=s^{-1}a=0$ とすれば $a=0$ となり，$a/s=0/s=0/1$ で，$\mathrm{Ker}\,g=0$．したがって g は同型で，$g(a)=g(a/1)=a$ となる． □

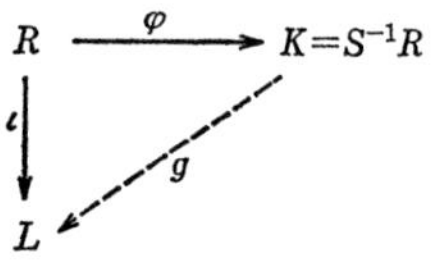

図 9

特に R が整域のとき，その全商環 K では

(25.6) $R\ni a\neq 0$ は K の正則元，

(25.7) $K=\{a^{-1}b\,|\,0\neq a\in R,\ b\in R\}$

となる．$K\ni a^{-1}b\neq 0$ ならば $b\neq 0$ であるから，$(a^{-1}b)^{-1}=b^{-1}a$ となり K は体である．これを整域 R の**商体**とよぶ．定理 25.8 により R の商体は，上の二つの条件をみたす R の可換な拡大環として特徴づけられる．

例 25.9. (i) 有理数体 $\boldsymbol{Q}$ は有理整数環 $\boldsymbol{Z}$ に対して (25.6)，(25.7) の条件をみたすから，$\boldsymbol{Q}$ は $\boldsymbol{Z}$ の商体である．

(ii) 体 K 上の多項式環 $K[x_1,\cdots,x_n]$ の商体を $K(x_1,\cdots,x_n)$ とかき，K 上 n 変数の**有理関数体**とよぶ．またその元を K 上の $x_1,\cdots,x_n$ に関する**有理式**とよぶ．有理式は $f(x_1,\cdots,x_n)/g(x_1,\cdots,x_n)$ $(K[x_1,\cdots,x_n]\ni f,g\,;g\neq 0)$ と表され，これらの相等，加法，乗法については，数を係数とする有理式の場合と全く同じである．

問 25.10. I を $S^{-1}R$ のイデアルとするとき，$I=(\varphi_S(R)\cap I)(S^{-1}R)$ となることを示せ.

25.2 局所化

P を可換環 R の素イデアルとするとき，$S=R-P$ による R の商環 $S^{-1}R=\{a/s \mid a\in R,\ s\notin P\}$ を R_P とかいて，これを R の P における**局所化**とよぶ. R_P の性質についてのべるため，次の定義と，それと同値な条件を与えておく.

可換環 R がただ一つの極大イデアル M をもつとき，R は**局所環**であるという. このとき R と異なるイデアル I はすべて M に含まれる. 実際例題23.7により，I を含む R の極大イデアルが存在するが，それは M に一致しなければならない.

例題 25.11. 可換環 R について，次の二つは同値である.

（1） R は局所環である.

（2） R の非正則元の全体 $R-U(R)$ は R のイデアルである.

証明 (1)⇒(2)：M を R のただ一つの極大イデアルとすれば，M の元はすべて非正則元である. また $a\notin M$ なる元 a が非正則元であるとすれば，$R\supsetneqq Ra$ となり，$M\supset Ra\ni a$ となって矛盾である. したがって $a\notin M$ ならば a は正則元で，M は R の非正則元の全体と一致し，(2) が成り立つ.

(2)⇒(1)：$I=R-U(R)$ が R のイデアルであるとする. R と異なる任意のイデアル J の元はすべて非正則元であるから，$J\subset I$ となり，I は R のただ一つの極大イデアルである. □

さて可換環 R の素イデアル P における局所化 R_P について考える. $P'=\{a/s \mid a\in P,\ s\notin P\}$ は明らかに R_P のイデアルであるが，これが R_P の非正則元の全体に一致することが次のようにして示される.

まず $a/s\notin P' \Longleftrightarrow a\notin P$ であることを注意しておく. 実際 $a\in P$ ならば $a/s\in P'$ であるから，(⇒) は明らかである. (⇐) を示すため $a/s\in P'$ と仮定する. このとき $a/s=a'/s'$, $a'\in P$, $s'\notin P$ となる. したがってある $t\notin P$ に対して $(as'-a's)t=0$, $as't=a'st\equiv 0 \pmod P$ となるが，$s't\notin P$ より $a\in P$ となる.

上で示したことより $a/s\notin P'$ ならば，a/s は逆元 s/a をもち R の正則元である. また $1/1\notin P'$ となるから $R_P\supsetneqq P'$ で，P' の元はすべて非正則元であるか

ら，$P'=R_P-U(R_P)$ となる．　□

上の考察と例題 25.11 から次の定理がえられる．

定理 25.12. 可換環 R の素イデアル P における局所化は局所環で，$P'=\{a/s\,|\,a\in P,\ s\notin P\}$ はそのただ一つの極大イデアルである．

例 25.13. p を素数とすれば，有理整数環 $\boldsymbol{Z}$ の (p) における局所化は $\boldsymbol{Z}_{(p)}=\{a/s\,|\,a,s\in\boldsymbol{Z},\ p\nmid s\}$ なる有理数体 $\boldsymbol{Q}$ の部分環で，その元を **p-整数** とよぶ．$\boldsymbol{Z}_{(p)}$ のただ一つの極大イデアルは $P'=\{pa/s\,|\,a,\ s\in\boldsymbol{Z},\ p\nmid s\}=p\boldsymbol{Z}_{(p)}$ である．

問 25.14. $\boldsymbol{Z}_{(p)}$ について次のことを示せ．

(i) $\boldsymbol{Z}_{(p)}$ のイデアル I に対して，$I\cap\boldsymbol{Z}$ は $\boldsymbol{Z}$ のイデアルで，$I\cap\boldsymbol{Z}=(n)$ とすれば $I=n\boldsymbol{Z}_{(p)}$ となる．

(ii) $\boldsymbol{Z}_{(p)}$ の自明でないイデアルは，$p^e\boldsymbol{Z}_{(p)}\,(1\leq e)$ の形で表され，したがって $\boldsymbol{Z}_{(p)}$ は単項イデアル整域である．

§26.　一意分解環

本節では整域について考える．これまで本書では整数の素因数分解は既知のこととして用いてきた．また例えば有理数体上の多項式が既約多項式のべき積に(定数倍を度外視して)一意的に表されることも衆知のことといってよいだろう．本節では元が一意的に既約分解されるような整域(一意分解環)について考え，単項イデアル整域や可換体上の n 変数多項式環がそのような整域であることを示す．

整域 R の元 a,b に対して，$(a)\subset(b)$ であることと $a=bc$ となる元 $c\in R$ が存在することと同値である．このとき $b|a$ とかいて，b は a の**約元**，a は b の**倍元**であるという．また $(a)=(b)$ であることと $a=bu$ となる正則元 u が存在することは同値で，このとき a と b は**同伴**であるといって $a\approx b$ と表す．同伴であるという関係は同値関係である．

R の元 $a_1,\cdots,a_n$ に対して，$d|a_i\,(1\leq i\leq n)$ となる元 d をこれらの**公約元**といい，$a_i|m\,(1\leq i\leq n)$ となる元 m をこれらの**公倍元**という．

また R の元 d が次の二つの条件

(26.1)　d は $a_1, \cdots, a_n$ の公約元,

(26.2)　c が $a_1, \cdots, a_n$ の公約元ならば $c|d$

をみたすとき，d は $a_1, \cdots, a_n$ の**最大公約元**(略して g.c.d.)であるといい，R の元 m が次の条件

(26.3)　m は $a_1, \cdots, a_n$ の公倍元,

(26.4)　l が $a_1, \cdots, a_n$ の公倍元ならば $m|l$

をみたすとき，m は $a_1, \cdots, a_n$ の**最小公倍元**(略して l.c.m.)であるという.

元 $a_1, \cdots, a_n$ の g.c.d. や l.c.m. は一般に存在するとは限らないが，存在すればそれぞれ同伴を度外視して一意的に定まる.

R の元 $p \neq 0$ が正則元でなく，また二つの非正則元 a, b の積として $p=ab$ と表されないとき，p は R の**素元**であるという.

例題 26.1.　整域 R の元 $p \neq 0$ について，(p) が素イデアルならば p は素元である.

証明　$p=ab$ とすれば，$a \equiv 0$ または $b \equiv 0 \pmod{(p)}$ である．いま $a \equiv 0 \pmod{(p)}$ とすれば $a=pa'$ と表され，$p=pa'b$，したがって $1=a'b$ となって b は正則元である．同様に $b \equiv 0 \pmod{(p)}$ とすれば a は正則元となり，p は素元である. □

整域 R が次の二つの条件をみたすとき，R は**一意分解環**であるという：

(26.5)　R の元 $a \neq 0$ が非正則元ならば，$a=p_1p_2\cdots p_r$ (p_i は素元) と素元分解される.

(26.6)　$a=p_1\cdots p_r=q_1\cdots q_s$ を a の二つの素元分解とすれば，$r=s$ で，適当に番号をつけかえれば $p_i \approx q_i \ (1 \leq i \leq r)$ となる.

一意分解環 R において，素元の全体を同伴という同値関係で同値類に類別したときの完全代表系 $\mathcal{P}$ をきめれば，R の任意の元 $a \neq 0$ は

$$a=up_1^{e_1}p_2^{e_2}\cdots p_r^{e_r} \tag{26.7}$$

と一意的に分解される．ただし u は正則元で，$p_1, \cdots, p_r$ は異なる $\mathcal{P}$ の元，e_i は自然数とする.

問 26.2.　一意分解環 R において

$$a=up_1^{e_1}\cdots p_r^{e_r}, \qquad b=vp_1^{f_1}\cdots p_r^{f_r}$$

を2元a,bの (26.7) のような分解とする．ただしe_i,f_iは0も許すことにする．このとき次のことを示せ．

（i） $a|b \Leftrightarrow e_i \leq f_i$ $(1 \leq i \leq r)$.

(ii) aとbのg.c.d.もl.c.m.も存在し，それぞれ次のようになる：

$$\text{g.c.d.} = p_1^{d_1} \cdots p_r^{d_r}, \qquad d_i = \min(e_i, f_i),$$
$$\text{l.c.m.} = p_1^{m_1} \cdots p_r^{m_r}, \qquad m_i = \max(e_i, f_i).$$

例題 26.3. 一意分解環Rにおいては，0と異なる元pが素元であることと(p)が素イデアルであることと同値である．

証明 例題26.1により，(p)が素イデアルならばpは素元である．逆にpは素元とし，(p)が素イデアルでないとすると，$a \not\equiv 0$, $b \not\equiv 0$ $(\mathrm{mod}\,(p))$であるが$ab \equiv 0$ $(\mathrm{mod}\,(p))$となるa,bがある．$ab=pc$とし，$a=p_1 \cdots p_l$, $b=q_1 \cdots q_m$, $c=r_1 \cdots r_n$をそれぞれの素元分解とすれば，$p_1 \cdots p_l q_1 \cdots q_m = pr_1 \cdots r_n$となり，(26.6) より$p$はある$p_i$または$q_j$と同伴になる．したがって$p|a$または$p|b$となり矛盾である． □

注意 本によっては，本書でいう素元を既約元とよび，(p)が素イデアルである元$p \neq 0$を素元と定義している場合があるので，他書を参照する場合は注意を要する．また一意分解環を素元分解環とよんで，その定義も見かけ上異なる場合があるが，結局同じものであることは容易に示される．

単項イデアル整域が一意分解環であることを示すため，まず次のことを証明する．

例題 26.4. 単項イデアル整域Rの元$p \neq 0$について，次の三つの条件は同値である．

（1） pは素元である．

（2） (p)は素イデアルである．

（3） (p)は極大イデアルである．

証明 （2）⇔（3）：定理23.2で示してある．

（1）⇒（3）：pは素元とする．$R \supset (q) \supset (p)$とすれば，$p=qa$となり，素元の定義より$q$または$a$は正則元である．$q$が正則元ならば$(q)=R$, aが正則元ならば$(q)=(p)$となり，(p)は極大イデアルである．

(2)⇒(1)：例題 26.1 で示してある. □

定理 26.5. 単項イデアル整域は一意分解環である.

証明 R は単項イデアル整域とし，$R\ni a\neq 0$ は非正則元とする.
このとき $(a)\subsetneqq R$ であるから (a) を含む極大イデアル (p_1) が存在する. p_1 は素元で $a=p_1a_1$ と表される. ここで $(a)\subsetneqq(a_1)$ となるが，a_1 が非正則元であるとすれば，上と同様にして $a_1=p_2a_2$，p_2 は素元，$(a_1)\subsetneqq(a_2)$ となる. このとき $a=p_1p_2a_2$ である. 以下同様のことをつづけると，ある r に対して $a=p_1\cdots p_ra_r$，p_i は素元，a_r は正則元になることを示す. これを否定すると，イデアルの無限列

$$(a_1)\subsetneqq(a_2)\subsetneqq\cdots\subsetneqq(a_i)\subsetneqq\cdots$$

がえられる. $\bigcup_{i=1}^{\infty}(a_i)$ は R のイデアルである. これが (d) に等しいとすると，$d\in(a_r)$ となる r がある. このとき

$$(d)=(a_r)=(a_{r+1})=\cdots$$

となり矛盾である. したがってある r に対して a_r は正則元となり，p_ra_r は素元であるから，a は素元の積に分解される.

次に (26.6) を示すため，$a=p_1\cdots p_r=q_1\cdots q_s$ を a の二つの素元分解とする. $q_1\cdots q_s\equiv 0\ (\mathrm{mod}\,(p_1))$ であるから，$q_i\equiv 0\ (\mathrm{mod}\,(p_1))$ となる i がある. 番号をつけかえて $p_1|q_1$，$q_1=p_1a_1$ としてよい. このとき $(q_1)\subset(p_1)\subsetneqq R$ となるが，(q_1) は極大イデアルであるから $(p_1)=(q_1)$ となり，a_1 は正則元，$p_1\approx q_1$ をえる. また $p_1p_2\cdots p_r=(p_1a_1)q_2\cdots q_s$ より $p_2\cdots p_r=(a_1q_2)\cdots q_s$ となるが，素元の個数に関する帰納法で $r=s$，適当に番号をつけかえて $p_2\approx q_2,\cdots,p_r\approx q_r$ となることがわかる. □

定理 21.5 と定理 26.5 より，整域 R について

$$\text{ユークリッド環}\Rightarrow\text{単項イデアル整域}\Rightarrow\text{一意分解環}$$

が成り立つ.

例 26.6. (i) 有理整数環 $\boldsymbol{Z}$ は一意分解環である. その正則元は ± 1 で，素元は素数である. したがって，任意の整数 $m\neq 0$ は $m=\pm p_1\cdots p_r$ (p_i は素数) と一意的に表される.

(ii) 可換体 K 上の多項式環 $K[x]$ も一意分解環である. その正則元は 0

と異なる K の元で，また素元は既約多項式である(例題 23.5 参照)．同伴という関係で素元を類別したときの完全代表系としてモニックな既約多項式の全体をとることができるから，$K[x]\ni f(x)\neq 0$ は $f(x)=ap_1(x)\cdots p_r(x)$ ($a\in K$, $p_i(x)$ はモニックな既約多項式)と一意的に分解される．

問 26.7. 次のことを示せ．

(i) 単項イデアル整域 R においては，次の二つは同値である．

(1) $Ra_1+\cdots+Ra_n=(d)$.

(2) d は $a_1, \cdots, a_n$ の g.c.d..

(ii) K を体，L は K を含む体とするとき，K 上の多項式は L 上の多項式でもある．$K[x]\ni f(x)$, $g(x)$ の $K[x]$ における g.c.d. は，これらの $L[x]$ における g.c.d. と(定数倍を度外視して)一致する．特に $L[x]$ において $f(x)=g(x)h(x)$ ($h(x)\in L[x]$) と分解すれば，$h(x)\in K[x]$ である．

一意分解環上の多項式環はまた一意分解環である．このことを示すため少し準備をしておく．以下では特に断らないかぎり

R は一意分解環，　K はその商体

を表すものとする．

R の元 $a_1, \cdots, a_n$ の最大公約元が 1 であるとき，これらは **互いに素** であるという．

R 上の多項式 $f(x)=a_0+a_1x+\cdots+a_nx^n$ の係数 $a_0, a_1, \cdots, a_n$ が互いに素であるとき，$f(x)$ は**原始多項式**であるという．

補題 26.8. K 上の多項式 $f(x)$ は，$f(x)=cf_0(x)$ ($c\in K$, $f_0(x)$ は R 上の原始多項式)と表される．またこのとき，c は R の正則元倍を度外視して一意的に定まる．

証明 $f(x)=b_0/a_0+(b_1/a_1)x+\cdots+(b_n/a_n)x^n$ ($0\neq a_i$, $b_i\in R$) とする．m を $a_0, a_1, \cdots, a_n$ の l.c.m. とし，$m=a_ic_i$ $(0\leq i\leq n)$ とすれば

$$f(x)=(1/m)(b_0c_0+b_1c_1x+\cdots+b_nc_nx^n).$$

また $b_0c_0, b_1c_1, \cdots, b_nc_n$ の g.c.d. を d とし，$b_ic_i=de_i$ とすれば，$e_0, e_1, \cdots, e_n$ は互いに素で

$$f(x)=(d/m)(e_0+e_1x+\cdots+e_nx^n)$$

となり，$c=d/m$, $f_0(x)=e_0+e_1x+\cdots+e_nx^n$ とおけばよい．

次に一意性を示すため $f(x)=cf_0(x)=c'f_0'(x)$ とし，$f_0(x)$, $f_0'(x)$ はともに R 上の原始多項式とする．$c=b/a$, $c'=b'/a'$ とし，a と b, a' と b' は互いに素な R の元であるとしてよい．このとき $a'bf_0(x)=ab'f_0'(x)$ となるから，a' は右辺の多項式の係数の公約元となるが，$f_0'(x)$ は原始多項式で，a' と b' は互いに素であることから $a'|a$ をえる．同様に $a|a'$ となり $a\approx a'$．また $b\approx b'$ も同様に示されるから，$c'=cu$ となる $u\in U(R)$ が存在する． □

補題 26.8 のような $c\in K$ を $f(x)$ の**内容**とよび，$I(f)$ で表す．また同伴という概念を K の元にまで拡張して，K の 2 元 c, c' に対し $c'=cu$ となる $u\in U(R)$ があるとき $c\approx c'$ とかくことにする．

明らかに $K[x]\ni f(x)$ が R 上の多項式であることと，$I(f)\in R$ となることと同値である．また $f(x)$ が原始多項式であることと，$I(f)\approx 1$ であることと同じことである．

補題 26.9. (ガウス) (i) 原始多項式の積はまた原始多項式である．

(ii) $K[x]\ni f(x)$, $g(x)$ ならば，$I(fg)\approx I(f)I(g)$ である．

証明 (i) $f(x)=\sum_{i=0}^{m}a_ix^i$, $g(x)=\sum_{i=0}^{n}b_ix^i$ はともに原始多項式であるとし，$h(x)=f(x)g(x)=\sum_{i=0}^{l}c_ix^i$ とおく．R の任意の素元 p に対して $p\nmid a_i$, $p\nmid b_j$ となる i, j があるが，そのような i, j の最小値をそれぞれ i_0, j_0 とする．このとき $c_{i_0+j_0}=a_{i_0}b_{i_0}+\sum_{i<i_0}a_ib_{i_0+j_0-i}+\sum_{i>i_0}a_ib_{i_0+j_0-i}$ で，$i<i_0$ ならば $p|a_i$, $i>i_0$ ならば $i_0+j_0-i<j_0$ であるから $p|b_{i_0+j_0-i}$, また $p\nmid a_{i_0}b_{i_0}$ であるから $p\nmid c_{i_0+j_0}$ となる．したがって $h(x)$ の係数は互いに素で，$h(x)$ は原始多項式である．

(ii) $f(x)=I(f)f_0(x)$, $g(x)=I(g)g_0(x)$, $f_0(x)$ と $g_0(x)$ は原始多項式とすれば，$f(x)g(x)=I(f)I(g)f_0(x)g_0(x)$ となる．$f_0(x)g_0(x)$ はまた原始多項式であるから，$I(f)I(g)$ は $f(x)g(x)$ の一つの内容になっている． □

問 26.10. $R[x]\ni f(x)$, $g(x)$ で $g(x)$ は原始多項式とするとき，$K[x]$ において $f(x)=g(x)h(x)\ (h(x)\in K[x])$ と分解されれば $h(x)\in R[x]$ である．これを示せ．

R 上の多項式は K 上の多項式とも考えられるが，その既約性について次のことが成り立つ．

例題 26.11.　R を一意分解環，K をその商体とすれば，$R[x]\ni f(x)$ について，次の二つは同値である．

（1）$f(x)$ は R 上の多項式として既約．

（2）$f(x)$ は K 上の多項式として既約．

証明　（2）⇒（1）：既約性の定義から明らかである．

（1）⇒（2）：$f(x)$ を R 上の既約多項式とする．$f(x)=g(x)h(x)$，$g(x)\in K[x]$，$h(x)\in K[x]$ とし，$g(x)=I(g)g_0(x)$，$h(x)=I(h)h_0(x)$ とすれば $f(x)=I(g)I(h)g_0(x)h_0(x)$ となる．ここで $I(g)I(h)\approx I(f)$ であるから $I(g)I(h)\in R$ となる．したがって，$f(x)$ の既約性から $\deg g_0=\deg g=0$，または $\deg h_0=\deg h=0$ となり，$f(x)$ は K 上の多項式として既約である．　□

例題 26.12.　R を一意分解環とするとき，$R[x]$ の素元 $f(x)$ は次のいずれかである：（1）$\deg f=0$ で f は R の素元，（2）$\deg f>0$ で $f(x)$ は既約な原始多項式．

証明　単数群について，$U(R[x])=U(R)$ であることを注意しておく．まず上の（1），（2）のいずれの場合も $f(x)$ が $R[x]$ の素元になることを示す．

（1）の場合：$f=gh$ とすれば，次数を考えて $g,h\in R$．よってそのいずれかは R の，したがって $R[x]$ の正則元となり，f は $R[x]$ の素元である．

（2）の場合：$f=gh$ とすれば，f の既約性から g,h のいずれかは次数が0である．$g\in R$ とすれば $1\approx I(f)=gI(h)$．したがって g は正則元となり，f は $R[x]$ の素元である．

逆に $f(x)\in R[x]$ は素元であるとする．$f=gh$ とすれば g,h のいずれかは $R[x]$ の，したがって R の正則元である．特に $f\in R$ ならば f は R の素元である．また $\deg f>0$ ならば f は既約多項式で，$f=I(f)f_0$ なる分解を考えれば $I(f)$ は R の正則元である．よって f は原始多項式でもある．　□

以上の準備のもとで目標の定理がえられる．

定理 26.13.　一意分解環 R 上の n 変数多項式環 $R[x_1,\cdots,x_n]$ はまた一意分解環である．

証明　$n=1$ のときを示せば，あとは n に関する帰納法で証明される．

まず $R[x]$ の元 $f(x)\neq 0$ の素元分解の可能性を $\deg f$ に関する帰納法で示

す．$\deg f=0$ ならば例題 26.12 により，f の R における素元分解が $R[x]$ における素元分解になっている．また $\deg f>0$ で f が既約でないとすれば，$f=gh$, $\deg g>0$, $\deg h>0$ と分解され，g と h に帰納法の仮定を適用すればよい．f が既約なときは $f=I(f)f_0$ とすれば，f_0 は $R[x]$ の素元であるから $I(f)$ の素元分解をこれに代入して f の素元分解がえられる．

次に素元分解の一意性を示すため，$R[x]\ni f$ の二つの素元分解

$$f=p_1\cdots p_k f_1\cdots f_l \qquad (p_i\in R,\ \deg f_j>0)$$
$$=p_1'\cdots p_m' f_1'\cdots f_n' \qquad (p_i'\in R,\ \deg f_j'>0)$$

を考える．このとき $f_1\cdots f_l$, $f_1'\cdots f_n'$ はともに原始多項式であるから $I(f)=p_1\cdots p_k\approx p_1'\cdots p_m'$ となり．$k=m$ で適当に番号をつけかえて $p_i\approx p_i'$ をえる．また $u\in U(R)$ があって

$$f_1f_2\cdots f_l=(uf_1')f_2'\cdots f_n'$$

となる．いま K を R の商体とすれば，例題 26.11 により各 f_j, f_j' は $K[x]$ の素元である．$K[x]$ は一意分解環であるから $l=n$ で，適当に番号をつけかえて $f_j'=c_jf_j\,(c_j\in K;\,1\leq j\leq l)$ となる．このとき $1\approx I(f_j')\approx c_j$ となるから，$c_j\in U(R)$ となり，$f_j\approx f_j'\,(1\leq j\leq l)$ をえる． □

特に任意の体 K 上の n 変数多項式環 $K[x_1,\cdots,x_n]$ は一意分解環である．その素元 $p(x_1,\cdots,x_n)$ は $p=gh$, $\deg g>0$, $\deg h>0$ と分解されない多項式で，このような多項式は**既約**であるという．$K[x_1,\cdots,x_n]$ の元 $f(x_1,\cdots,x_n)\neq 0$ は既約多項式の積に，定数倍を度外視して一意的に分解される．この分解にあらわれる既約多項式を $f(x_1,\cdots,x_n)$ の**既約因子**とよぶ．

§27. R-加群

27.1. R-加群

R を環，M を加群とし，写像 $f: R\times M\to M$ が与えられているとする．いま $(r,m)\in R\times M$ の f による像を rm とかくことにし，これが次の条件をみたすとき M は **R-左加群**，または **R 上の左加群**であるという：

(27.1) $r(m+m')=rm+rm'$,

(27.2) $(r+r')m=rm+r'm$,

(27.3) $(rr')m=r(r'm)$,

(27.4) $1m=m$.

ただし $r, r', 1\in R$, $m, m'\in M$ とする.

また写像 $g: M\times R\to M$ $((m,r)\longmapsto mr)$ が与えられていて，これが次の条件をみたすとき M は **R-右加群**であるという：

(27.1′) $(m+m')r=mr+m'r$,

(27.2′) $m(r+r')=mr+mr'$,

(27.3′) $m(rr')=(mr)r'$,

(27.4′) $m1=m$.

R-左(右)加群は R を左(または右)の作用域にもつ加群と考えられる.

M が R-左加群であることを ${}_RM$, R-右加群であることを M_R と表すことにする.

R が可換環のときは，${}_RM$ は自然に R-右加群と考えられる. すなわち $r\in R$, $m\in M$ に対して mr を $mr=rm$ とおいて定義すれば，R の可換性より (27.1′)～(27.4′) はすべてみたされる. したがってこの場合は，単に **R-加群** とよんでよい.

R, S を二つの環とするとき，加群 M が R-左加群であると同時に S-右加群であって，R の元と S の元の作用が可換であるとき，すなわち

(27.5) $$(rm)s=r(ms) \qquad (r\in R,\ m\in M,\ s\in S)$$

が成り立つとき，M は **(R,S)-両側加群**であるといい，このことを ${}_RM_S$ と表す.

以下主として R-左加群についてのべるが，R-右加群についても同様のことがいえる.

R-左加群の部分加群や準同型などは，作用域 R を考えにいれたものとする. すなわち ${}_RM$ の部分集合 N が **R-部分加群**であるとは，N が M の部分加群であって

(27.6) $$r\in R,\ m\in N\Rightarrow rm\in N$$

が成り立つことである. また ${}_RM$ から ${}_RM'$ への写像 $f: M\to M'$ が R-準同型であるとは，f が加群としての準同型であって

(27.7)　　　$f(rm)=rf(m) \quad (r\in R,\ m\in M)$

が成り立つことである.

条件 (27.6) が成り立つとき，N は R の作用に関して**閉じている**といい，条件 (27.7) が成り立つとき f は R の作用と**可換**であるという.

R-左加群は R を作用域にもつ加群として，その剰余加群などが考えられる. このとき準同型定理，同型定理などが成り立ち，また組成列をもつ場合はジョルダン-ヘルダーの定理が成り立つ.

例 27.1.　(i)　環 R は R の元の左からの乗法を作用と考えて R-左加群になる. 同様に右からの乗法を作用として R_R と考えられる. また ${}_RR_R$ と考えることもできる. ${}_RR$ の R-部分加群は R の左イデアルにほかならない.

(ii)　もっと一般に環 R が環 S の部分環であるとき，S は R の元の左からの乗法を作用として ${}_RS$ となる. 同様に S_R，${}_RS_R$ と考えられる.

(iii)　任意の加群 M は $\boldsymbol{Z}$-加群と考えられる. すなわち $n\in\boldsymbol{Z}$，$a\in M$ に対して，na を 12 ページのように定義すればよい.

R-左加群 M の部分集合 U に対して，$\sum_{i=1}^{n} r_iu_i (r_i\in R,\ u_i\in U)$ の形の元の全体を $\langle U\rangle$，または $\sum_{u\in U} Ru$ とかく. これは U を含む最小の R-部分加群で，U で**生成される** R-部分加群とよぶ. ${}_RM$ が有限個の元で生成されるとき，${}_RM$ は**有限生成**な R-左加群である，または $\boldsymbol{R}$**-有限生成**であるという.

例 27.2.　${}_RM$ が一つの元 u で生成されるとき，すなわち $M=Ru$ となるとき ${}_RM$ は**巡回加群**であるという. このとき $f: R\to Ru\ (r\longmapsto ru)$ は R-全準同型で，$\operatorname{Ker} f=\{r\in R\,|\,ru=0\}$ は R の左イデアルである. $\operatorname{Ker} f$ を u の**零化イデアル**とよび，$\operatorname{Ann} u$ と表す. 準同型定理により Ru は $R/\operatorname{Ann} u$ に R-同型である.

${}_RM\neq 0$ が M と 0 以外に R-部分加群をもたないとき，${}_RM$ は**単純**，あるいは**既約**であるという. ${}_RM$ が単純ならば R-巡回加群である. 実際 $M\ni u\neq 0$ とすれば，Ru は 0 と異なる M の R-部分加群であるから $M=Ru$ となる. このとき $M\simeq R/\operatorname{Ann} u$ で $\operatorname{Ann} u$ は R の極大な左イデアルである. 逆に I が R の極大左イデアルならば，${}_R(R/I)$ は単純である.

${}_RM$ の R-部分加群の集合 $\{M_\lambda\}_{\lambda\in\Lambda}$ に対して，M の任意の元 m がこれらの部

分加群に属する元の有限和として $m=m_{\lambda_1}+\cdots+m_{\lambda_r}$ $(m_{\lambda_i}\in M_{\lambda_i})$ と表されるとき，M は $\{M_\lambda\}_{\lambda\in\Lambda}$ の和であるといって，$M=\sum_{\lambda\in\Lambda}M_\lambda$ と表す．また M の任意の元 m が上の形に一意的に表されるとき，M は $\{M_\lambda\}_{\lambda\in\Lambda}$ の**直和**であるといって，$M=\bigoplus_{\lambda\in\Lambda}M_\lambda$ と表す．Λ が特に有限集合のときは，これは2章の§14で定義した部分加群の直和のことで，M が $M_1,\cdots,M_n$ の直和であるとき $M=M_1\oplus\cdots\oplus M_n$ ともかく．

${}_RM$ の二つの R-部分加群 M_1, M_2 に対して，$M=M_1\oplus M_2$ となるため必要十分な条件は，$M=M_1+M_2$，$M_1\cap M_2=0$ となることである(2章の定理14.5参照)．

注意 本書では演算が乗法か加法かによって直積，直和とよび方を変えている．無限個の直積を考える場合，カテゴリー論的立場から直積，直和を別の意味で区別することがあり，最近の教科書ではそのような定義をしているものが多い．本書では考える場合を制限して，一応後者の定義に反しないようにしてあるが，他書を参照するときは注意してほしい．

R-左加群 M_i と R-準同型 $f_i: M_i\to M_{i+1}$ の列

$$\cdots\to M_{i-1}\xrightarrow{f_{i-1}}M_i\xrightarrow{f_i}M_{i+1}\to\cdots$$

において，$\mathrm{Im}\,f_{i-1}=\mathrm{Ker}\,f_i$ が各 i について成り立っているとき，これは**完全系列**であるという．

例 27.3. (i) $0\to N\xrightarrow{f}M$ が完全系列であることは，$\mathrm{Ker}\,f=0$ となること，すなわち f が単準同型であることにほかならない．

(ii) $M\xrightarrow{g}M'\to 0$ が完全系列であることは，$\mathrm{Im}\,g=M'$ であること，すなわち g が全準同型であることと同じである．

(iii) N を ${}_RM$ の R-部分加群とすれば

$$0\to N\xrightarrow{\iota}M\xrightarrow{\pi}M/N\to 0$$

(ι は埋め込み，π は自然な準同型)

は完全系列である．逆に

$$0\to N\xrightarrow{f}M\xrightarrow{g}M'\to 0$$

が完全系列であれば，$N\simeq f(N)$，$M/f(N)\simeq M'$ となる．このような完全系列を**短完全系列**とよぶ．

完全系列 $M\xrightarrow{g}M'\to 0$ に対して，R-準同型 $h: M'\to M$ が存在して $g\circ h=$

$\mathrm{id}_{M'}$ となるとき，この完全系列，あるいは g は**分裂**するという．

例題 27.4. 完全系列 $M \xrightarrow{g} M' \to 0$ が分裂するため必要十分な条件は，M の R-部分加群 L が存在して

$$M = \mathrm{Keg}\ g \oplus L$$

と直和分解されることである．またこのとき M' は，M の直和因子 L に R-同型になる．

証明（必要性）$h: M' \to M$ があって，$g \circ h = \mathrm{id}_{M'}$ であるとする．$L = h(M')$ とおけば，$\mathrm{Keg}\ g \cap L \ni h(m')$ に対して $m' = g(h(m')) = 0$ となるから，$\mathrm{Ker}\ g \cap L = 0$ である．また $m \in M$ に対して $m' = g(m)$ とおけば，$g(m - h(m')) = g(m) - g(h(m')) = m' - m' = 0$ となり，$m = (m - h(m')) + h(m') \in \mathrm{Ker}\ g + L$ となる．よって $M = \mathrm{Ker}\ g \oplus L$ である．

（十分性）$M = \mathrm{Ker}\ g \oplus L$ とすれば，g の L への制限 $g_L: L \to M'$ は R-同型で，$h = g_L{}^{-1}$ とすれば $g \circ h = \mathrm{id}_{M'}$ となる．□

27.2. R-自由加群

${}_RM$ の有限部分集合 $\{u_1, \cdots, u_n\}$ に対して

$$r_1u_1 + \cdots + r_nu_n = 0 \quad (r_i \in R) \Rightarrow r_1 = \cdots = r_n = 0$$

が成り立つとき，$u_1, \cdots, u_n$ は **R-自由**，または R 上**線形独立**であるという．もっと一般に M の部分集合 U に対して，その任意の有限部分集合が R-自由であるとき，U は R-自由であるという．R-自由でないとき R 上**線形従属**であるという．

${}_RM$ の部分集合 U が存在して，次の二つの条件

(27.8)　U は R-自由，

(27.9)　$M = \sum_{u \in U} Ru$

をみたすとき，${}_RM$ は **R-自由加群**であるといい，U をその **R-基**（き）とよぶ．作用域が R であることが明らかなときは，これを単に**基**とよぶことがある．

問 27.5. ${}_RM$ が U を基とする R-自由加群であるため必要十分な条件は，$M = \bigoplus_{u \in U} Ru$，$R \simeq Ru\ (r \longmapsto ru)$ となることである．これを示せ．

集合 $V = \{v_\lambda\}_{\lambda \in \Lambda}$ が与えられたとき，これを基とする R-自由加群 F が次のようにして作られる．すなわち F は $\sum_\lambda r_\lambda v_\lambda$（ただし $r_\lambda \in R$ で，$r_\lambda \neq 0$ なる λ

は有限個)の形の式の全体とし，これに相等，加法，R の元の作用を次のように定義する：

相等：$\sum_{\lambda} r_{\lambda}v_{\lambda}=\sum_{\lambda} r_{\lambda}'v_{\lambda} \Leftrightarrow r_{\lambda}=r_{\lambda}'$ $(\forall \lambda\in\Lambda)$

加法：$\left(\sum_{\lambda} r_{\lambda}v_{\lambda}\right)+\left(\sum_{\lambda} r_{\lambda}'v_{\lambda}\right)=\sum_{\lambda}(r_{\lambda}+r_{\lambda}')v_{\lambda}$

作用：$r\left(\sum_{\lambda} r_{\lambda}v_{\lambda}\right)=\sum_{\lambda}(rr_{\lambda})v_{\lambda}$

このとき F は R-左加群となる．いま v_{λ} の係数 r_{λ} は1で，他の係数 $r_{\mu}(\mu\neq\lambda)$ はすべて0である元 $\sum_{\lambda} r_{\lambda}v_{\lambda}$ を v_{λ} と同一視して $V\subset F$ と考えれば，F は V を基とする R-自由加群になる．

定理 27.6. 任意の R-左加群 M は，ある R-自由加群の準同型像である．

証明 ${}_RM$ は $U=\{u_{\lambda}\}_{\lambda\in\Lambda}$ で生成されているとする．(例えば $U=M$ とすればよい．) これに対して文字の集合 $V=\{v_{\lambda}\}_{\lambda\in\Lambda}$ を用意し，これを基とする R-自由加群を F とする．このとき $f:F\to M$ $(\sum_{\lambda} r_{\lambda}v_{\lambda}\longmapsto\sum_{\lambda} r_{\lambda}u_{\lambda})$ は R-全準同型である． □

次は R-自由加群の特徴的な性質の一つである．

例題 27.7. R-左加群の完全系列 $M\overset{g}{\to}F\to 0$ において，F が R-自由加群ならばこれは分裂する．

証明 F の基を $U=\{u_{\lambda}\}_{\lambda\in\Lambda}$ とし，各 λ に対して $g(m_{\lambda})=u_{\lambda}$ となる $m_{\lambda}\in M$ をとる．このとき $h:F\to M$ $(\sum_{\lambda} r_{\lambda}u_{\lambda}\longmapsto\sum_{\lambda} r_{\lambda}m_{\lambda})$ は R-準同型で，明らかに $g\circ h=\mathrm{id}_F$ となる． □

注意 ${}_RF$ が上の定理の性質をもつとき，F を **R-射影加群**とよぶ．本書では深入りしないが，加群の理論，特にそのカテゴリー論的な考察においては，自由加群よりも射影加群の方がより機能的で使いやすい．

特に K が体であるとき，K-加群 V を K 上の**ベクトル空間**とよぶ．

問 27.8. K を体とし，$V(\neq 0)$ を K 上のベクトル空間とするとき，次のことを示せ．

(i) $V=Ku$ ならば ${}_KV$ は単純である．

(ii) $V\ni u_1,\cdots,u_r(\neq 0)$ が K 上線形独立 $\Leftrightarrow u_i\notin Ku_1+\cdots+Ku_{i-1}$ $(i=2,\cdots,r)$．

例題 27.9. V を体 K 上の K-有限生成なベクトル空間とすれば，V は K-

自由加群で，その基に属する元の個数は基のとり方によらず一定である．

証明　${}_KV$ は $\{u_1, \cdots, u_m\}$ で生成されているとし，各 $u_i \neq 0$ とする．このとき基 $\{v_1, \cdots, v_n\}$ が次のようにして作られる．まず $v_1 = u_1$ とおく．$V = Kv_1$ ならば $\{v_1\}$ は基である．$V \supsetneqq Kv_1$ ならば $u_j \notin Kv_1$ となる u_j がある．このような j の最小なものをとって $v_2 = u_j$ とおけば，問 27.8(ii) より v_1, v_2 は線形独立である．$V \supsetneqq Kv_1 + Kv_2$ ならば同様に v_3 をきめ，これを続けてゆけば線形独立な $v_1, \cdots, v_n$ で $V = Kv_1 + \cdots + Kv_n$ となるものがとれる．このとき $\{v_1, \cdots, v_n\}$ は V の基である．

次に $V = Kv_1 \oplus \cdots \oplus Kv_n$ とするとき，$V_i = Kv_1 \oplus \cdots \oplus Kv_i$ とおけば $V_i/V_{i-1} \simeq Kv_i$ は単純で

$$V = V_n \supset V_{n-1} \supset \cdots \supset V_1 \supset 0$$

は ${}_KV$ の組成列である．したがって n は ${}_KV$ の組成列の長さに一致し，これは一定である．　□

例題 27.9 における基の元の個数を V の K 上の**次元**といい，$\dim_K V$ で表す．V が K-有限生成でないときは，$\dim_K V = \infty$ とする．

27.3.　自己準同型環

${}_RM$ から ${}_RN$ への準同型の全体を $\mathrm{Hom}_R(M, N)$ で表す．M, N が R-左加群のときは，$\mathrm{Hom}_R(M, N) \ni f$ による $m \in M$ の像をあとでの都合上 mf で表すことにする．$\mathrm{Hom}_R(M, N) \ni f, g$ に対して和 $f+g : M \to N$ を $m(f+g) = mf + mg$ として定義すれば，$f+g$ は R-準同型で，これで加法を定義して $\mathrm{Hom}_R(M, N)$ は加群になる．

問 27.10.　上のことを証明せよ．

特に $\mathrm{Hom}_R(M, M)$ は M の R-自己準同型の全体で，写像の積で乗法を定義してこれは環になる（2 章の問 19.3 参照）．これを $\mathrm{End}_R M$ とかいて ${}_RM$ の**自己準同型環**とよぶ．明らかに M は $(R, \mathrm{End}_R M)$-両側加群である．

例 27.11.　環 R 自身を R-左加群と考えるとき，${}_RR$ の自己準同型環は R に同型である．

実際 $R = R1$ で，${}_RR$ は 1 を基とする R-自由加群である．$\mathrm{End}_R({}_RR) \ni f$ に対し $1f = a$ とすれば，任意の $r \in R$ に対して $rf = (r1)f = r(1f) = ra$ となるか

ら f は a によって一意的に定まる．また1が ${}_RR$ の基であるから，a としては R の任意の元がとれて，$\varphi: \mathrm{End}_R({}_RR)\to R\ (f\longmapsto 1f)$ は全単射である．

問 27.12. 上の φ が環同型であることを確かめよ．

次の定理は普通**シュアーの補題**とよばれる．

定理 27.13. (i) ${}_RM, {}_RN$ がともに単純であるとき，$\mathrm{Hom}_R(M, N)\ni f$ が0と異なれば f は R-同型である．

(ii) 特に ${}_RM$ が単純ならば，End_RM は斜体である．

証明 (i) $0\neq \mathrm{Im}f\subset N$ で ${}_RN$ は単純であるから $\mathrm{Im}f=N$ となる．また $f\neq 0$ より $\mathrm{Ker}\,f\subsetneqq M$，${}_RM$ の単純性より $\mathrm{Ker}\,f=0$ となり f は全単射である．

(ii) $\mathrm{End}_RM\ni f\neq 0$ は ${}_RM$ の自己同型で逆元をもつ．したがって End_RM は斜体である．　□

同型な加群の直和の自己同型環については，次が成り立つ．

例題 27.14. ${}_RM$ が同型な R-加群の直和として

$$M=M_1\oplus M_2\oplus\cdots\oplus M_n,\qquad M_i\simeq M_1\quad(2\leq i\leq n)$$

と分解されているとき，End_RM は End_RM_1 上 n 次の全行列環に同型である．

証明 M_i を M の R-部分加群と考え，$\iota_i: M_i\to M$ を埋め込み，$\varepsilon_i: M\to M_i$ を上の直和分解に関する射影とする．また各 i に対し R-同型 $\theta_i: M_i\to M_1$ を一つきめる．

$\mathrm{End}_RM\ni f$ に対し，$f_{ij}=\theta_i^{-1}f\varepsilon_j\theta_j$ とおけば $f_{ij}\in\mathrm{End}_RM_1$ で，写像 $\varphi: \mathrm{End}_RM\to M(n, \mathrm{End}_RM_1)\ (f\longmapsto (f_{ij}))$ が定義される．φ が加法を保つことは明らかである．また $f, g\in\mathrm{End}_RM$ に対して

$$\begin{aligned}(fg)_{ij}&=\theta_i^{-1}fg\varepsilon_j\theta_j=\sum_\nu \theta_i^{-1}f\varepsilon_\nu\theta_\nu\theta_\nu^{-1}g\varepsilon_j\theta_j\\&=\sum_\nu (f)_{i\nu}(g)_{\nu j}\end{aligned}$$

となるから，$\varphi(fg)=\varphi(f)\varphi(g)$ となり φ は環準同型である．

次に φ が全単射であることを示すため，写像 $\psi: M(n, \mathrm{End}_RM_1)\to\mathrm{End}_RM$ を $h_{\mu\nu}\in\mathrm{End}_RM_1\ (1\leq\mu, \nu\leq n)$ に対して

$$\psi((h_{\mu\nu}))=\sum_{\mu,\nu}\varepsilon_\mu\theta_\mu h_{\mu\nu}\theta_\nu^{-1}\iota_\nu$$

とおいて定義する．このとき

$$(\psi((h_{\mu\nu})))_{ij}=\sum_{\mu,\nu}\theta_i^{-1}\varepsilon_\mu\theta_\mu h_{\mu\nu}\theta_\nu^{-1}\iota_\nu\varepsilon_j\theta_j$$

$$=\theta_i^{-1}\varepsilon_i\theta_i h_{ij}\theta_j^{-1}\iota_j\varepsilon_j\theta_j=h_{ij}$$

となるから，$\varphi\circ\psi$ は恒等写像，したがって φ は全射である．また $f\in \mathrm{End}_R M$ に対して

$$\psi(\varphi(f))=\sum_{\mu,\nu}\varepsilon_\mu\theta_\mu f_{\mu\nu}\theta_\nu^{-1}\iota_\nu=\sum_{\mu,\nu}\varepsilon_\mu\theta_\mu\theta_\mu^{-1}f\varepsilon_\nu\theta_\nu\theta_\nu^{-1}\iota_\nu$$
$$=\Bigl(\sum_\mu\varepsilon_\mu\Bigr)f\Bigl(\sum_\nu\varepsilon_\nu\iota_\nu\Bigr)=f$$

となり $\psi\circ\varphi$ は恒等写像，したがって φ は単射である．　□

§28.　多元環

R は可換環とする．環 A が次の二つの条件をみたすとき，A は R 上の**多元環**であるという：

(28.1)　R の A への作用 $R\times A\to A$ $((r,a)\longmapsto ra)$ が定義されていて，A は R-加群である．

(28.2)　$a,b\in A$，$r\in R$ に対して　$(ra)b=a(rb)=r(ab)$

が成り立つ．

R 上の多元環 A が R-加群として R-自由加群であるとき，A は **R-自由**であるという．例えば R 上の多項式環 $R[x]$ は，$\{1,x,x^2,\cdots\}$ を基とする R-自由な多元環である．

例 28.1.　R 上の全行列環 $M(n,R)$ は，$A=(a_{ij})\in M(n,R)$，$r\in R$ に対し $rA=(ra_{ij})$ と作用を定義して R 上の多元環になる．(i,j)-成分が 1 で，他の成分はすべて 0 である行列を E_{ij} とすれば，$M(n,R)$ は $\{E_{ij}\mid 1\leq i,j\leq n\}$ を基とする R-自由な多元環である．E_{ij} を**行列単位**とよぶ．

いま A は $\{u_1,\cdots,u_n\}$ を基とする R-自由加群であるとし，基の 2 元の(A に値をとる)積が次のように与えられているとする：

(28.3)　$$u_iu_j=\sum_k r_{ijk}u_k\qquad(r_{ijk}\in R).$$

このとき A の 2 元 $a=\sum_i s_iu_i$，$b=\sum_j t_ju_j$ $(s_i,t_j\in R)$ の積を

(28.4)　$$ab=\sum_k\Bigl(\sum_{i,j}s_it_jr_{ijk}\Bigr)u_k$$

と定義することができる．この右辺は，分配法則と (28.2) が成り立つものとして $(\sum_i s_iu_i)(\sum_j t_ju_j)=\sum_{i,j}s_it_j(u_iu_j)$ とおき，これに (28.3) を代入した式である．(28.4) のように乗法を定義することを，(28.3) を**線形に拡張する**

という．

このように A における乗法を定義すれば，(28.2) と分配法則が成り立つ．また基の元について，結合法則

(28.5)　　$(u_iu_j)u_k=u_i(u_ju_k) \qquad (1\leq i,j,k\leq n)$

が成り立っているとすれば，A の乗法に関する結合法則が成り立つ．したがって，例えば $u_1u_i=u_iu_1=u_i(\forall i)$ となっておれば，A は u_1 を単位元とする R 上の多元環になる．

注意　上の議論では，n が有限である必要はない．

問 28.2.　上で (28.5) が成り立つため必要十分な条件は，任意の i,j,k,l に対して

$$\sum_\nu r_{ij\nu}r_{\nu kl}=\sum_\nu r_{i\nu l}r_{jk\nu}$$

が成り立つことである．これを示せ．

例 28.3.　$U=\{u_1=1,\ u_2,\cdots,u_n\}$ はモノイドとする．このとき，U を基とする R–自由加群を

$$R[U]=Ru_1\oplus Ru_2\oplus\cdots\oplus Ru_n$$

とし，基の2元の積を U における積で定義すれば，これは R 上の多元環である．特に U が群であるとき，このようにして作った多元環 $R[U]$ を U の R 上の**群環**とよぶ．

例 28.4.　文字の集合 $\{1,i,j,k\}$ を基とする R–自由加群を

$$Q_R=R1\oplus Ri\oplus Rj\oplus Rk$$

とし，基の2元の積を次のように定義する(図 10)．

$$1i=i1=i,\qquad 1j=j1=j,\qquad 1k=k1=k,$$
$$i^2=j^2=k^2=-1,$$
$$ij=-ji=k,\qquad jk=-kj=i,\qquad ki=-ik=j.$$

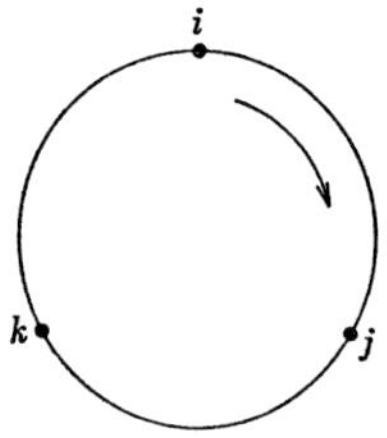

図 10

このとき (28.5) が成り立ち，Q_R は R 上の多元環になる．R の元 a と $a1$ を同一視して，$R\subset Q_R$ と考えてよい．Q_R の2元 $\alpha=a+bi+cj+dk$，$\alpha'=a'+b'i+c'j+d'k$ の積は

$$\alpha\alpha'=(aa'-bb'-cc'-dd')+(ab'+ba'+cd'-dc')i$$
$$+(ac'+ca'-bd'+db')j+(ad'+da'+bc'-cb')k$$

となる．$\bar{\alpha}=a-bi-cj-dk$ を α の**共役元**とよび，

$$\alpha\bar{\alpha}=a^2+b^2+c^2+d^2$$

を α の**ノルム**とよんで，これを $N(\alpha)$ で表す．

特に $R=\boldsymbol{R}$(実数体)のときは，$\alpha\neq 0$ ならば $N(\alpha)\neq 0$ で，α は逆元 $N(\alpha)^{-1}\bar{\alpha}$ をもつ．したがって $Q_{\boldsymbol{R}}$ は斜体で，これを **4 元数体**とよぶ．

問 28.5. 複素数体 C 上の多元環 Q_C は斜体でないことを示せ．

問 28.6. 写像 $f: \boldsymbol{C}\to Q_{\boldsymbol{R}}$ $(a+b\sqrt{-1}\longmapsto a+bi)$ は単準同型で，対応する元を同一視して $\boldsymbol{C}\subset Q_{\boldsymbol{R}}$ と考える．このとき $Q_{\boldsymbol{R}}$ は $\boldsymbol{C}$-左加群として $Q_{\boldsymbol{R}}=\boldsymbol{C}\oplus\boldsymbol{C}j$ となり，$\alpha\in\boldsymbol{C}$ に対して $j\alpha=\bar{\alpha}j$ となる．また

$$Q_{\boldsymbol{R}}\simeq\left\{\begin{pmatrix}\alpha & \beta\\ -\bar{\beta} & \bar{\alpha}\end{pmatrix}\in M(2,\boldsymbol{C})\right\}$$

となることを示せ．

§29. ネーター環とアルチン環

29.1. 極大条件と極小条件

R は環とし，以下では主として R-左加群についてのべるが，R-右加群についても同様である．

R-左加群 M に対し，その R-部分加群の任意の空でない集合に(包含関係に関して)極大(極小)なものが存在するとき，${}_RM$ は**極大(極小)条件**をみたす，あるいは**ネーター(アルチン)加群**であるという．

また M の R-部分加群の任意の列

$$M_1\subset M_2\subset\cdots\subset M_i\subset\cdots\qquad(M_1\supset M_2\supset\cdots\supset M_i\supset\cdots)$$

に対して，ある n が存在して $M_n=M_{n+1}=\cdots$ となるとき，M は**昇鎖(降鎖)律**をみたすという．

例題 29.1. ${}_RM$ がネーター(アルチン)加群であることと，昇鎖(降鎖)律をみたすこととは同値である．

証明 まず ${}_RM$ はネーター加群とし

$$M_1\subset M_2\subset\cdots\subset M_i\subset\cdots$$

をその R-部分加群の列とする．このとき $\{M_i\}_{i\in N}$ に極大なものが存在し，そ

れを M_n とすれば $M_n=M_{n+1}=\cdots$ となる．

次に ${}_RM$ がネーター加群でないとすれば，その R–部分加群のある集合 $S\neq\phi$ があって，S には極大なものが存在しない．$S\ni M_1$ を一つとる．M_1 は S の極大元でないから，$M_1\subsetneqq M_2$ なる $M_2\in S$ がある．以下同様にして S に属する R–部分加群の無限列

$$M_1\subsetneqq M_2\subsetneqq\cdots\subsetneqq M_i\subsetneqq\cdots$$

がえられ，${}_RM$ は昇鎖列をみたさない． □

ネーター加群については，次が成り立つ．

定理 29.2. ${}_RM$ について次の二つは同値である．

（1） ${}_RM$ はネーター加群である．

（2） M の任意の R–部分加群は R–有限生成である．

証明 （1）⇒（2）：N を M の任意の R–部分加群とする．いま N の R–部分加群で R–有限生成なものの全体を S とすれば，仮定により S に極大元 N_0 がある．$N_0\subsetneqq N$ とすれば，$m\in N-N_0$ なる元 m があり，$N_1=N_0+Rm$ とすれば，$N_0\subsetneqq N_1$，$N_1\in S$ となって N_0 の極大性に反する．よって $N_0=N$ となり，${}_RN$ は有限生成である．

（2）⇒（1）：$M_1\subset M_2\subset\cdots$ を M の R–部分加群の列とする．$N=\bigcup_i M_i$ とすれば，仮定により ${}_RN$ は有限個の元 $u_1,\cdots,u_r$ で生成される．各 u_i を含む M_j のうち最大なものを M_n とすれば，$N=Ru_1+\cdots+Ru_r\subset M_n$，したがって $M_n=M_{n+1}=\cdots=N$ となり，${}_RM$ は昇鎖律をみたす．よって ${}_RM$ はネーター加群である． □

例題 29.3. ${}_RM$ について次のことが成り立つ．

（i） M の R–部分加群を N とするとき，次の二つは同値である．

（1） ${}_RM$ はネーター(アルチン)加群．

（2） ${}_RN$，${}_R(M/N)$ はともにネーター(アルチン)加群．

（ii） $M=M_1+\cdots+M_n$ で各 M_i が R–部分加群であるとき，次の二つは同値である．

（1） ${}_RM$ はネーター(アルチン)加群．

（2） 各 ${}_RM_i$ はネーター(アルチン)加群．

証明　(i)　(1)⇒(2)：定義から明らかに ${}_RN$ はネーター加群である．また ${}_R(M/N)$ の R-部分加群と N を含む M の R-部分加群と1対1に対応するから，${}_R(M/N)$ もネーター加群である．

(2)⇒(1)：$M_1\subset M_2\subset\cdots$ を M の R-部分加群の列とする．$(M_1+N)/N\subset(M_2+N)/N\subset\cdots$ と $M_1\cap N\subset M_2\cap N\subset\cdots$ はそれぞれ M/N と N の R-部分加群の列で，仮定によりある n に対して

$$M_n+N=M_{n+1}+N=\cdots,\qquad M_n\cap N=M_{n+1}\cap N=\cdots$$

となる．このとき $M_n=M_{n+1}=\cdots$ となることが，次のようにして示される．これを否定して，ある $m>n$ に対して $M_n\subsetneqq M_m$ とする．$u\in M_m-M_n$ とすれば，$u\in M_m+N=M_n+N$ より $u=v+w$，$v\in M_n$，$w\in N$ となる．このとき $w=u-v\in M_m\cap N=M_n\cap N$ となるから，$u\in M_n$ となり u のとり方に矛盾する．よって ${}_RM$ は昇鎖律をみたし，ネーター加群である．

(ii)　(1)⇒(2)：明らかである．

(2)⇒(1)：r に関する帰納法による．$\overline{M}=M/M_1$，$\overline{M}_i=(M_i+M_1)/M_1$ とすれば，$\overline{M}=\overline{M}_2+\cdots+\overline{M}_r$ で，各 ${}_R\overline{M}_i$ はネーター加群になるから，帰納法の仮定により ${}_R\overline{M}$ はネーター加群，したがって (i) より ${}_RM$ はネーター加群である．　□

例題 29.4.　${}_RM$ について次の二つは同値である．

(1)　${}_RM$ は極大条件と極小条件をともにみたす．

(2)　${}_RM$ は R-組成列をもつ．

証明　(1)⇒(2)：M の極大な R-部分加群 M_1 を一つとる．$M_1\neq 0$ ならば M_1 の極大な R-部分加群 M_2 を一つとり，以下同様にして R-部分加群の列 $M\supsetneqq M_1\supsetneqq M_2\supsetneqq\cdots$ がえられる．極小条件によりこれが無限に続くことはないから，ある n に対し $M_n=0$ となる．このとき $M\supsetneqq M_1\supsetneqq\cdots\supsetneqq M_n=0$ は M の R-組成列である．

(2)⇒(1)：$M=M_0\supset M_1\supset\cdots\supset M_n=0$ を ${}_RM$ の組成列とし，その長さ n に関する帰納法による．$n=1$ のときは ${}_RM$ は単純であるから明らかである．$n>1$ のときは M_1 に帰納法の仮定を適用して，これは極大，極小条件をみたす．M/M_1 は単純な R-加群であるから，例題29.3(i) より (1) をえる．□

29.2.　ネーター環とアルチン環

環 R 自身を R–左加群と考えて，${}_RR$ がネーター(アルチン)加群であるとき，R は**左ネーター(アルチン)環**であるという．これは R の左イデアルについての極大(極小)条件，あるいは昇鎖(降鎖)律がみたされていることにほかならない．

右ネーター(アルチン)環も 同様に定義される． また R が可換環のときは単に**ネーター(アルチン)環**とよんでよい．

定理 29.2 から，左ネーター環については次の定理が成り立つ．

定理 29.5.　環 R が左ネーター環であるため必要十分な条件は，R の任意の左イデアルが R–有限生成であることである． 特に単項イデアル環はネーター環である．

また例題 29.3 から次のことがえられる．

例題 29.6.　R が左ネーター(アルチン)環で，${}_RM$ が R–有限生成ならば，${}_RM$ はネーター(アルチン)加群である．

証明　仮定により $M=Ru_1+\cdots+Ru_n$ となる． $Ru_i\simeq R/\mathrm{Ann}\,u_i$ で，これは R–ネーター加群であるから例題 29.3 (ii) により ${}_RM$ はネーター加群である．□

例題 29.6 の系として，次のことがいえる．

例題 29.7.　可環なネーター(アルチン)環 R 上の多元環 A が R–加群として有限生成ならば，A は左，右ネーター(アルチン)環である．

証明　例題 29.6 により ${}_RA$ はネーター加群である． A の左イデアル I は，$r\in R$ に対して $rI=(r1_A)I\subset I$ となるから R–部分加群である． したがって A の左イデアルについて昇鎖律が成り立ち，A は左ネーター環である．　□

I を環 R の両側イデアルとするとき，剰余環 $\bar{R}=R/I$ の左イデアルは J/I (J は I を含む左イデアル) と表され，J に J/I を対応させて，I を含む R の左イデアルの全体と $\bar{R}$ の左イデアルの全体とは 1 対 1 に対応する． 特に R の左イデアルについて昇鎖(降鎖)律が成り立てば，$\bar{R}$ の左イデアルについてもそれが成り立つ． したがって次のことがいえる．

例題 29.8.　左ネーター(アルチン)環の剰余環はまた左ネーター(アルチン)環である．

例題 29.9.　R は単項イデアル整域とし，$(a)\neq 0$ をそのイデアルとすれば，

剰余環 $R/(a)$ はネーター環，かつアルチン環である．

証明 定理 29.5 と例題 29.8 により $R/(a)$ はネーター環である．次に (a) を含む R のイデアルの列を

$$(b_1)\supset(b_2)\supset\cdots\supset(b_i)\supset\cdots\supset(a)$$

とし，$a=b_ic_i\ (i=1,2,\cdots)$ とする．また $b_{i+1}=b_id_i$ とすれば，$a=b_{i+1}c_{i+1}=b_id_ic_{i+1}$ となるから $c_i=d_ic_{i+1}$，$(c_i)\subset(c_{i+1})$ となり，イデアルの列 $(c_1)\subset(c_2)\subset\cdots$ がえられる．R はネーター環であるから，ある n に対し $(c_n)=(c_{n+1})=\cdots$ となり，このとき $d_n, d_{n+1},\cdots$ はすべて正則元である．したがって $(b_n)=(b_{n+1})=\cdots$ となって，$R/(a)$ はアルチン環である． □

問 29.10. R は可換ネーター(アルチン)環とし，S をその乗法的部分集合とする．このとき $S^{-1}R$ もネーター(アルチン)環である．

29.3. ヒルベルトの基定理

不変式論と関連してえられた次の定理は**ヒルベルトの基定理**とよばれる．

定理 29.11. 可換ネーター環 R 上の多項式環 $R[x_1,\cdots,x_n]$ はまたネーター環である．したがってそのイデアルは($R[x_1,\cdots,x_n]$-加群として)有限生成である．

証明 $n=1$ のとき示せば，あとは帰納法で示される．

いま I を $R[x]$ のイデアルとし

$$I_i=\{r\in R\,|\,I\ni f(x)=a_0+a_1+\cdots+a_ix^i \text{ があって，} a_i=r \text{ となる}\}$$

とおけば，I_i は R のイデアルである．また $f(x)=a_0+a_1x+\cdots+a_ix^i\in I$ とすれば，$xf(x)=a_0x+a_1x^2+\cdots+a_ix^{i+1}\in I$，したがって $a_i\in I_{i+1}$ となるから

$$I_1\subset I_2\subset\cdots\subset I_i\subset\cdots$$

となる．R はネーター環だから $I_r=I_{r+1}=\cdots$ となる r がある．$1\leq i\leq r$ なる各 i に対し，I_i の R-生成元を $a_{i1},\cdots,a_{is_i}\ (\neq 0)$ とし，a_{ij} を最高次の係数とする i 次の多項式 $f_{ij}(x)$ で I に属するものを一つとる．このとき $I=\sum_{i,j}R[x]f_{ij}(x)$ となること，すなわち $f(x)\in I$ ならば $f(x)=\sum_{i,j}g_{ij}(x)f_{ij}(x)$ となる $g_{ij}(x)\in R[x]$ があることを $m=\deg f$ に関する帰納法で示す．

まず $m=0$ ならば $f(x)\in I_0=\sum_j Ra_{0j}$，$a_{0j}=f_{0j}(x)$ であるから明らかである．$0<m$ とし $f(x)=a_0+a_1x+\cdots+a_mx^m$ とする．$m\leq r$ のときは，$a_m\in I_m=$

$\sum_j Ra_{mj}$ であるから $a_m=\sum_j c_j a_{mj}(c_j\in R)$ と表され，$f(x)-\sum_j c_j f_{mj}(x)$ は次数が m より小さい I の元である．したがってこれに帰納法の仮定を適用すればよい．また $m>r$ のときは $a_m\in I_m=I_r$ であるから，上と同様にして $\deg(f(x)-\sum_j c_j f_{rj}(x)x^{m-r})<m$ となるような c_j があり，帰納法が適用される． □

可換環 R 上の多元環 A に有限個の元 $a_1,\cdots,a_n$ が存在して，A の任意の元は $a_1,\cdots,a_n$ の R の元を係数とする整式の形で表されるとき，A は**多元環として有限生成**であるという．特に A が可換ならば，写像 $\varphi: R[x_1,\cdots,x_n]\to A$ $(f(x_1,\cdots,x_n)\longmapsto f(a_1,\cdots,a_n))$ は環としての全準同型で，したがって A は多項式環のある剰余環に同型である．よって例題29.8と定理29.11から，次の定理がえられる．

定理 29.12. 可換ネーター環 R 上の可換な多元環 A が多元環として有限生成であれば，A はネーター環である．

問 29.13. 体 K 上の多項式環 $K[x]$ はアルチン環でないことを示せ．

注意 左アルチン環は左ネーター環であることが，例題31.18で示される．

§30.* 単項イデアル整域上の加群

まず可換環上の自由加群について，次の定理を証明しておく．

定理 30.1. R は可換環とし，F は基 $\{u_1,\cdots,u_n\}$ をもつ R-自由加群とする．このとき基に属する元の個数 n は，基によらず一定である．

証明 例題23.7により R に極大イデアル I があり，$K=R/I$ は体である．$IF=\{a_1v_1+\cdots+a_rv_r \mid a_i\in I,\ v_i\in F,\ r\in N\}$ とすれば，これは F の R-部分加群である．一方 $F=Ru_1\oplus\cdots\oplus Ru_n$ であるから，$IF=Iu_1\oplus\cdots\oplus Iu_n$ となることは容易に確かめられる．したがって，$F/IF\simeq Ku_1\oplus\cdots\oplus Ku_n$ となり，これは体 K 上のベクトル空間と考えられる．$n=\dim_K F/IF$ で，IF は基と無関係に定義されているから，n は基のとり方によらない． □

定理30.1の n を F の R 上の**階数**といい，$\mathrm{rank}_R F$ で表す．

問 30.2. $F=Ru_1\oplus\cdots\oplus Ru_n$ を R-自由加群とする．その n 個の元 $v_i=\sum_j a_{ij}u_j\ (i=1,\cdots,n)$ に対して，$\{v_1,\cdots,v_n\}$ が F の基であるため必要十分な条件は，行列 $(a_{ij})\in M(n,R)$ が正則行列であることである．これを示せ．

以下では単項イデアル整域上有限生成な加群について，§15でのべたアーベル群の基本定理の拡張を与え，あわせて行列の単因子についてのべる．

まず自由加群の部分加群について，次の定理が成り立つ．

定理 30.3. Rは単項イデアル整域，Fは階数nのR-自由加群とし，$W\neq 0$をFのR-部分加群とする．このときWは階数がn以下のR-自由加群で，Fの基$\{v_1,\cdots,v_n\}$を適当にとれば，$\{e_1v_1,\cdots,e_rv_r\}$がWの基となり，かつ$e_i|e_{i+1}(1\leq i\leq r-1)$をみたすようにできる．

定理を証明するため，簡単な補題を準備しておく．

補題 30.4. Fは$\{u_1,\cdots,u_n\}$を基とする単項イデアル整域R上の自由加群とし，$F\ni w=r_1u_1+r_2u_2+\cdots+r_nu_n$とする．いま$d$を$r_1$と$r_2$の最大公約元とすれば，$u_1,u_2$を別の元でおきかえた基$\{u_1',u_2',u_3,\cdots,u_n\}$が存在して，$w=du_1'+r_2'u_2'+r_3u_3+\cdots+r_nu_n$($u_1'$の係数は$d$)と表される．

証明 $r_1=ds_1$，$r_2=ds_2$とすれば，s_1とs_2は互いに素であるから$s_1t_2-s_2t_1=1$となる$t_1,t_2\in R$がある．このとき$r_1t_2-r_2t_1=d$である．行列$\begin{pmatrix} s_1 & s_2 \\ t_1 & t_2 \end{pmatrix}$の行列式の値は1であるから，$u_1'=s_1u_1+s_2u_2$，$u_2'=t_1u_1+t_2u_2$とおけば，$\{u_1',u_2',u_3,\cdots,u_n\}$はまた$F$の基である．$u_1=t_2u_1'-s_2u_2'$，$u_2=-t_1u_1'+s_1u_2'$となることから，$w$をこの基で表せば，$w=du_1'+\cdots$となる． □

(定理 30.3 の)**証明** nに関する帰納法による．$B=\{u_1,\cdots,u_n\}$をFの基とし，$W\ni w$を$w=\sum_i r_iu_i$と表したときのu_iの係数r_iの全体を$I_i(B)$とすれば，これはRのイデアルである．Rはネーター環であるから，Bとiを動かしてえられるイデアルの集合$\{I_i(B)\}$には極大なものがある．それを改めて$I_1(B)=(e_1)$としてよい．このとき

$$w_1=e_1u_1+r_2u_2+\cdots+r_nu_n$$

の形の元がWにある．e_1とr_2の最大公約元をdとすれば，補題から別の基$\{u_1',\cdots,u_n'\}$を用いて$w_1=du_1'+\cdots$と表されるが，(e_1)の極大性から$(e_1)=(d)$となり，$e_1|r_2$をえる．同様にして$e_1|r_i$ $(2\leq i\leq n)$となる．$r_i=e_1r_i'$，$v_1=u_1+r_2'u_2+\cdots+r_n'u_n$とおけば，$\{v_1,u_2,\cdots,u_n\}$は$F$の基で，$w_1=e_1v_1$となる．

$F_1=Ru_2\oplus\cdots\oplus Ru_n$とする．$R$-準同型$f:W\to R$ $(t_1v_1+t_2u_2+\cdots+t_nu_n\longmapsto t_1)$を考えれば，$\mathrm{Ker}\,f=W\cap F_1$である．$\mathrm{Im}\,f\supset(e_1)$と$(e_1)$の極大性から$\mathrm{Im}\,f$

$=(e_1)$ となり，これは R- 自由加群である．$f(e_1v_1)=e_1$ であるから

$$W=R(e_1v_1)\oplus(W\cap F_1)$$

と直和分解される．$F_1\supset W\cap F_1$ に帰納法の仮定を適用して，F_1 の基 $\{v_2,\cdots,v_n\}$ を適当にとれば $W\cap F_1=R(e_2v_2)\oplus\cdots\oplus R(e_rv_r)$，$e_i|e_{i+1}\,(2\leq i\leq r-1)$ となる．$e_1v_1+e_2v_2\in W$ であるから，補題と (e_1) の極大性から，上と同様にして $e_1|e_2$ となり，基 $\{v_1,\cdots,v_n\}$ は定理の条件をみたす．　□

定理 30.3 からただちに次の定理がえられる．

定理 30.5.　単項イデアル整域 R 上の有限生成な加群 M は，有限個の R-巡回加群の直和に同型である．もっと詳しく

$$M\simeq R/(e_1)\oplus\cdots\oplus R/(e_r)\oplus\overbrace{R\oplus\cdots\oplus R}^{t},$$
$$e_i|e_{i+1}\quad(1\leq i\leq r-1)\qquad(R\supsetneqq(e_i)\neq 0)$$

となる．

証明　$M=\langle m_1,\cdots,m_n\rangle$ とする．R-自由加群 $F=Ru_1\oplus\cdots\oplus Fu_n$ から M への R-全準同型 $f: F\to M$ $(\sum_i r_iu_i\longmapsto\sum r_im_i)$ の核を W とすれば，$M\simeq F/W$ である．F の基 $\{v_i\}$ を定理 30.3 のようにとれば，$F=Rv_1\oplus\cdots\oplus Rv_n$，$W=Re_1v_1\oplus\cdots\oplus Re_rv_r$ となるから

$$F/W\simeq R/Re_1\oplus\cdots\oplus R/Re_r\oplus R\oplus\cdots\oplus R$$

となる．ここで $e_i\approx 1$ となる直和因子を省けばよい．　□

M を単項イデアル整域 R 上の加群とする．$M\ni m$ に対して $\mathrm{Ann}\,m=\{r\in R|rm=0\}=(e)$ であるとき，(e) を m の**位数**とよんで，$o(m)$ で表す．$o(m)\neq 0$ のとき m は**トーション元**であるといい，M のトーション元の全体を $T(M)$ で表す．$T(M)$ は M の R-部分加群で，これを M の**トーション部分加群**とよぶ．

定理 30.6.　定理 30.5 において，$\{(e_1),\cdots,(e_r),\overbrace{0,\cdots,0}^{t}\}$ は直和分解によらず一意的に定まる．(これを M の**不変系**とよぶ．)

証明　$M=Rm_1\oplus\cdots\oplus Rm_r\oplus\cdots\oplus Rm_{r+t}$，$o(m_i)=(e_i)\,(1\leq i\leq r)$，$o(m_j)=0$ $(r+1\leq j\leq r+t)$ とし，証明の都合上番号をつけかえて，$0\neq(e_1)\subset(e_2)\subset\cdots\subset(e_r)$ となっているものとする．

このとき，$T(M)=Rm_1\oplus\cdots\oplus Rm_r$ で，$M/T(M)$ は階数 t の R-自由加群

である．したがって $t=\mathrm{rank}_R M/T(M)$ は直和分解によらない．

よって $M=T(M)$ として $(e_k)\,(1\leq k\leq r)$ の一意性を示せばよい．そのため k を一つ定め，次の条件 (30.1) をみたすような元 $a\in R$ を考える：

(30.1)　M の任意の k 個の元 $u_1, \cdots, u_k$ に対して，互いに素な R の元 $c_1, \cdots, c_k$ が存在して $a(\sum_{i=1}^{k} c_i u_i)=0$ となる．

このような元 a の全体で生成されるイデアルを J_k とする．J_k は直和分解に無関係であるから，$J_k=(e_k)$ となることがいえればよい．

まず $a\in R$ が条件 (30.1) をみたすとして，M の k 個の元として特に $m_1, \cdots, m_k$ をとる．このとき，互いに素な $c_1, \cdots, c_k\in R$ があって $\sum_{i=1}^{k} ac_i m_i=0$ となり，したがって $e_i|ac_i$ となる．仮定により $e_k|e_i\ (1\leq i\leq k)$ であるから $ac_i=e_k c_i'\ (1\leq i\leq k)$ としてよい．一方 $\{c_i\}$ は互いに素であるから，$c_1d_1+\cdots+c_kd_k=1$ となる $d_i\in R$ がある．このとき $a=\sum_{i=1}^{k} ac_id_i=e_k(\sum_{i=1}^{k} c_i' d_i)\in(e_k)$ となる．よって $J_k\subset(e_k)$ である．

次に e_k が条件 (30.1) をみたすことを示す．そのため

$$u_i=\sum_{j=1}^{r} a_{ij}m_j \qquad (1\leq i\leq k)$$

を M の任意の k 個の元とする．いま

$$u_i'=\sum_{j=1}^{k-1} a_{ij}m_j, \qquad u_i''=\sum_{j=k}^{r} a_{ij}m_j$$

とすれば，$u_i=u_i'+u_i''$ で，また $k\leq j$ ならば $e_j|e_k$ であるから，$e_k u_i''=0$ である．

さて階数 $k-1$ の R-自由加群 $F=Rx_1\oplus\cdots\oplus Rx_{k-1}$ において，$y_i=\sum_{j=1}^{k-1} a_{ij}x_j\ (1\leq i\leq k)$ なる k 個の元を考えれば，定理 30.3 よりこれらは R-自由ではない．したがって $\sum_{i=1}^{k} c_i y_i=0$ なる関係式で，ある $c_i\neq 0$ となるものがある．必要ならば $c_1, \cdots, c_k$ の最大公約元で割っておけばよいから，$c_1, \cdots, c_k$ は互いに素であるとしてよい．このとき $u_1', \cdots, u_k'$ についても $\sum_{i=1}^{k} c_i u_i'=0$ となる．よって

$$e_k\left(\sum_{i=1}^{k} c_i u_i\right)=e_k\left(\sum_{i=1}^{k} c_i u_i'\right)+\sum_{i=1}^{k} c_i(e_k u_i'')=0$$

となり，$e_k\in J_k$，$(e_k)\subset J_k$ をえる． □

問 30.7.　単項イデアル整域 R 上有限生成な加群 M について，次の二つは同値であることを示せ．

（1）　M は R–自由加群である.

（2）　M は0以外にトーション元をもたない.

定理 30.3 から，単項イデアル整域上の行列の単因子の存在が次のようにして示される.

定理 30.8.　$A=(a_{ij})$ を単項イデアル整域 R 上の $m\times n$ 行列とする．このとき $P\in GL(m,R)$，$Q\in GL(n,R)$ を適当にとって

$$PAQ=\left(\begin{array}{ccc|c} e_1 & & 0 & \\ & \ddots & & 0 \\ 0 & & e_r & \\ \hline & 0 & & 0 \end{array}\right),\qquad e_i\,|\,e_{i+1}\quad(1\leq i\leq r-1)$$

と変形できる．またこのとき，$e_1,\cdots,e_r$ は同伴を度外視して一意にきまる. ($e_1,\cdots,e_r$ を行列 A の**単因子**とよぶ.)

証明　$M=Ru_1\oplus\cdots\oplus Ru_m$, $N=Rv_1\oplus\cdots\oplus Rv_n$ をそれぞれ階数が m, n の R–自由加群とし，$f:M\to N$ を

$$f(u_i)=\sum_{j=1}^{n}a_{ij}v_j\qquad(1\leq i\leq m)$$

となる R–準同型とする．このとき N の R–部分加群 $W=\langle f(u_1),\cdots,f(u_m)\rangle$ に対して，N の基 $\{v_1',\cdots,v_n'\}$ を適当にとって $W=Re_1v_1'\oplus\cdots\oplus Re_rv_r'$，$e_i|e_{i+1}(1\leq i\leq r-1)$ となるようにできる．$M/\mathrm{Ker}\,f\simeq W$ は R–自由加群であるから

$$M=U\oplus\mathrm{Ker}\,f,\qquad U\simeq W$$

と直和分解される．U の基 $\{u_1',\cdots,u_r'\}$ を $f(u_i')=e_iv_i'(1\leq i\leq r)$ となるようにえらび，また $\{u_{r+1}',\cdots,u_m'\}$ を $\mathrm{Ker}\,f$ の任意の基とすれば，$\{u_1',\cdots,u_m'\}$ は M の基で

$$(30.2)\qquad \begin{pmatrix} f(u_1') \\ \vdots \\ f(u_m') \end{pmatrix}=\begin{pmatrix} e_1 & & & 0 \\ & \ddots & & \\ & & e_r & \\ 0 & & & 0 \end{pmatrix}\begin{pmatrix} v_1' \\ \vdots \\ v_n' \end{pmatrix}$$

となる．ここで基 $\{u_i\}$ を $\{u_i'\}$ に変換する行列を P，基 $\{v_j\}$ を $\{v_j'\}$ に変換する行列を Q とする：

$$\begin{pmatrix} u_1' \\ \vdots \\ u_m' \end{pmatrix}=P\begin{pmatrix} u_1 \\ \vdots \\ u_m \end{pmatrix},\qquad \begin{pmatrix} v_1' \\ \vdots \\ v_n' \end{pmatrix}=Q\begin{pmatrix} v_1 \\ \vdots \\ v_n \end{pmatrix}.$$

このとき P, Q は正則行列で，(30.2) から

$$\begin{pmatrix} f(u_1) \\ \vdots \\ f(u_m) \end{pmatrix} = P^{-1} \begin{pmatrix} e_1 & & & 0 \\ & \ddots & & \\ & & e_r & \\ 0 & & & 0 \end{pmatrix} Q \begin{pmatrix} v_1 \\ \vdots \\ v_n \end{pmatrix}$$

となり

$$A = P^{-1} \begin{pmatrix} e_1 & & & 0 \\ & \ddots & & \\ & & e_r & \\ 0 & & & 0 \end{pmatrix} Q$$

をえる．

一意性は，A が定理の形に変形されたとすれば，$\{(e_1), \cdots, (e_r), 0, \cdots, 0\}$ が $N/\mathrm{Im}\, f$ の不変系になることから明らかである． □

§31.* 半単純環

本節では(あとで定義する意味で)半単純な左アルチン環の構造をきめる．

31.1. 根 基

環 R の極大左イデアル全体の共通集合を R の(ジャコブソン)**根基**とよび，$J(R)$ で表す．

問 31.1. ${}_RM$ に対して $\{r \in R \mid rm = 0 (\forall m \in M)\}$ は R の両側イデアルであることを示せ．(このイデアルを ${}_RM$ の**零化イデアル**とよび，$\mathrm{Ann}\, M$ で表す．)

例題 31.2. 環 R の根基 $J(R)$ は単純な ${}_RM$ の零化イデアル全体の共通集合に一致する．したがって $J(R)$ は R の両側イデアルである．

証明 ${}_RM$ は単純とし，$M \ni m \neq 0$ とすれば，単純性より $M \simeq Rm$，$M \simeq R/\mathrm{Ann}\, m$ となり，$\mathrm{Ann}\, m$ は R の極大左イデアルである．よって $J(R) \subset \mathrm{Ann}\, m$．これは任意の $m \in M$ に対して成り立つから $J(R) \subset \mathrm{Ann}\, M$，したがって $J(R) \subset \bigcap_{{}_RM:\,単純} \mathrm{Ann}\, M$ となる．

逆に R の元 r が任意の単純な ${}_RM$ に対して $rM = 0$ をみたすとする．I を R の任意の極大左イデアルとすれば，${}_R(R/I)$ は単純であるから $r(R/I) = 0$，すなわち $rR \subset I$ となって $r \in I$ をえる．よって $r \in J(R)$ となり，上の逆の包含

関係が成り立つ. □

根基の次の性質は基本的である.

定理 31.3. (東屋-中山) ${}_RM$ は R-有限生成であるとする. このとき M の R-部分加群 N に対して

$$M=N+J(R)M \Rightarrow M=N,$$

特に

$$M=J(R)M \Rightarrow M=0.$$

注意 定理 31.3 は普通**中山の補題**とよばれているが, **東屋の補題**あるいは**東屋-中山の補題**とよぶべきものである.

定理 31.3 の証明のため, 補題を一つ用意しておく.

補題 31.4. ${}_RM\ (\neq 0)$ は R-有限生成とし, $N\ (\neq M)$ をその R-部分加群とすれば, N を含む M の極大な R-部分加群が存在する.

証明 ${}_RM$ は $\{m_1, m_2, \cdots, m_r\}$ で生成されているとする. また N を含む M の R-部分加群で M と異なるもの全体を $\mathscr{M}$ とすると, これは包含関係で順序を入れて帰納的であることが次のようにして示される.

いま $\{L_\lambda \mid \lambda\in\Lambda\}$ を $\mathscr{M}$ の全順序部分集合とするとき, $L=\bigcup_\lambda L_\lambda\in\mathscr{M}$, すなわち $L\neq M$ となることをいえばよい. そのため $L=M$ と仮定すると, 各 m_i を含む L_{λ_i} があり, $L_{\lambda_1}, \cdots, L_{\lambda_r}$ のうち最大なものを L_{λ_k} とすれば, $\{m_1, \cdots, m_r\}\subset L_{\lambda_k}$, よって $L_{\lambda_k}=M$ となって矛盾である.

以上のようにして $\mathscr{M}$ は帰納的であるから, ツォルンの補題によりその中に極大なものがある. □

(定理 31.3 の)**証明** $N\subsetneqq M$ とし, N を含む M の極大な R-部分加群を L とすれば, ${}_R(M/L)$ は単純であるから $J(R)(M/L)=0$, すなわち $J(R)M\subset L$ となる. このとき $M=N+J(R)M\subset L$ となり矛盾である. よって $N=M$ となる. 後半は $N=0$ としたときの特別の場合である. □

環の根基は次のように特徴づけることもできる.

例題 31.5. (i) $r\in R$ に対して

$r\in J(R) \Leftrightarrow$ 任意の $x\in R$ に対し $1-xr$ が左逆元をもつ.

すなわち $y(1-xr)=1$ となる $y\in R$ が存在する.

(ii) $J(R)$ は次の条件をみたす両側イデアル I のうち最大のものである：

(31.1) $r\in I\Rightarrow 1-r$ は正則元.

(iii) $J(R)$ は R の極大右イデアル全体の共通集合に一致する.

証明 (i) ($\Rightarrow$) $R(1-xr)=R$ をいえばよい. これを否定すると $R(1-xr)$ を含む R の極大左イデアル I がある. このとき $xr\in J(R)\subset I$, $1-xr\in I$ であるから $1=xr+(1-xr)\in I$ となり矛盾である.

($\Leftarrow$) $r\notin J(R)$ とすると r を含まない R の極大左イデアル I がある. このとき $Rr+I=R$ となり, $a\in R$, $b\in I$ があって $ar+b=1$ となる. $b=1-ar\in I$ であるから, $R(1-ar)\subset I\subsetneqq R$ で $1-ar$ は左逆元をもたない.

(ii) まず $r\in J(R)$ とすれば, (i) より $a(1-r)=1$ となる $a\in R$ がある. このとき $a=1-(-a)r$ で, これはまた左逆元 b をもつ：$ba=1$. $1-r=(ba)(1-r)=b(a(1-r))=b$ となるから $(1-r)a=1$ となり, $1-r$ は正則元である. よって $J(R)$ は (31.1) の条件をみたす. 次に両側イデアル I が (31.1) をみたすとし, $I\ni r$ を任意にとる. このとき $x\in R$ に対して $xr\in I$ であるから, (31.1) より $1-xr$ は逆元をもち $r\in J(R)$, したがって $I\subset J(R)$ である.

(iii) 上の (ii) の条件は左右対称であるから, 右イデアルによって根基を定義しても $J(R)$ に一致する. □

問 31.6. $R=R_1\oplus\cdots\oplus R_n$ が環の直和であるとき, $J(R)=J(R_1)\oplus\cdots\oplus J(R_n)$ となることを示せ.

環 R の元 r に対して, $r^n=0$ となる自然数 n があるとき r は**べき零**であるという. また R の左(右, 両側)イデアル I のすべての元がべき零であるとき, I は**べき零元左**(右, 両側)**イデアル**であるという. 特に $I^n=0$ となる自然数 n があるとき, I は**べき零左**(右, 両側)**イデアル**であるという. べき零左イデアルはもちろんべき零元左イデアルである.

例題 31.5(i) からただちに次がえられる.

例題 31.7. I が環 R のべき零元左イデアルならば, $I\subset J(R)$ である.

証明 $r\in I$, $x\in R$ とすれば $xr\in I$, よって $(xr)^n=0$ となる自然数 n がある. このとき $1-xr$ は逆元 $1+xr+\cdots+(xr)^{n-1}$ をもち, $r\in J(R)$ となる. □

左アルチン環の根基については, 次の定理が成り立つ.

定理 31.8. 左アルチン環 R の根基は最大のべき零左イデアルである．

証明 任意のべき零左イデアルは $J(R)$ に含まれるから，$J(R)$ 自身べき零であることを示せばよい．そのため $J=J(R)$ とおき，イデアルの列 $J\supset J^2\supset\cdots$ を考えれば，仮定により $J^n=J^{n+1}=\cdots$ となる自然数 n がある．$J^n\neq 0$ と仮定して矛盾を導く．R の左イデアル I で $J^nI\neq 0$ となるものの全体を $\mathcal{I}$ とする．$\mathcal{I}\ni J$ であるから $\mathcal{I}\neq\phi$. 仮定により $\mathcal{I}$ に極小元 I_0 がある．このとき $JI_0\subset I_0$, $JI_0\in\mathcal{I}$ となるから $JI_0=I_0$ である．また $a\in I_0$ で $J^na\neq 0$ となるものがあるが，$Ra\subset I_0$, $Ra\in\mathcal{I}$ となるから $I_0=Ra$ となり，I_0 は R-有限生成である．よって東屋-中山の補題により $I_0=0$ となり，これは矛盾である． □

31.2. 完全可約加群

R-左加群 M が $M=\bigoplus_{\lambda\in\Lambda}M_\lambda$ と単純な R-部分加群 M_λ の直和に分解されるとき，${}_RM$ は**完全可約**であるという．

例題 31.9. ${}_RM$ について次の三つの条件は同値である．

（1） ${}_RM$ は完全可約である．

（2） $M=\sum_{\lambda\in\Lambda}M_\lambda$, ここで各 M_λ は単純な R-部分加群．

（3） M の任意の R-部分加群は ${}_RM$ の直和因子である．

証明 （1）⇒（2）：明らかである．

（2）⇒（3）：N を M の R-部分加群とし，$N\cap L=0$ となる M の R-部分加群 L の全体は帰納的で，そのうち極大なものをとって，これを改めて L とおく．このとき $N+L=N\oplus L$ である．したがって $N+L\subsetneqq M$ と仮定して矛盾を導けばよい．いま $M_\lambda\not\subset N+L$ となる M_λ があるとする．このとき M_λ の単純性から $(N+L)\cap M_\gamma=0$, よって $N+L+M_\gamma=(N+L)\oplus M_\gamma=N\oplus L\oplus M_\gamma$ となり，$N\cap(L\oplus M_\gamma)=0$, $L\subsetneqq L\oplus M_\gamma$ となる．これは L の極大性に矛盾する．

（3）⇒（1）：M が（3）をみたすとき，M の任意の R-部分加群 $N\neq 0$ は単純な R-部分加群を含むことをまず示す．$N\ni m\neq 0$ を一つとれば，m を含まない N の R-部分加群の全体は包含関係に関して帰納的順序集合で，ツォルンの補題により極大元 N_1 がある．このとき $M=N_1\oplus N_2'$ となる R-部分加群 N_2' があり，$N_2=N\cap N_2'$ とおけば $N=N_1\oplus N_2$ となる．$m\notin N_1$ より $N_2\neq 0$ である．いま N_2 が単純でないとすれば，その自明でない R-部分加群 N_3 が存在し，

上と同様にして $N_2=N_3\oplus N_4$ となる R-部分加群 N_4 がある．ここで $N_3\neq 0$, $N_4\neq 0$ であるから，N_1 の極大性より $N_1\oplus N_3$, $N_1\oplus N_4$ はともに m を含み，$m\in(N_1\oplus N_3)\cap(N_1\oplus N_4)=N_1$ となって矛盾である．よって N_2 は N の単純な R-部分加群である．

さて M の単純な R-部分加群の全体を $\{M_i|i\in I\}$ とする．上で示したことより $I\neq\phi$ である．いま I の部分集合 J で $\sum_{j\in J}M_j=\bigoplus_{j\in J}M_j$ となるもの全体を $\mathcal{J}$ とすれば，これは包含関係に関して帰納的順序集合になる．よってその極大元 Λ がある．いま $N=\bigoplus_{\lambda\in\Lambda}M_\lambda\subsetneqq M$ とすれば，仮定より $M=N\oplus N'$ となる R-部分加群 $N'\neq 0$ があり，上で示したことから $N'\supset M_k$ となる $k\in I$ がある．このとき $N+M_k=(\bigoplus_{\lambda\in\Lambda}M_\lambda)\oplus M_k$ で，$\Lambda\cup\{k\}\in\mathcal{J}$ となり，これは Λ の極大性に反する．したがって $\bigoplus_{\lambda\in\Lambda}M_\lambda=M$ である．□

問 31.10. $N\neq 0$ は ${}_RM$ の R-部分加群であるとする．このとき ${}_RM$ が完全可約ならば ${}_RN$, ${}_R(M/N)$ はともに完全可約であることを示せ．

問 31.11. ${}_RM$ が完全可約ならば $J(R)M=0$ であることを示せ．

${}_RM$ は完全可約で

(31.2) $$M=\bigoplus_{\lambda\in\Lambda}M_\lambda \qquad ({}_RM_\lambda \text{ は単純})$$

と直和分解されているとする．このとき直和因子を R-同型類に類別して，その一つの完全代表系を $\{M_i\}_{i\in I}$ とする．各 $i\in I$ に対し $\Lambda_i=\{\lambda\in\Lambda|M_\lambda\simeq M_i\}$ とおき

(31.3) $$H_i=\bigoplus_{\lambda\in\Lambda_i}M_\lambda$$

とすれば

(31.4) $$M=\bigoplus_{i\in I}H_i$$

となる．この分解について次が成り立つ．

例題 31.12. (i) M の単純な R-部分加群はある M_i に R-同型である．

(ii) M_i に R-同型な M の R-部分加群はすべて H_i に含まれる．特に H_i は，最初に与えた直和分解 (31.2) にはよらず一意的に定まる．

(iii) 任意の $\varphi\in\mathrm{End}_R M$ に対し

$$H_i\varphi\subset H_i \qquad (\forall i\in I)$$

が成り立つ．

証明 直和分解 (31.2) における M_λ への射影を ε_λ とする.

(i) N を M の単純な R-部分加群とすれば, $N\varepsilon_\lambda \neq 0$ となる λ がある. このときシュアーの補題により $N\varepsilon_\lambda = M_\lambda$ で, $N \simeq M_\lambda$ となる. $\lambda \in \Lambda_i$ とすれば $N \simeq M_i$ である.

(ii) $M \supset N \simeq M_i$ とする. このとき $\mu \in \Lambda_j$, $j \neq i$ ならば $N \not\simeq M_\mu$ であるから, シュアーの補題より $N\varepsilon_\mu = 0$ となる. このことから $N \subset H_i$ となることがわかる. また $H_i = \sum_{N \simeq M_i} N$ であるから, これは最初の分解 (31.2) に依存しない.

(iii) $N \simeq M_i$ とするとき, $N\varphi = 0$ または $N\varphi \simeq N \simeq M_i$ となるから, $N\varphi \subset H_i$ である. よって $H_i\varphi \subset H_i$ となる. □

完全可約加群 ${}_RM$ について, (31.3) のような H_i をその**等質成分**とよび, (31.4) のような直和分解をその**等質分解**とよぶ.

31.3. 半単純環

環 R はその根基が 0 であるとき**半単純**であるという. 根基による剰余環 $R/J(R)$ は明らかに半単純である.

また環 R の両側イデアルが R と 0 のみであるとき, R は**単純環**であるという. 一般に $R \supsetneqq J(R)$ であるから, 単純環は半単純である.

環の半単純性と加群の完全可約性の間に密接な関係がある. すなわち

定理 31.13. 環 R について, 次の三つの条件は同値である.

(1) R は半単純な左アルチン環である.

(2) ${}_RR$ は完全可約である.

(3) 任意の ${}_RM$ は完全可約である.

証明 (1)⇒(2): R の有限個の極大左イデアルの共通集合として表される左イデアルの全体を考えると, 仮定により極小なもの $I_1 \cap \cdots \cap I_r$ (I_i は極大左イデアル)がある. いま $I_1 \cap \cdots \cap I_r \neq 0$ とすれば, $J(R) = 0$ が極大左イデアル全体の共通集合であることから $I_1 \cap \cdots \cap I_r \supsetneqq I_1 \cap \cdots \cap I_r \cap I_{r+1}$ となる極大左イデアル I_{r+1} が存在し, これは矛盾である. よって $I_1 \cap \cdots \cap I_r = 0$ となる. ${}_R(R/I_i)$ は単純であるから $M = (R/I_1) \oplus \cdots \oplus (R/I_r)$ とおけば ${}_RM$ は完全可約である. $R \ni a$ を含む R/I_i の剰余類 $a + I_i$ を $\bar{a}_i$ と表すことにすれば, $f: R \to M$

$(a \longmapsto \bar{a}_1+\cdots+\bar{a}_r)$ は R-準同型で，$\operatorname{Ker} f=I_1\cap\cdots\cap I_r=0$ となるから，${}_RR$ は ${}_RM$ のある R-部分加群と同型，したがって ${}_RR$ は完全可約である．

(2)⇒(3)：$R=\sum_{\lambda\in\Lambda} I_\lambda$，${}_R(I_\lambda)$ は単純であるとする．このとき任意の ${}_RM$ に対して，$M=RM=\sum_{m\in M}\sum_{\lambda\in\Lambda} I_\lambda m$ となる．$f: I_\lambda\to I_\lambda m$ $(a\longmapsto am)$ は R-全準同型であるが，${}_R(I_\lambda)$ の単純性より $\operatorname{Ker} f=0$ または $\operatorname{Ker} f=I_\lambda$ となり，$I_\lambda m$ は単純か 0 になる．よって ${}_RM$ は完全可約である．

(3)⇒(1)：特に ${}_RR$ は完全可約であるから，$0=J(R)R=J(R)$ となり，R は半単純である．また $R=\oplus_{\lambda\in\Lambda} I_\lambda$，$I_\lambda$ は単純な R-部分加群とし，$1=\sum_\lambda e_\lambda$，$e_\lambda\in I_\lambda$ とする．このとき有限個の λ をのぞいて $e_\nu=0$ である．また $x\in I_\mu$ に対し $x=x1=\sum_\lambda xe_\lambda$，$xe_\lambda\in I_\lambda$ となるから，表示の一意性により $x=xe_\mu$，$\lambda\neq\mu$ ならば $xe_\lambda=0$ となり，$I_\mu=Re_\mu$ をえる．よって Λ は有限集合で $R=I_1\oplus\cdots\oplus I_n$ となる．このとき R は組成列 $R\supset I_1\oplus\cdots\oplus I_{n-1}\supset\cdots\supset I_1\supset 0$ をもつから，例題 29.4 より R は左アルチン環である． □

問 31.14. R が左アルチン環ならば問 31.11 の逆が成り立つ．すなわち

$${}_RM \text{ が完全可約} \Longleftrightarrow J(R)M=0.$$

R の左イデアル I が R-左加群として単純であることと，I が R の極小左イデアルであることとは同値である．上の定理の (3)⇒(1) の証明からわかるように，${}_RR$ が完全可約ならば，R は有限個の極小左イデアルの直和になる．

半単純な左アルチン環 R は極小左イデアルの直和として

$$R=\bigoplus_{i=1}^{k}\left(\bigoplus_{\nu=1}^{n_i} I_{i\nu}\right)$$

と分解する．ここで $I_{i\mu}\simeq I_{j\nu}\Longleftrightarrow i=j$ とする．

このとき $R_i=\oplus_{\nu=1}^{n_i} I_{i\nu}$ は ${}_RR$ の等質成分で

$$R=\bigoplus_{i=1}^{k} R_i \tag{31.5}$$

は ${}_RR$ の等質分解である．R の元 a を右からかける作用は ${}_RR$ の自己準同型をひきおこし，例題 31.12 より $R_ia\subset R_i$ となるから R_i は R の両側イデアルである．また $R_iR_j\subset R_i\cap R_j$ であるから，$i\neq j$ ならば $R_iR_j=0$ である．よって R の 2 元 a,b を (31.5) の分解にしたがって

$$a=\sum_{i=1}^{k} a_i,\qquad b=\sum_{i=1}^{k} b_i\qquad (a_i, b_i\in R_i)$$

と表したとき

$$a+b=\sum_{i=1}^{k}(a_i+b_i) \qquad (a_i+b_i\in R_i),$$

$$ab=\sum_{i=1}^{k}a_ib_i \qquad (a_ib_i\in R_i)$$

となり，R は $R_1,\cdots,R_k$ の環としての直和であると考えてよい．以下で示すように，このとき各 R_i は単純環になる．まず次のことを示す．

環 R の部分集合 J に対し，成分がすべて J の元である n 次の正方行列の全体を $M(n,J)$ で表すことにする：$M(n,J)=\{(a_{ij})\in M(n,R)\mid a_{ij}\in J\}$．

例題 31.15. J が環 R の両側イデアルならば，$M(n,J)$ は $M(n,R)$ の両側イデアルである．逆に $M(n,R)$ の任意の両側イデアルは，R の適当な両側イデアル J をとって $M(n,J)$ と表される．特に

$$R\text{ が単純環} \Leftrightarrow M(n,R)\text{ が単純環．}$$

証明 E_{ij} を $M(n,R)$ の行列単位とすれば $E_{ij}E_{kl}=\delta_{jk}E_{il}$ で，$a\in R$ に対しては $aE_{ij}=E_{ij}a$ である．また行列 (a_{ij}) は $(a_{ij})=\sum_{i,j}a_{ij}E_{ij}$ と表され，特に $M(n,J)=\sum_{i,j}JE_{ij}$ である．このことから容易に，J が R の両側イデアルならば $M(n,J)$ が $M(n,R)$ の両側イデアルになることが確かめられる．

逆に $\hat{J}$ を $M(n,R)$ の任意の両側イデアルとし，$\hat{J}$ に属する行列の $(1,1)$-成分の全体を J とする．また単位行列を E で表すとき，任意の $a\in R$ に対して $a\hat{J}=(aE)\hat{J}\subset\hat{J}$，同様に $\hat{J}a\subset\hat{J}$ となるから J は R の両側イデアルである．また $\hat{J}\ni A=(a_{ij})$ を任意にとるとき，任意の i,j に対して $E_{1i}AE_{j1}=E_{1i}(\sum_{\mu,\nu}a_{\mu\nu}E_{\mu\nu})E_{j1}=a_{ij}E_{11}\in\hat{J}$ となるから $a_{ij}\in J$，したがって $\hat{J}\subset M(n,J)$ である．一方 $a\in J$ とすれば，$B=aE_{11}+\cdots$ なる $\hat{J}$ の元があるが，任意の i,j に対して $E_{i1}BE_{1j}=aE_{ij}\in\hat{J}$ となる．したがって $M(n,J)\subset\hat{J}$ となり，$\hat{J}=M(n,J)$ をえる．

後半は，前半の結果より R の両側イデアルと $M(n,R)$ の両側イデアルが1対1に対応するから明らかである．　□

例題 31.15 から次の定理がえられる．

定理 31.16.（ウェダーバーン）　環 R について次の三つは同値である．

（1）　R は単純な左アルチン環である．

（2）　R は互いに R-同型な極小左イデアルの有限個の直和である．

(3) $R\simeq M(n,D)$，D は斜体.

証明 (1)⇒(2)：R は半単純であるから (31.5) のように等質分解されるが，単純性より $k=1$ である.

(2)⇒(3)：$R=I_1\oplus\cdots\oplus I_n$ を互いに R-同型な極小左イデアルの直和とする. このとき $D=\mathrm{End}_R I_1$ とおけば，シュアーの補題より D は斜体である. また R を R-左加群と考えれば，例題 27.14 より $\mathrm{End}_R R\simeq M(n,D)$ であるが，一方例 27.11 より $R\simeq \mathrm{End}_R R$ であるから (3) をえる.

(3)⇒(1)：斜体は単純環であるから明らかである. □

このことからまた次の定理がえられる.

定理 31.17. 環 R について次の二つは同値である.

(1) R は半単純な左アルチン環である.

(2) $R\simeq\bigoplus_{i=1}^k M(n_i,D_i)$，各 D_i は斜体.

証明 (1)⇒(2)：${}_RR$ の等質分解 (31.5) を考えれば，定理 31.16 より各 R_i はある斜体上の全行列環に同型である.

(2)⇒(1)：$R=\bigoplus_{i=1}^k R_i$，$R_i\simeq M(n_i,D_i)$ とすれば，各 R_i は左アルチン環であるから R も左アルチン環である. また $J(R)=\bigoplus_i J(R_i)$，$J(R_i)=0$ $(1\leq i\leq k)$ であるから R は半単純である. □

半単純な左アルチン環の性質を用いて，一般に次のことが示される.

例題 31.18. 左アルチン環は左ネーター環である.

証明 R は左アルチン環，$J=J(R)$ をその根基とすれば，J はべき零であるから両側イデアルの列

$$R\supset J\supset J^2\supset\cdots\supset J^n=0$$

がえられる. $\bar{R}=R/J$ とおけば，これは半単純な左アルチン環である. 便宜上 $R=J^0$ とおいて，$J^{(i)}=J^i/J^{i+1}$ $(0\leq i\leq n-1)$ とすれば，$JJ^{(i)}=0$ であるから $J^{(i)}$ は $\bar{R}$-左加群と考えてよい. これは完全可約で，しかも極小条件をみたすから，有限個の単純な $\bar{R}$-部分加群の直和である. したがって $\bar{R}$-組成列をもち，それは R-組成列でもある. 各 i について J^i/J^{i+1} が R-組成列をもつから ${}_RR$ も組成列をもち，R は左ネーター環である. □

問　題　2

1. I は可換環 R のイデアルとする．R 上 n 変数の多項式環 $R[x_1, \cdots, x_n]$ において，$IR[x_1, \cdots, x_n]$ は係数がすべて I に属する多項式の全体で $R[x_1, \cdots, x_n]$ のイデアルである．また $\bar{R}=R/I$ とおけば，$R[x_1, \cdots, x_n]/IR[x_1, \cdots, x_n] \simeq \bar{R}[x_1, \cdots, x_n]$．特に I が R の素イデアルならば $IR[x_1, \cdots, x_n]$ も $R[x_1, \cdots, x_n]$ の素イデアルである．

2. R を整域，$R[x]$ をその上の多項式環とする．

（i） $a, b \in R$ で a が正則元であるとき，環自己同型 $\varphi: R[x] \to R[x]$ で，R の各元を不変にし，$x \longmapsto ax+b$ となるものがただ一つある．

（ii） $R[x]$ の環自己同型で R の各元を不変にするものは，上のような自己同型にかぎる．

3. 体 K 上の有理関数体 $K(x)$ の自己同型 $\varphi: K(x) \to K(x)$ で K の各元を不変にするものは

$$x \longmapsto \frac{ax+b}{cx+d}$$

となるものにかぎる．ただし $a, b, c, d \in K$ で，$ad-bc \neq 0$ とする．

4. S は可換環 R の乗法的部分集合とし，I は $I \cap S = \phi$ をみたす R のイデアルのうち極大なものとする．このとき I は R の素イデアルである．

5. 一意分解環 R の 0 と異なる 2 元 a, b の最大公約元を d，最小公倍元を m とすれば $ab \approx dm$ である．

6. $\boldsymbol{Z}[\sqrt{-5}] = \{a+b\sqrt{-5} \mid a, b \in \boldsymbol{Z}\}$ は一意分解環でない．

7. 整域 R は体 K を含んでいるとし，R を K 上のベクトル空間とみて $\dim_K R < \infty$ であるとき，R は体である．

8. R-左加群と R-準同型からなる下の図形

$$\begin{array}{ccccccccccl}
X_{-2} & \xrightarrow{f_{-2}} & X_{-1} & \xrightarrow{f_{-1}} & X_0 & \xrightarrow{f_0} & X_1 & \xrightarrow{f_1} & X_2 & & \text{(完全)} \\
\downarrow{\scriptstyle h_{-2}} & & \downarrow{\scriptstyle h_{-1}} & & \downarrow{\scriptstyle h_0} & & \downarrow{\scriptstyle h_1} & & \downarrow{\scriptstyle h_2} & & \\
Y_{-2} & \xrightarrow[g_{-2}]{} & Y_{-1} & \xrightarrow[g_{-1}]{} & Y_0 & \xrightarrow[g_0]{} & Y_1 & \xrightarrow[g_1]{} & Y_2 & & \text{(完全)}
\end{array}$$

において，$h_{i+1} \circ f_i = g_i \circ h_i \ (-2 \leq i \leq 1)$ が成り立っているとする．（このような図形を**可換図形**という.）また二つの行はともに完全系列であるとする．このとき次が成り立つ．

（i） h_{-2} が全射のとき，h_{-1}, h_1 がともに単射ならば h_0 も単射である．

（ii） h_2 が単射のとき，h_{-1}, h_1 がともに全射ならば h_0 も全射である．

(上は普通 **"5 Lemma"** とよばれている.)

9. （i） R-左加群 M, M', N と R-準同型 $f: M' \to M$ が与えられたとき，写像 f^*: $\mathrm{Hom}_R(M, N) \to \mathrm{Hom}_R(M', N)$ ($g \longmapsto g \circ f$) は準同型である．

（ii）　R-左加群 M, N, N' と R-準同型 $h: N\to N'$ が与えられたとき，写像 h_*：$\mathrm{Hom}_R(M,N)\to\mathrm{Hom}_R(M,N')$ $(g\longmapsto h\circ g)$ は準同型である．

（iii）　$0\to M'\overset{\lambda}{\to}M\overset{\mu}{\to}M''\to 0$，$0\to N'\overset{\rho}{\to}N\overset{\sigma}{\to}N''\to 0$ がともに R-左加群と R-準同型からなる短完全系列であるとき，次はいずれも完全系列である．

$$0\to\mathrm{Hom}_R(M'',N)\xrightarrow{\mu^*}\mathrm{Hom}_R(M,N)\xrightarrow{\lambda^*}\mathrm{Hom}_R(M',N),$$
$$0\to\mathrm{Hom}_R(M,N')\xrightarrow{\rho_*}\mathrm{Hom}_R(M,N)\xrightarrow{\sigma_*}\mathrm{Hom}_R(M,N'').$$

（上の性質を $\mathrm{Hom}_R(\ ,\ )$ の**左完全性**という．）

10.　（i）　加群の完全系列 $0\to 2\boldsymbol{Z}\overset{\iota}{\to}\boldsymbol{Z}$（$\iota$ は埋込み）に対し，$\mathrm{Hom}_{\boldsymbol{Z}}(\boldsymbol{Z},\boldsymbol{Z})\xrightarrow{\iota^*}\mathrm{Hom}_{\boldsymbol{Z}}(2\boldsymbol{Z},\boldsymbol{Z})\to 0$ は完全系列ではない．

（ii）　完全系列 $\boldsymbol{Z}\xrightarrow{\varphi}\boldsymbol{Z}/2\boldsymbol{Z}\to 0$（$\varphi$ は自然な準同型）に対し，$\mathrm{Hom}_{\boldsymbol{Z}}(\boldsymbol{Z}/2\boldsymbol{Z},\boldsymbol{Z})\xrightarrow{\varphi_*}\mathrm{Hom}_{\boldsymbol{Z}}(\boldsymbol{Z}/2\boldsymbol{Z},\boldsymbol{Z}/2\boldsymbol{Z})\to 0$ は完全系列ではない．

11.　${}_RP$ について次の三つは同値である．

（1）　P は R-射影加群である．すなわち R-左加群と R-準同型からなる任意の完全系列 $M\to P\to 0$ は分裂する．

（2）　P はある R-自由加群 F の直和因子に同型である．

（3）　R-左加群と R-準同型からなる右のような任意の図形（点線の部分は除く）に対して，R-準同型 $h: P\to M$ で $g\circ h=f$ をみたすものがある．

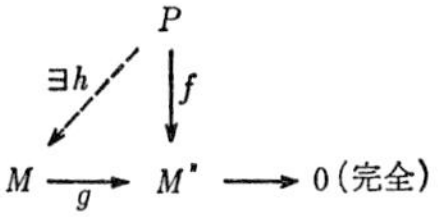

12.　R は可換環，α,β は R の 0 でない元とする．いま $Q=R1\oplus Re_1\oplus Re_2\oplus Re_3$ を $\{1,e_1,e_2,e_3\}$ を基とする R-自由加群とし，基に属する 2 元の積を次のように定義する：

$$1^2=1,\quad e_1{}^2=\alpha,\quad e_2{}^2=\beta,\quad e_3{}^2=-\alpha\beta,$$
$$1e_i=e_i1=e_i\qquad(i=1,2,3),$$
$$e_1e_2=-e_2e_1=e_3,\qquad e_2e_3=-e_3e_2=-\beta e_1,$$
$$e_3e_1=-e_1e_3=-\alpha e_2.$$

このとき Q は R 上の多元環になる．（Q を (α,β) 型の**4元数環**とよぶ．）$Q\ni q=\lambda_0+\lambda_1e_1+\lambda_2e_2+\lambda_3e_3$ に対し，$\bar{q}=\lambda_0-\lambda_1e_1-\lambda_2e_2-\lambda_3e_3$ をその共役元とよび $N(q)=q\bar{q}$ をそのノルムという．このとき

$$N(q)=q\bar{q}=\lambda_0{}^2-\alpha\lambda_1{}^2-\beta\lambda_2{}^2+\alpha\beta\lambda_3{}^2$$

となる．

13.　群 G の可換環 R 上の群環 $R[G]$ から R への写像 $\varepsilon: R[G]\to R$ $(\sum_{g\in G}\alpha_g g\longmapsto\sum_{g\in G}\alpha_g)$ は環準同型である．また $\mathrm{Ker}\,\varepsilon$ は $\{g-1\,|\,g\in G\}$ で生成される R-部分加群に一致する．

14.　S を可換環 R の乗法的部分集合とするとき，R がネーター環ならば $S^{-1}R$ もネーター環である．

15.　整域 R はネーター環とし，その素イデアル P は単項イデアルであるとする．このとき P に含まれ，P と異なる R の素イデアルは 0 にかぎる．

16.　環 R の元 $e\neq 0$ が $e^2=e$ をみたすとき，e は**べき等元**であるという．また，べき

等元 $e_1,\cdots,e_r$ が $i\neq j$ ならば $e_ie_j=0$ となっているとき，これらは**直交**するという．べき等元 e が二つの直交するべき等元の和に表せないとき，e は**原始べき等元**であるという．

（i） べき等元 e で生成される左イデアル Re が，$Re=I_1\oplus\cdots\oplus I_r$ と左イデアルの直和に分解され，この直和分解で $e=e_1+\cdots+e_r$ $(e_i\in I_i)$ と表されているとする．このとき $e_1,\cdots,e_r$ は直交するべき等元で，$I_i=Re_i$ となる．

逆にべき等元 e が直交するべき等元 $e_1,\cdots,e_r$ の和として $e=e_1+\cdots+e_r$ と表されているとき，$Re=Re_1\oplus\cdots\oplus Re_r$ と直和分解される．

（ii） e を R のべき等元とするとき

$${}_R(Re) \text{ が直既約} \Longleftrightarrow e \text{ は原始べき等元}.$$

特に R が半単純のときは

$$Re \text{ が } R \text{ の極小左イデアル} \Longleftrightarrow e \text{ は原始べき等元}.$$

(iii) e,f がともに R のべき等元であるとき

$$\mathrm{Hom}_R(Re, Rf)\simeq eRf \qquad (\varphi\longmapsto e\varphi)$$

である．

17.* e を環 R のべき等元とするとき $eJ(R)e=J(eRe)$ となる．

18.* $J(M(n,R))=M(n,J(R))$ である．

19.* D_1,D_2 を斜体とするとき

$$M(n_1,D_1)\simeq M(n_2,D_2) \Longleftrightarrow n_1=n_2,\ \ D_1\simeq D_2.$$

第4章

体　論

§32. 標　数

体 K が体 L に含まれているとき，K は L の**部分体**，L は K の**拡大体**であるという．このとき $\alpha^2=\alpha$, $\alpha\neq0$ なる L の元 α はその単位元 1_L にかぎるから，K と L は単位元を共有している．

K を体とし，1_K をその単位元とする．有理整数環 $\boldsymbol{Z}$ から K への写像 f：$\boldsymbol{Z}\to K$ $(m\longmapsto m1_K)$ は環準同型で，$\mathrm{Im}\,f$ は整域であるから $\mathrm{Ker}\,f=0$ か $\mathrm{Ker}\,f=(p)$ (p は素数) となる．前者のとき K の**標数**は 0，後者のとき K の**標数**は p であるという．K の標数を $\mathrm{Char}\,K$ で表す．

$\mathrm{Im}\,f$ の商体は $K_0=\{(m1_K)(n1_K)^{-1}\,|\,m,n\in\boldsymbol{Z},\ n1_K\neq0\}$ となり，これは K の最小の部分体である．K_0 を K の**素体**とよぶ．

$\mathrm{Char}\,K=0$ ならば $\mathrm{Im}\,f\simeq\boldsymbol{Z}$ であるから，$K_0\simeq\boldsymbol{Q}$ である．また $\mathrm{Char}\,K=p>0$ ならば，$\mathrm{Im}\,f\simeq\boldsymbol{Z}_p=\boldsymbol{Z}/(p)$ で，これは体であるから $K_0\simeq\boldsymbol{Z}_p$ となる．

例題 32.1. $\mathrm{Char}\,K=p>0$ とすれば，$a,b\in K$ に対して次が成り立つ．

(i) $pa=0$. また $a\neq0$, $na=0\,(n\in\boldsymbol{Z})$ ならば $p|n$.

(ii) $(a\pm b)^{p^n}=a^{p^n}\pm b^{p^n}$.

証明 (i) $pa=(p1_K)a=0$. また K を加群とみたとき，$a\neq0$ の位数は p であるから後半が成り立つ．

(ii) $(a+b)^p=a^p+pa^{p-1}b+\cdots+\binom{p}{r}a^{p-r}b^r+\cdots+b^p$.

ここで $\binom{p}{r}=\dfrac{p(p-1)\cdots(p-r+1)}{r(r-1)\cdots1}$ で，$1\leq r\leq p-1$ のときこれは p で割

り切れる．したがって $(a+b)^p=a^p+b^p$ となり，一般の場合は n に関する帰納法で示される．

同様にして $(a-b)^{p^n}=a^{p^n}+(-1_K)^{p^n}b^{p^n}$ となり，p が奇数のときは $(-1_K)^{p^n}=-1_K$ となる．また $p=2$ のときは $-1_K=1_K$ であるからやはり（ii）が成り立つ． □

問 32.2. Char $K=p>0$ とするとき

$$\sigma_n : K \to K \qquad (a \longmapsto a^{p^n})$$

は K から K の中への同型写像であることを示せ．

例 32.3. 有限個の元からなる体を**有限体**とよぶ．K を標数 p の有限体，その素体を K_0 とし，K を K_0 上のベクトル空間とみて $\dim_{K_0}K=n$ とすれば，$|K|=p^n$ となる．また K の乗法群 $K^\#$ は，2章の問 9.9 により巡回群でその位数は p^n-1 である．$0\neq a\in K$ ならば，$a^{p^n-1}=1$，したがって

$$a^{p^n}=a \tag{32.1}$$

が成り立つ．$a=0$ のとき (32.1) はもちろん成立するから，$|K|=p^n$ なる有限体 K の元 a はすべて (32.1) をみたす．

§ 33. 拡大体の基礎概念

33.1. 代数的拡大

体 L が体 K の拡大体であることを，以後簡単に L/K と表す．このとき L は K 上のベクトル空間と考えることができる．$\dim_K L$ を L/K の**拡大次数**とよび，$[L:K]$ で表す．特に $[L:K]<\infty$ のとき，L/K は**有限次拡大**であるという．

$K\subset M\subset L$ なる体 M を L/K の**中間体**とよぶ．

問 33.1. M は L/K の中間体とする．M/K，L/M はともに有限次拡大とし，$\{\alpha_1,\cdots,\alpha_m\}$ を M の K-基，$\{\beta_1,\cdots,\beta_l\}$ を L の M-基とすれば，$\{\alpha_i\beta_j \mid 1\leq i\leq m,\ 1\leq j\leq l\}$ は L の K-基である．したがって L/K も有限次拡大で

$$[L:K]=[L:M][M:K] \tag{33.1}$$

が成り立つことを示せ．

拡大 L/K において，$L\ni\alpha$ が K 上のある多項式 $f(x)\neq 0$ の根であるとき，

α は K 上**代数的**であるといい，そうでないとき**超越的**であるという．また L の任意の元が K 上代数的であるとき，L/K は**代数的拡大**であるという．

K の元 a は多項式 $x-a$ の根であるから，もちろん K 上代数的である．

拡大 L/K において α を L の元とするとき，K 上の多項式環 $K[x]$ から L への写像

$$\varphi : K[x] \to L \qquad (f(x) \longmapsto f(\alpha))$$

が定まり，これは環準同型である．また $\mathrm{Ker}\,\varphi \neq 0$ のとき α は K 上代数的，$\mathrm{Ker}\,\varphi = 0$ のとき α は K 上超越的である．$\mathrm{Im}\,\varphi = \{f(\alpha) \mid f(x) \in K[x]\}$ を $K[\alpha]$ とかき，$\{f(\alpha)/g(\alpha) \mid f(x),\ g(x) \in K[x],\ g(\alpha) \neq 0\}$ を $K(\alpha)$ で表す．$K(\alpha)$ は $K[\alpha]$ の商体である．

注意 上で $f(\alpha)/g(\alpha)$ は $f(\alpha)g(\alpha)^{-1}$ を意味する．

$\mathrm{Im}\,\varphi = K[\alpha]$ は整域であるから，$\mathrm{Ker}\,\varphi$ は素イデアルで，したがって $\mathrm{Ker}\,\varphi = 0$ または $\mathrm{Ker}\,\varphi = (p(x))$ ($p(x)$ は既約) となる．ここで

(1) $\mathrm{Ker}\,\varphi = 0$ のとき：$K[\alpha] \simeq K[x]$，$K(\alpha) \simeq K(x)$ である．

(2) $\mathrm{Ker}\,\varphi = (p(x)) \neq 0$ のとき：$K[\alpha] \simeq K[x]/(p(x))$ で，$(p(x))$ は極大イデアルであるから $K[\alpha]$ は体，したがって $K[\alpha] = K(\alpha)$ となる．$\deg p(x) = n$ とすれば $\{1, \alpha, \alpha^2, \cdots, \alpha^{n-1}\}$ は L の K 上の基である．したがって $K(\alpha)/K$ は有限次拡大で，$[K(\alpha) : K] = n$ となる．

問 33.2. α は K 上代数的な元とし，α を根とする K 上のモニックな既約多項式を $p(x)$ とするとき，次のことを示せ．

(i) $p(x)$ は一意的に定まる．

(ii) $f(x) \in K[x]$，$f(\alpha) = 0 \Rightarrow p(x) \mid f(x)$．

問 33.2 の多項式 $p(x)$ を $\mathrm{Irr}(\alpha, K, x)$ で表す．

上の考察から容易に次の定理がえられる．

定理 33.3. $K[x] \ni f(x)$，$\deg f > 0$ とすれば，$f(x)$ の根を少なくとも一つ含む K の拡大体が存在する．

証明 $p(x)$ を $f(x)$ の一つの既約因子とすれば，$L = K[x]/(p(x))$ は体である．$K \ni a$ とそれを含む剰余類 $a + (p(x))$ を同一視して $K \subset L$ と考えてよい．$\alpha = x + (p(x))$ とおけば $p(\alpha) = 0$，したがって $f(\alpha) = 0$ である． □

例題 33.4. 有限次拡大は代数的拡大である.

証明 L/K は有限次拡大とし, $[L:K]=n$ とする. このとき $\alpha\in L$ に対して, $n+1$ 個の元 $\{1,\alpha,\alpha^2,\cdots,\alpha^n\}$ は K 上線形従属である. このことは次数がたかだか n の多項式 $f(x)\ (\neq 0)\in K[x]$ があって, $f(\alpha)=0$ となることにほかならない. したがって L の元はすべて K 上代数的である. □

K の拡大体 L の元 $\alpha_1,\cdots,\alpha_n$ に対して

$$K[\alpha_1,\cdots,\alpha_n]=\{f(\alpha_1,\cdots,\alpha_n)\,|\,f(x_1,\cdots,x_n)\in K[x_1,\cdots,x_n]\}$$

とおき, その商体を $K(\alpha_1,\cdots,\alpha_n)$ とかく. これは $\alpha_1,\cdots,\alpha_n$ を含む最小の K の拡大体で, K に $\alpha_1,\cdots,\alpha_n$ を**添加**(てんか)**した拡大**という.

$L=K(\alpha_1,\cdots,\alpha_n)$ であるとき, L/K は**有限生成**であるという. 特に $L=K(\alpha)$ のとき, L/K は**単純拡大**であるという.

問 33.5. $\alpha_1,\cdots,\alpha_n$ がすべて K 上代数的ならば, $K[\alpha_1,\cdots,\alpha_n]=K(\alpha_1,\cdots,\alpha_n)$ となることを示せ.

定理 33.6. 拡大 L/K について次の二つは同値である.

(1) L/K は有限次拡大である.

(2) $L=K(\alpha_1,\cdots,\alpha_n)$ で, 各 α_i は K 上代数的である.

証明 (1)⇒(2): $L=K\alpha_1\oplus\cdots\oplus K\alpha_n$ ならば, 明らかに $L=K(\alpha_1,\cdots,\alpha_n)$ で, 各 α_i は例題 33.4 より K 上代数的である.

(2)⇒(1): 各 α_i は K 上代数的であるから, もちろん $K(\alpha_1,\cdots,\alpha_{i-1})$ 上代数的で, $[K(\alpha_1,\cdots,\alpha_i):K(\alpha_1,\cdots,\alpha_{i-1})]<\infty$ である. $K\subset K(\alpha_1)\subset\cdots\subset K(\alpha_1,\cdots,\alpha_{n-1})\subset L$ なる体の列を考えれば, 問 33.1 より

$$[L:K]=[K(\alpha_1,\cdots,\alpha_n):K(\alpha_1,\cdots,\alpha_{n-1})]\cdots$$
$$[K(\alpha_1,\alpha_2):K(\alpha_1)][K(\alpha_1):K]<\infty$$

となる. □

定理 33.6 から容易に次のことがわかる.

例題 33.7. 体の列 $K\subset M\subset L$ において, M/K, L/M がともに代数的拡大ならば, L/K も代数的である.

証明 $L\ni\alpha$ とすれば, $\alpha^n+a_1\alpha^{n-1}+\cdots+a_n=0$ となる $a_i\in M$ がある. このとき α は $N=K(a_1,\cdots,a_n)$ 上代数的で, また各 a_i は K 上代数的であるから

$[N:K]<\infty$ である．したがって $[N(\alpha):K]=[N(\alpha):N][N:K]<\infty$ となり，α は K 上代数的である． □

例題 33.8. 拡大 L/K において，K 上代数的な L の元の全体を M とすれば，M は体である．したがって K 上代数的な 2 元の和，差，積，商はまた K 上代数的である．

証明 $M\ni\alpha,\beta$ とすれば，定理 33.6 より $K(\alpha,\beta)/K$ は代数的，したがって $\alpha\pm\beta$，$\alpha\beta$，$\alpha\beta^{-1}\,(\beta\neq 0)\in M$ となる． □

上の M を K の **L における代数的閉包**とよぶ．

問 33.9. 例題 33.8 の記号のもとで，L の元で M 上代数的な元は M の元にかぎることを示せ．

33.2. 超越次数

$\alpha_1,\cdots,\alpha_n$ を拡大 L/K の元とする．0 でない任意の $f(x_1,\cdots,x_n)\in K[x_1,\cdots,x_n]$ に対して $f(\alpha_1,\cdots,\alpha_n)\neq 0$ であるとき，$\alpha_1,\cdots,\alpha_n$ は K 上**代数的に独立**であるといい，そうでないとき**代数的に従属**であるという．$n=1$ のとき，α が K 上代数的に独立ということは，K 上超越的であることと同じである．また $\alpha_1,\cdots,\alpha_n$ が K 上代数的に独立であることは，写像

$$\varphi: K[x_1,\cdots,x_n]\to K[\alpha_1,\cdots,\alpha_n] \qquad (f(x_1,\cdots,x_n)\longmapsto f(\alpha_1,\cdots,\alpha_n))$$

が環同型であることと同値である．このとき $K(\alpha_1,\cdots,\alpha_n)$ は有理関数体 $K(x_1,\cdots,x_n)$ に同型である．

L の部分集合 S に対して，その任意の有限部分集合が K 上代数的に独立であるとき，S は K 上代数的に独立であるといい，そうでないとき代数的に従属であるという．S が代数的に独立な部分集合のうち極大なものであるとき，S は L/K の**超越基**であるという．

問 33.10. 拡大 L/K において，$\alpha_1,\cdots,\alpha_n$ が K 上代数的に独立であるとき，次のことを示せ．

(i) $\alpha_1,\cdots,\alpha_n,\beta$ が代数的に従属 $\Longleftrightarrow$ $K(\alpha_1,\cdots,\alpha_n,\beta)/K(\alpha_1,\cdots,\alpha_n)$ が代数的．

(ii) $\{\alpha_1,\cdots,\alpha_n\}$ が L/K の超越基 $\Longleftrightarrow$ $L/K(\alpha_1,\cdots,\alpha_n)$ が代数的．

ベクトル空間における基と同様に，超越基について次の定理が成り立つ．

定理 33.11. 拡大 L/K が有限生成ならば，L/K は有限個の元からなる超越基をもち，その元の個数は超越基のとり方によらず一定である．(この個数を L/K の**超越次数**とよび，$\mathrm{trans.\,deg}_K L$ で表す．)

証明 $L=K(\alpha_1,\cdots,\alpha_n)$ とし，$\{\alpha_1,\cdots,\alpha_n\}$ の部分集合で K 上代数的に独立なもののうち，元の個数が最大なものを(必要ならば番号をつけかえて) $\{\alpha_1,\cdots,\alpha_r\}$ とする．$M=K(\alpha_1,\cdots,\alpha_r)$ とおけば，問 33.10(i) より任意の α_i は M 上代数的で，$L=M(\alpha_{r+1},\cdots,\alpha_n)$ であるから L/M は代数的である．したがって $\{\alpha_1,\cdots,\alpha_r\}$ は L/K の超越基で，L/K は有限個の元からなる超越基をもつ．

さて $\{\beta_1,\cdots,\beta_s\}$ を L/K の任意の超越基とする．このとき $\gamma_1,\cdots,\gamma_t$ が K 上代数的に独立ならば $t\leq s$ で，$\{\beta_j\}$ の番号を適当につけかえて，$\{\gamma_1,\cdots,\gamma_t,\beta_{t+1},\cdots,\beta_s\}$ が L/K の超越基になることを t に関する帰納法で示そう．これが示されれば，$\{\alpha_i\}_{1\leq i\leq r}$ と $\{\beta_j\}$ について $r\leq s$，また $s\leq r$ となって $r=s$ をえる．

簡単のため $M_i=K[\gamma_1,\cdots,\gamma_i,\beta_{i+1},\cdots,\beta_s]$ とおき，その商体を L_i とおく．$t=0$ のときは明らかであるから $0<t$ とし，$\gamma_1,\cdots,\gamma_{t-1},\beta_t,\cdots,\beta_s$ は K 上代数的に独立で L/L_{t-1} は代数的と仮定する．γ_t は L_{t-1} 上代数的であるから，既約多項式 $f(x)\in L_{t-1}[x]$ で $f(\gamma_t)=0$ となるものがある．係数の分母をはらって $f(x)=c_0x^m+c_1x^{m-1}+\cdots+c_m=0$，$c_i\in M_{t-1}$ としてよい．また M_{t-1} を多項式環とみて，$c_0,c_1,\cdots,c_m$ は互いに素としてよい．このとき $\gamma_1,\cdots,\gamma_t$ の代数的独立性から，ある $\beta_j(t\leq j\leq s)$ がある c_i に実際にあらわれる．この β_j を改めて β_t とおけば，$0\neq g(x)\in M_{t-1}[x]$，$g(\gamma_t)=0$ ならば $f(x)|g(x)$ となるから，$g(x)$ のある係数に β_t が必ずあらわれる．

上のことから $\gamma_1,\cdots,\gamma_t,\beta_{t+1},\cdots,\beta_s$ は K 上代数的に独立で，また $f(\gamma_t)=0$ の左辺を β_t について整理すれば，そのある係数は 0 と異なるから，β_t は L_t 上代数的である．L は $L_t(\beta_t)$ 上代数的であるから，L/L_t は代数的である． □

注意 上で $f(x)$ の既約性を仮定する着想は，村上順君によるものである．

例題 33.12. 体の列 $K\subset M\subset L$ において，L/M が代数的拡大ならば $\mathrm{trans.\,deg}_K L=\mathrm{trans.\,deg}_K M$ が成り立つ．ただし，M/K は有限生成とする．

証明 $\{\alpha_1,\cdots,\alpha_n\}$ を M/K の超越基とし，$N=K(\alpha_1,\cdots,\alpha_n)$ とすれば，M/N は代数的拡大である(問 33.10(ii))．よって L/N は代数的拡大で，問

33.10(ii) より $\{\alpha_1, \cdots, \alpha_n\}$ は L/K の超越基である. □

定理 33.11 の証明から, 次のことがわかる.

例題 33.13. $L=K(\alpha_1, \cdots, \alpha_n)$ で, $\text{trans. deg}_K L=n$ ならば $\{\alpha_1, \cdots, \alpha_n\}$ は K 上代数的に独立で, したがって L/K の超越基である.

証明 定理 33.11 の証明の最初に示したように, $\{\alpha_1, \cdots, \alpha_n\}$ の部分集合で K 上代数的に独立なもののうち, 元の個数が最大のものを $\{\alpha_1, \cdots, \alpha_r\}$ とすれば, これは L/K の超越基である. よって仮定により $r=n$ となる. □

33.3. 合成体

拡大体 E/K において, L をその中間体, S を E の部分集合とするとき, L の元を係数とし S の有限個の元の有理式の形で表される元の全体は E/L の中間体になる. これを $L(S)$ で表す. $L(S)$ は L と S を含む E の最小の部分体である. 特に M が E/K の中間体のときは $L(M)=M(L)$ となり, これを L と M の**合成体**とよんで, LM または ML で表す.

また拡大 ML/M を拡大 L/K の M への**持ち上げ**とよぶ. 拡大に関する性質 $\boldsymbol{P}$ が L/K でみたされていれば, つねに ML/M でもみたされているとき, $\boldsymbol{P}$ は持ち上げによって保たれるという(図 11). このような性質としては, 次のようなものがある.

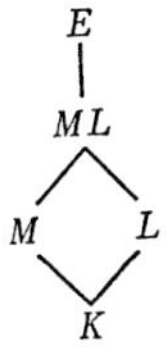

図 11

例題 33.14. 体の拡大に関する次の性質は持ち上げによって保たれる.

(i) 代数的拡大,　(ii) 有限生成,

(iii) 有限次拡大,　(iv) 単純拡大.

証明 ML/M を拡大 L/K の持ち上げとする.

(i) L/K は代数的とする. $ML=M(L)\ni\alpha$ は

$$\alpha=f(\gamma_1, \cdots, \gamma_n)/g(\gamma_1, \cdots, \gamma_n);\quad f, g\in M[x_1, \cdots, x_n],\quad \gamma_i\in L$$

と表される. このとき $\alpha\in M(\gamma_1, \cdots, \gamma_n)$ であるが, 各 γ_i は K 上代数的であるから M 上でも代数的, したがって $M(\gamma_1, \cdots, \gamma_n)/M$ は代数的拡大で, α は M 上代数的である.

(ii) $L=K(\alpha_1, \cdots, \alpha_n)$ とすれば, $ML=M(L)=M(\alpha_1, \cdots, \alpha_n)$ となる.

(iii) $L=K(\alpha_1, \cdots, \alpha_n)$, 各 α_i は K 上代数的とすれば, $ML=M(\alpha_1, \cdots, \alpha_n)$,

かつ α_i は M 上代数的である．したがって $[ML:M]<\infty$ である．

（iv）（ii）の証明より明らかである．□

§ 34.　代数的閉包

34.1.　代数的閉包の存在

例題 34.1.　体 Ω について，次の条件は同値である．

（1）$\Omega[x]\ni f(x)$，$\deg f>0$ ならば，Ω は $f(x)$ の根を少なくとも一つ含む．

（2）$\Omega[x]\ni f(x)$，$\deg f>0$ ならば，$f(x)$ は $\Omega[x]$ で1次式の積に分解される．

（3）$\Omega[x]$ の既約多項式はすべて1次式である．

（4）Ω の代数的拡大は Ω 自身にかぎる．

証明　（1）⇒（2）：$\deg f$ に関する帰納法で容易に証明できる．

（2）⇒（3）：明らかである．

（3）⇒（4）：L/Ω は代数的とし，$L\ni\alpha$ とすれば $\mathrm{Irr}(\alpha,\Omega,x)$ は1次式，したがって $\alpha\in\Omega$ である．

（4）⇒（1）：定理 33.3 より $f(x)$ の根 α を含む拡大 L/Ω がある．このとき $\Omega(\alpha)/\Omega$ は代数的拡大であるから，$\Omega(\alpha)=\Omega\ni\alpha$ となる．□

体 Ω が上の例題の条件をみたすとき，Ω は**代数的閉体**であるという．

注意　後で複素数体 C は代数的閉体であることを示す(定理 37.11)．この事実は長く**代数学の基本定理**とよばれてきた．

拡大 Ω/K が次の二つの条件

（1）Ω/K は代数的拡大，

（2）Ω は代数的閉体

をみたすとき，Ω は K の**代数的閉包**であるという．

問 34.2.　L/K が代数的ならば，L の代数的閉包は K の代数的閉包でもあることを示せ．

以下では代数的閉包の存在と，ある意味の一意性を示す．

定理 34.3.　任意の体 K の代数的閉包が存在する．

証明 多項式環 $K[x]$ において，次数が1以上の多項式の全体を $K[x]^*$ とおく．まず次のことを示す．

(34.1) K の代数的拡大 E_K で，任意の $f(x)\in K[x]^*$ がそこで少なくとも一つ根をもつようなものが存在する．

これを示すため，各 $f(x)\in K[x]^*$ に文字 X_f を対応させ，その全体を S とする：$S=\{X_f \mid f\in K[x]^*\}$．また S の有限個の元に関する K 上の多項式の全体を $K[S]$ とすれば，これは環になる．$K[S]$ において $\{f(X_f)\mid f\in K[x]^*\}$ で生成されるイデアルを I とすれば，$K[S]\supsetneqq I$ となることが次のようにして示される．いま $K[S]=I$ とすれば，$f_1(x),\cdots,f_n(x)\in K[x]^*$ と $g_1,\cdots,g_n\in K[S]$ が存在して

(34.2) $$1=g_1f_1(X_{f_1})+\cdots+g_nf_n(X_{f_n})$$

と表される．$g_1,\cdots,g_n$ にあらわれる変数の個数は有限であるから，これらはすべて $K[X_{f_1},\cdots,X_{f_n},\cdots,X_{f_N}]$ の元であるとしてよい．

さて定理33.3より $f_1(x)$ の根 α_1 を含む拡大 L_1/K が存在する．同様に $f_2(x)$ の根 α_2 を含む拡大 L_2/L_1 があり，以下同様にして体の列 $K\subset L_1\subset L_2\subset\cdots\subset L_n=L$ ができる．このとき L は各 $f_i(x)$ の根 α_i を含む．そこで (34.2) において

$$X_{f_1}=\alpha_1,\quad \cdots,\quad X_{f_n}=\alpha_n,\quad X_{f_{n+1}}=\cdots=X_{f_N}=0$$

とおけば，$1=0$ となり矛盾である．

上で示したように $K[S]\supsetneqq I$ であるから，I を含む $K[S]$ の極大イデアル J がある．$E_K=K[S]/J$ は体で，$E_K\supset K$ と考えてよい．いま X_f を含む剰余類 X_f+J を $\bar{X}_f$ と表せば，I の定義から任意の $f\in K[x]^*$ に対して $f(\bar{X}_f)=0$ となり，E_K は (34.1) の条件をみたす．

いま $K=K_0$ とおき，(34.1) のような E_K を一つとって $E_K=K_1$ とおき，以下同様にして $E_{K_i}=K_{i+1}$ とおけば，体の列

$$K=K_0\subset K_1\subset K_2\subset\cdots$$

がえられる．作り方から各 K_{i+1}/K_i は代数的拡大で，任意の $h(x)\in K_i[x]^*$ は K_{i+1} で少なくとも一つの根をもつ．

$\Omega=\bigcup_{i=0}^{\infty}K_i$ とすれば，これは K の拡大体で，$\Omega\ni\alpha$ はある K_i に含まれ，

K_i/K は代数的であるから Ω/K は代数的拡大である．また $\Omega[x]\ni h(x)=c_0x^r+c_1x^{r-1}+\cdots+c_r\ (c_i\in\Omega)$ を次数が1以上の多項式とすれば，$c_i\ (0\leq i\leq r)$ をすべて含む K_m が存在し，$h(x)\in K_m[x]^*$ であるから $h(x)$ は K_{m+1} で，したがって Ω で少なくとも一つ根をもつ．よって Ω は代数的閉体となり，Ω は K の代数的閉包である． □

問 34.4. Ω は体 K を含む代数的閉体とし，L を K の Ω における代数的閉包とすれば，L は K の代数的閉包であることを示せ．

34.2. K–同型

$\sigma: K\to L$ を体 K から L への環準同型とすれば，$\mathrm{Ker}\,\sigma=0$ で，K は L の部分体 $\mathrm{Im}\,\sigma$ に同型である．このとき σ を L の**中への同型**という．特に $\mathrm{Im}\,\sigma=L$ のときは $\sigma: K\simeq L$ とかいて，K から L への**同型**という．

体 K の二つの拡大 L/K と L'/K の間の同型 $\sigma: L\simeq L'$ が K の各元を不変にするとき，すなわち $\mathrm{id}_K: K\simeq K$ の拡張になっているとき，σ は **K–同型**であるという．中への K–同型も同様に定義される．

体 L から自身への同型 $\sigma: L\simeq L$ を L の**自己同型**という．また拡大 L/K に対して，K–同型 $\sigma: L\simeq L$ を L の **K–自己同型**という．これらは写像の積に関して群をつくり，それぞれ $\mathrm{Aut}\,L$，$\mathrm{Aut}\,L/K$ とかいて L の**自己同型群**，**K–自己同型群**とよぶ．

体の同型 $\sigma: K\simeq K'$ は自然に多項式環の間の同型

$$K[x]\simeq K'[x] \qquad \left(\sum_{i=0}^{n}a_ix^i\longmapsto\sum_{i=0}^{n}a_i{}^{\sigma}x^i\right)$$

に拡張される．これを同じ記号 σ で表して，$f(x)\in K[x]$ の像を $f^{\sigma}(x)$ で表す．明らかに $p(x)$ が $K[x]$ の既約多項式ならば，$p^{\sigma}(x)$ は $K'[x]$ の既約多項式で，またこの逆も成り立つ．

例題 34.5. $\sigma: K\simeq K'$ は体の同型とする．いま $L=K(\alpha)$ は $K[x]$ の既約多項式 $p(x)$ の根 α を K に添加した体とし，$L'=K'(\alpha')$ は $p^{\sigma}(x)$ の根 α' を K' に添加した体とする．このとき σ の拡張 $\rho: L\simeq L'$ で，α を α' にうつすものが存在する．

証明 $\sigma: K[x]\simeq K'[x]$ から自然に環同型 $\bar{\sigma}$: $K[x]/(p(x))\simeq K'[x]/(p^{\sigma}(x))$ がえられる．これは $\sigma: K\simeq K'$ の拡張で，$x+(p(x))\longmapsto x+(p^{\sigma}(x))$

となっている．一方 K-同型と K'-同型

$$\tau : K[x]/(p(x)) \simeq K(\alpha),$$

$$\tau' : K'[x]/(p^\sigma(x)) \simeq K'(\alpha')$$

で，それぞれ $x+(p(x)) \longmapsto \alpha$，$x+(p^\sigma(x)) \longmapsto \alpha'$ となるものがある．このとき $\rho = \tau^{-1}\bar{\sigma}\tau'$: $K(\alpha) \simeq K'(\alpha')$ は求めるものである(図 12)．

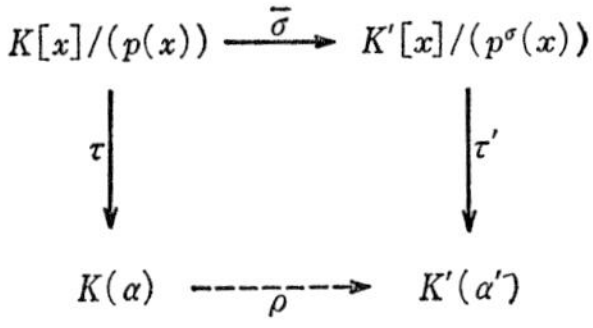

図 12

□

問 34.6. 体 K 上代数的な 2 元 α, α' に対して，次の二つは同値である．

(1) $\mathrm{Irr}(\alpha, K, x) = \mathrm{Irr}(\alpha', K, x)$.

(2) K-同型 $\sigma : K(\alpha) \simeq K(\alpha')$ で，$\alpha^\sigma = \alpha'$ となるものがある．

問 34.6 のような 2 元 α, α' は **K-共役**であるという．

さて代数的閉包の一意性は次の定理で示される．

定理 34.7. $\bar{K}, \bar{K}'$ をそれぞれ体 K, K' の代数的閉包とし，$\sigma : K \simeq K'$ は体の同型とする．このとき σ は同型 $\bar{\sigma} : \bar{K} \simeq \bar{K}'$ に拡張される．特に K の二つの代数的閉包は互いに K-同型である．

証明 $\bar{K}/K$ の中間体 L と，L から $\bar{K}'$ の中への同型 $\rho : L \to \bar{K}'$ で σ の拡張であるものの組 (L, ρ) の全体を $\mathcal{L}$ で表す．$\mathcal{L}$ に順序を次のように入れる：

$$(L_1, \rho_1) \leq (L_2, \rho_2) \iff L_1 \subset L_2 \text{ かつ } \rho_2 \text{ は } \rho_1 \text{ の拡張}.$$

このとき $\mathcal{L}$ は半順序集合で，また帰納的であることが次のようにして示される．いま $\{(L_\lambda, \rho_\lambda)\}_{\lambda \in \Lambda}$ を全順序部分集合とするとき，$L = \bigcup_\lambda L_\lambda$ とおく．$L \ni \alpha$ はある L_λ に属し，$\alpha^{\rho_\lambda} \in \bar{K}'$ がきまるが，順序の定義と全順序性からこれは $\alpha \in L_\lambda$ なる λ によらずきまることが容易にわかる．α に α^{ρ_λ} を対応させて，L から $\bar{K}'$ の中への同型 $\rho : L \to \bar{K}'$ がえられるが，$(L, \rho) \in \mathcal{L}$，かつ $(L_\lambda, \rho_\lambda) \leq (L, \rho)$ $(\forall \lambda \in \Lambda)$ となることは作り方から明らかである．

よってツォルンの補題から，$\mathcal{L}$ は極大元 (L_0, ρ_0) をもつ．このとき $L_0 = \bar{K}$ で，$\mathrm{Im}\,\rho_0 = \bar{K}'$ となることを示せばよい．いま $\bar{K} \supsetneqq L_0$ とし，$\bar{K} - L_0 \ni \alpha$ とする．例題 34.5 により $\rho_0 : L_0 \to \bar{K}'$ は $\rho_1 : L_0(\alpha) \to \bar{K}'$ に拡張できる．このとき $(L_0, \rho_0) < (L_0(\alpha), \rho_1)$ となって (L_0, ρ_0) の極大性に矛盾する．よって $L_0 = \bar{K}'$ である．また $\mathrm{Im}\,\rho_0 = L_0'$ とおけば，$\bar{K}' \simeq L_0'$ より L_0' は代数的閉体で，$\bar{K}/L_0'$ は代数的であるから，$L_0' = \bar{K}'$ となる．

□

上の定理の応用として，次のことが示される．

例題 34.8. $\sigma: K \to \Omega$ を体 K から代数的閉体 Ω の中への同型とし，L/K は代数的拡大とする．このとき σ は L から Ω の中への同型 $\rho: L \to \Omega$ に拡張できる．

証明 $K'=K^\sigma$ とし，$\bar{K}'$ を K' の Ω における代数的閉包とすれば，$\bar{K}'$ は K' の代数的閉包である．また $\bar{L}$ を L の代数的閉包とすれば，これは K の代数的閉包でもある．よって $\sigma: K \simeq K'$ は同型 $\bar{\sigma}: \bar{L} \simeq \bar{K}'$ に拡張できる．$\bar{\sigma}$ の L への制限 $\bar{\sigma}_L$ を L から Ω の中への写像と考えれば，これが求めるものである． □

以後 $\bar{K}$ は体 K の一つの代数的閉包を表すものとする．

L/K を代数的拡大とするとき，L の代数的閉包は K の代数的閉包でもある (問 34.2)．したがって L を含む K の代数的閉包 $\bar{K}$ が存在する．

最後に K-共役元について，問 34.6 から導かれる次のことを証明しておこう．

例題 34.9. $L=K(\alpha)$ を K の代数的拡大とし，$p(x)=\mathrm{Irr}(\alpha, K, x)$ とする．このとき L から K の代数的閉包 $\bar{K}$ の中への K-同型の個数は，$p(x)$ の異なる根の個数に一致する．

証明 $p(x)$ は $\bar{K}[x]$ で1次式の積に分解される．その異なる根を $\alpha_1, \cdots, \alpha_r$ とする．このとき L から $\bar{K}$ の中への r 個の K-同型 $\sigma_i: L \to \bar{K}(\alpha \longmapsto \alpha_i)$ があり，L から $\bar{K}$ の中への K-同型はこのどれかと一致する． □

§35. 分解体と正規拡大

35.1. 最小分解体

体 K 上の多項式 $f(x)$ が，K の拡大体 L 上において

$$f(x)=c(x-\alpha_1)(x-\alpha_2)\cdots(x-\alpha_n) \qquad (c, \alpha_i \in L)$$

と1次式の積に分解されるとき，L は $f(x)$ の**分解体**であるといい，$L=K(\alpha_1, \cdots, \alpha_n)$ となっているとき，L は $f(x)$ の (K 上の) **最小分解体**であるという．例えば代数的閉包 $\bar{K}$ は $f(x)$ の分解体で，そこにおける $f(x)$ の根をすべて K に添加した体は $f(x)$ の最小分解体である．したがって任意の $f(x) \in K[x]$

に対して，その K 上の最小分解体が存在する．次の定理はその一意性を主張するものである．

定理 35.1. $\sigma: K \simeq K'$ は体の同型とし，$f(x) \in K[x]$ とする．また L, L' はそれぞれ $f(x)$，$f^{\sigma}(x)$ の最小分解体とすれば，σ は同型 $\rho: L \simeq L'$ に拡張できる．特に $f(x)$ の K 上の二つの最小分解体は互いに K-同型である．

証明 $\bar{K}, \bar{K}'$ をそれぞれ L, L' を含む K, K' の代数的閉包とし，体同型 $\bar{\sigma}: \bar{K} \simeq \bar{K}'$ を σ の拡張とする．いま $f(x) = c_0x^n + c_1x^{n-1} + \cdots + c_n\ (c_i \in K)$ が $\bar{K}[x]$ において $f(x) = c_0(x-\alpha_1)(x-\alpha_2)\cdots(x-\alpha_n)$ と分解されたとすれば，$L = K(\alpha_1, \cdots, \alpha_n)$ である．また $f^{\sigma}(x) = f^{\bar{\sigma}}(x) = c_0^{\bar{\sigma}}(x-\alpha_1^{\bar{\sigma}})\cdots(x-\alpha_n^{\bar{\sigma}})$ であるから $L' = K'(\alpha_1^{\bar{\sigma}}, \cdots, \alpha_n^{\bar{\sigma}})$ である．よって $\bar{\sigma}$ の L への制限は同型 $\rho: L \simeq L'$ を与え，これは σ の拡張である． □

一般に $\{f_{\lambda}(x)\}_{\lambda \in \Lambda}$ を K 上の多項式の集合とする．拡大 L/K が任意の $f_{\lambda}(x)$ の分解体であるとき，L はこの多項式の集合の**分解体**であるといい，L における $f_{\lambda}(x)\ (\lambda \in \Lambda)$ の根の全体を S として，$L = K(S)$ となっているとき，L はこの多項式の集合の(K 上の)**最小分解体**であるという．

35.2. 正規拡大

例題 35.2. L/K を代数的拡大とし，$\bar{K}$ を L を含む K の代数的閉包とする．このとき次の四つの条件は同値である．

(1) L から $\bar{K}$ の中への任意の K-同型 $\sigma: L \to \bar{K}$ に対して，$L^{\sigma} = L$ となる．

(2) 任意の $\sigma \in \mathrm{Aut}\, \bar{K}/K$ に対して $L^{\sigma} = L$ となる．

(3) $K[x]$ の既約多項式 $p(x)$ が L で少なくとも一つの根をもてば，$p(x)$ は $L[x]$ で1次式の積に分解される．

(4) L は $K[x]$ のある部分集合 $\{f_{\lambda}(x)\}_{\lambda \in \Lambda}$ の K 上の最小分解体である．

証明 (1)⇒(2)：$\mathrm{Aut}\, \bar{K}/K \ni \sigma$ の L への制限 $\sigma_L: L \to \bar{K}$ について，$L = L^{\sigma_L} = L^{\sigma}$ となる．

(2)⇒(3)：$\bar{K}[x]$ で $p(x) = c(x-\alpha_1)\cdots(x-\alpha_n)$ と分解されるとし，また $L \ni \alpha_1$ とする．このとき各 α_i に対し K-同型 $\sigma: K(\alpha_1) \simeq K(\alpha_i)\ (\alpha_1 \longmapsto \alpha_i)$ がある．$K(\alpha_1), K(\alpha_i) \subset \bar{K}$ であるから，これは K-同型 $\bar{\sigma}: \bar{K} \to \bar{K}$ に拡張され

る．このとき $\bar{\sigma}\in \mathrm{Aut}\,\bar{K}/K$ で，$L=L^{\bar{\sigma}}\ni\alpha_1{}^{\bar{\sigma}}=\alpha_i$ となり，$p(x)$ は $L[x]$ で1次式の積に分解される．

(3)⇒(4)：L の各元 α に対して $p_\alpha(x)=\mathrm{Irr}(\alpha,K,x)$ とおけば，明らかに L は $\{p_\alpha(x)\}_{\alpha\in L}$ の最小分解体である．

(4)⇒(1)：$f_\lambda(x)\ (\lambda\in\Lambda)$ の $\bar{K}$ における根の全体を S とすれば，$L=K(S)$ である．中への K-同型 $\sigma: L\to\bar{K}$ に対して $f_\lambda{}^\sigma(x)=f_\lambda(x)$ であるから，σ は $f_\lambda(x)$ の根の集合を不変にし，したがって $S^\sigma=S$ である．よって $L^\sigma=K(S^\sigma)=K(S)=L$ となる． □

代数的拡大 L/K が例題35.2の条件をみたすとき，L/K は**正規拡大**であるという．

例題 35.3. (i) $K\subset L\subset E$ を体の列とし，E/K が正規拡大であるとすれば E/L も正規拡大である．

(ii) L_1, L_2 を $\bar{K}/K$ の中間体とし，L_1/K，L_2/K がともに正規拡大ならば L_1L_2/K も正規拡大である．

(iii) L, M を E/K の中間体とし，L/K が正規拡大ならば ML/M も正規拡大である．(すなわち正規拡大であるという性質は，持ち上げによって保たれる．)

証明 (i) E/K は代数的であるから，E を含む K の代数的閉包 $\bar{K}$ がある．$\bar{K}=\bar{L}$ と考えてよい．このとき，$\mathrm{Aut}\,\bar{K}/K\supset\mathrm{Aut}\,\bar{L}/L$ であるから，$\mathrm{Aut}\,\bar{L}/L\ni\sigma$ に対し $E^\sigma=E$．よって E/L は正規拡大である．

(ii) $\mathrm{Aut}\,\bar{K}/K\ni\sigma$ に対して，$L_i{}^\sigma=L_i\,(i=1,2)$ であるから $(L_1L_2)^\sigma=L_1{}^\sigma L_2{}^\sigma=L_1L_2$ となる．

(iii) $K[x]$ の部分集合 $\{f_\lambda(x)\}_{\lambda\in\Lambda}$ があって，各 $f_\lambda(x)$ は L で1次式の積に分解され，S をその L における根の全体とすれば $L=K(S)$ である．このとき $f_\lambda(x)\in M[x]$，$ML=M(S)$ であるから，ML/M は正規拡大である． □

問 35.4. 拡大次数が2の拡大を2次拡大とよぶ．次のことを示せ．

(i) 2次拡大 L/K は正規拡大である．

(ii) 有理数体 $\boldsymbol{Q}$ の拡大体の列 $\boldsymbol{Q}\subset\boldsymbol{Q}(\sqrt{2})\subset\boldsymbol{Q}(\sqrt[4]{2})$ において，$\boldsymbol{Q}(\sqrt{2})/\boldsymbol{Q}$，$\boldsymbol{Q}(\sqrt[4]{2})/\boldsymbol{Q}(\sqrt{2})$ はともに正規拡大であるが，$\boldsymbol{Q}(\sqrt[4]{2})/\boldsymbol{Q}$ は正規拡大で

はない．

一般に体の列 $K \subset L \subset E$ において，$L/K, E/L$ がともに正規拡大であっても，E/K は正規拡大であるとはかぎらない．

§36. 分離拡大

36.1. 分離性

$K[x] \ni f(x)$ が K の代数的閉包 $\bar{K}$ 上で，異なる1次式のべき積として

$$f(x) = c(x-\alpha_1)^{m_1}(x-\alpha_2)^{m_2}\cdots(x-\alpha_r)^{m_r}$$

と分解されるとき，各 α_i は $f(x)$ の $\boldsymbol{m_i}$ **重根**であるといい，$m_i > 1$ のとき α_i は $f(x)$ の**重根**であるという．

例えば Char $K = p > 0$ のとき，$a \in K$，$e \in \boldsymbol{N}$ に対して α を $x^{p^e} - a$ の一つの根とすれば，$(x-\alpha)^{p^e} = x^{p^e} - \alpha^{p^e} = x^{p^e} - a$ となり，α は $x^{p^e} - a$ の p^e 重根である．

一般に $x^n - a$ の根を a の $\boldsymbol{n}$ **乗根**とよぶ．上のことから次のことがわかる．

定理 36.1. Char $K = p > 0$ ならば，K の元 a の p^e 乗根は($\bar{K}$ で)ただ一つ存在する．(これを $\sqrt[p^e]{a}$，または a^{1/p^e} とかく．)

多項式 $f(x) = a_0x^n + a_1x^{n-1} + \cdots + a_n$ を形式的に微分した多項式を $f'(x)$，または $(f(x))'$ で表し，これを $f(x)$ の**導関数**とよぶことにする：$f'(x) = na_0x^{n-1} + (n-1)a_1x^{n-2} + \cdots + a_{n-1}$．このとき，$(f(x)g(x))' = f'(x)g(x) + f(x)g'(x)$ が成り立つことは容易に確かめられる．

例題 36.2. $K[x] \ni f(x)$，$\bar{K} \ni \alpha$ とするとき次が成り立つ．

(i) α が $f(x)$ の重根 $\Leftrightarrow$ α が $f(x)$ と $f'(x)$ の共通根．

(ii) $f(x)$ が既約で $f(\alpha) = 0$ のとき：α が $f(x)$ の重根 $\Leftrightarrow f'(x) = 0$．

証明 (i) ($\Rightarrow$) $f(x) = (x-\alpha)^2 g(x)$ とすれば，$f'(x) = 2(x-\alpha)g(x) + (x-\alpha)^2 g'(x) = (x-\alpha)(2g(x) + (x-\alpha)g'(x))$ となり，α は $f'(x)$ の根でもある．

($\Leftarrow$) α が重根でないとすれば，$f(x) = (x-\alpha)h(x)$，$h(\alpha) \neq 0$ となる．このとき $f'(x) = h(x) + (x-\alpha)h'(x)$ となり，$f'(\alpha) = h(\alpha) \neq 0$ である．

(ii) α が重根ならば $f'(\alpha) = 0$，よって $f(x) \mid f'(x)$ となる．$\deg f' < \deg f$ であるから，$f'(x) = 0$ である．逆に $f'(x) = 0$ ならばもちろん $f'(\alpha) = 0$ であ

るから，α は $f(x)$ の重根である． □

$K[x]\ni f(x)$ が $\bar{K}$ で重根をもたないとき，$f(x)$ は**分離的**であるという．また $\bar{K}\ni\alpha$ に対して，$\mathrm{Irr}(\alpha,K,x)$ が重根をもたないとき，α は**K上分離的**であるという．

代数的拡大 L/K において，L の任意の元が K 上分離的であるとき L/K は**分離拡大**である，あるいは単に分離的であるという．

問 36.3. 体の列 $K\subset M\subset L$ において，L/K が分離的ならば L/M も分離的であることを示せ．

Char $K=0$ ならば，$K[x]\ni f(x)$，$\deg f\geqq 1$ に対して $f'(x)\neq 0$ となるから，例題 36.2(ii) より任意の $\alpha\in\bar{K}$ は K 上分離的である．したがってこの場合は，拡大体が分離的であるかどうか心配する必要はない．

一般に体 K の任意の代数的拡大が分離的であるとき，K は**完全体**であるという．標数0の体はすべて完全体である．

問題は Char $K=p>0$ のときで，まず次のことを示す．

例題 36.4. Char $K=p>0$ とし，$\alpha\in\bar{K}$，$f(x)=\mathrm{Irr}(\alpha,K,x)$ とするとき，次が成り立つ．

(i) 分離的かつ既約な $q(x)\in K[x]$ と整数 $e\geqq 0$ が存在して，$f(x)=q(x^{p^e})$ と表せる．

(ii) $\bar{K}$ において α に K–共役な元の個数は $\deg q$ に等しい．また α は $f(x)$ の p^e 重根で，α^{p^e} は K 上分離的である．

証明 (i) $f(x)$ が分離的ならば $e=0$，$q(x)=f(x)$ とすればよい．$f(x)$ が非分離的ならば，例題 36.2(ii) より $f'(x)=0$ となる．いま $f(x)=a_0+a_1x+\cdots+x^n$ とすれば，$f'(x)=a_1+\cdots+ia_ix^{i-1}+\cdots+nx^{n-1}=0$ であるから $ia_i=0$．したがって $a_i\neq 0$ ならば $p|i$ となり，$f(x)=a_0+a_px^p+a_{2p}x^{2p}+\cdots$ となる．$q_1(x)=a_0+a_px+a_{2p}x^2+\cdots$ とおけば，$f(x)=q_1(x^p)$ で，$f(x)$ の既約性から $q_1(x)$ も既約である．$q_1(x)$ が非分離的ならば，同様にして $q_1(x)=q_2(x^p)$ となる $q_2(x)$ があり，$f(x)=q_2(x^{p^2})$ となる．これをつづければ，最後は $f(x)=q_e(x^{p^e})$ で，$q_e(x)$ は分離的かつ既約となる．

(ii) $\bar{K}$ 上で $q(x)=(x-\beta_1)\cdots(x-\beta_r)$ とすれば，$f(x)=q(x^{p^e})=(x^{p^e}-\beta_1)$

$\cdots(x^{p^e}-\beta_r)=(x-\beta_1{}^{1/p^e})^{p^e}\cdots(x-\beta_r{}^{1/p^e})^{p^e}$ となり，その異なる根の個数は r で，各根は p^e 重根である．また α^{p^e} は分離的な多項式 $q(x)$ の根であるから，K 上分離的である． □

上の例題で $\deg q$ を $f(x)$ の**被約次数**とよび，p^e を $f(x)$ の**非分離次数**とよぶ．それらの積は $\deg f$ に一致する．

一般に代数的拡大 L/K に対して，L から $\bar{K}$ の中への K-同型の個数を**分離次数**とよび，$[L:K]_s$ で表す．単純拡大については，例題 36.4 から次のことがわかる．

例題 36.5. 例題 36.4 の仮定のもとで，$\mathrm{Irr}(\alpha, K, x)$ の被約次数を r，非分離次数を p^e とすれば，$r=[K(\alpha):K]_s$ で

$$[K(\alpha):K]=[K(\alpha):K]_s p^e$$

が成り立つ．特に α が K 上分離的であるため必要十分な条件は，$[K(\alpha):K]=[K(\alpha):K]_s$ が成り立つことである．

問 36.6. L/M は代数的拡大で，Ω は代数的閉体であるとする．また $\sigma: M\to\Omega$ は Ω の中への同型とする．このとき，L から Ω の中への同型 $\rho: L\to\Omega$ で σ の拡張であるものの個数は $[L:M]_s$ に等しいことを示せ．

例題 36.7. (i) 代数的拡大 L/K とその中間体 M に対して，次が成り立つ：

$$[L:K]_s=[L:M]_s[M:K]_s$$

(ii) L/K が有限次拡大ならば

$$[L:K]=[L:K]_s p^e$$

となる．ただし p は K の標数で，e は負でない整数とする．

証明 (i) $\{\sigma_i: M\to\bar{K} \mid i\in I\}$ を M から $\bar{K}$ の中への K-同型の全体とする(このとき $|I|=[M:K]_s$)．各 σ_i に対し $\{\rho_{ij}: L\to\bar{K} \mid j\in J_i\}$ をその L への拡張の全体とすれば，問 36.6 から $|J_i|=[L:M]_s$ となる．$\{\rho_{ij} \mid i\in I,\ j\in J_i\}$ は L から $\bar{K}$ の中への K-同型の全体と一致するから，(i) の等式が成り立つ．

(ii) $L=K(\alpha_1,\cdots,\alpha_n)$ で，各 α_i は K 上代数的としてよい．いま体の列 $K\subset K(\alpha_1)\subset K(\alpha_1,\alpha_2)\subset\cdots\subset K(\alpha_1,\cdots,\alpha_n)=L$ を考え，$L_0=K$，$L_i=K(\alpha_1,\cdots,\alpha_i)$ とおけば

$$[L:K]=\prod_{i=1}^{n}[L_i, L_{i-1}], \qquad [L:K]_s=\prod_{i=1}^{n}[L_i:L_{i-1}]_s$$

となる．ここで $L_i=L_{i-1}(\alpha_i)$ であるから，$[L_i:L_{i-1}]=[L_i:L_{i-1}]_s p^{e_i}$ となり，$e=\sum_i e_i$ とおけば（ii）の等式が成り立つ．　□

有限次拡大 L/M に対して，$[L:K]/[L:K]_s$ を $[L:K]_i$ とかいて，これを L/K の**非分離次数**とよぶ．上の例題から，$[L:K]_i$ は K の標数 p のべきである．また $K\subset M\subset L$ のとき，$[L:K]_i=[L:M]_i[M:K]_i$ が成り立つ．

有限次拡大の分離性について，次の定理が成り立つ．

定理 36.8.　$L=K(\alpha_1, \cdots, \alpha_n)$ を K の有限次拡大とするとき，次の三つは同値である．

（1）　L/K は分離拡大である．

（2）　$\alpha_i (1\leq i\leq n)$ はすべて K 上分離的である．

（3）　各 α_i は $K(\alpha_1, \cdots, \alpha_{i-1})$ 上分離的である．

（4）　$[L:K]=[L:K]_s$.

証明　（1）⇒（2）：分離拡大の定義より明らかである．

（2）⇒（3）：問 36.3 より明らかである．

（3）⇒（4）：例題 36.7(ii)の証明において，各 $e_i=0$ となるから $e=0$ となる．

（4）⇒（1）：L は K 上非分離的な元 α を含むと仮定する．このとき体の列 $K\subset K(\alpha)\subset L$ において

$$[K(\alpha):K]>[K(\alpha):K]_s, \qquad [L:K(\alpha)]\geq[L:K(\alpha)]_s$$

となるから，$[L:K]>[L:K]_s$ をえる　□

例題 36.9.　体の列 $K\subset M\subset L$ において，M/K, L/M がともに分離拡大ならば L/K も分離拡大である．またこの逆も成り立つ．

証明　逆は明らかであるから，M/K, L/M はともに分離的であるとする．$\alpha\in L$ に対して $\mathrm{Irr}(\alpha, M, x)=x^n+\alpha_1x^{n-1}+\cdots+\alpha_n (\alpha_i\in M)$ とすれば，これは重根をもたない．よって $K(\alpha_1, \cdots, \alpha_n, \alpha)$ は定理 36.8（3）の条件をみたし，K 上分離的である．特に α は K 上分離的で，L/K は分離拡大である．　□

問 36.10.　L, M が代数的拡大 E/K の中間体であるとき，次のことを示せ．

（i）　L/K が分離的ならば，ML/M も分離的である．（すなわち拡大の分離性は持ち上げによって保たれる．）

(ii)　L/K, M/K がともに分離的ならば，ML/K も分離的である.

代数的拡大 L/K において，K 上分離的な L の元の全体を L_s で表す. $L_s \ni \alpha, \beta$ ならば $K(\alpha, \beta)$ は K 上分離的で，したがって $\alpha \pm \beta, \alpha\beta, \alpha\beta^{-1} (\beta \neq 0) \in L_s$ となり，L_s は L の部分体である. 実際 L_s は K 上分離的な L/K の中間体のうち最大なもので，これを K の L における**分離閉包**とよぶ.

L/K が分離拡大ならばもちろん $L_s=L$ となるが，別の極端な場合として特に $L_s=K$ であるとき，L/K は**純非分離拡大**であるという.

例題 36.11.　代数的拡大 L/K について，次の三つは同値である. ただし Char $K=p>0$ とする.

(1)　L/K は純非分離拡大である.

(2)　任意の $\alpha \in L$ に対し，$\alpha^{p^e} \in K$ となる $e \geq 0$ がある.

(3)　$[L:K]_s=1$.

証明　(1)⇒(2)：α^{p^e} が K 上分離的となる $e \geq 0$ があるが，このとき仮定より $\alpha^{p^e} \in K$ となる.

(2)⇒(3)：L を含む K の代数的閉包を $\bar{K}$ とし，$\sigma : L \to \bar{K}$ を中への K-同型とする. $\alpha \in L$ に対して $\alpha^{p^e} \in K$ とすれば，$(\alpha^\sigma)^{p^e} = (\alpha^{p^e})^\sigma = \alpha^{p^e}$ となり，$\alpha^\sigma = (\alpha^{p^e})^{1/p^e} = \alpha$, したがって σ は L の各元をそれ自身にうつす. よって $[L:K]_s = 1$ となる.

(3)⇒(1)：$\alpha \in L$ が K 上分離的とすれば，$[K(\alpha):K] = [K(\alpha):K]_s \leq [L:K]_s = 1$ より $\alpha \in K$ となる. □

例題 36.12.　L/K を代数的拡大，L_s を L における K の分離閉包とするとき

(i)　L/L_s は純非分離拡大である.

(ii)　L/K が有限次拡大ならば，次の等式が成り立つ:

$$[L:K]_s = [L_s:K], \qquad [L:K]_i = [L:L_s].$$

証明　(i)　L_s 上分離的な L の元は K 上分離的であるから，明らかである.

(ii)　$[L:K]_s = [L:L_s]_s [L_s:K]_s$ において，(i)と例題 36.11 より $[L:L_s]_s = 1$. また L_s/K は分離的であるから $[L_s:K]_s = [L_s:K]$ となり，$[L:K]_s = [L_s:K]$ である. $[L:K]_i$ については明らかである. □

36.2.　分離拡大の単純性

有限次の分離拡大は単純拡大である．もっと一般に次の定理が成り立つ．

定理 36.13.　体 K の有限次拡大 $L=K(\alpha_1,\cdots,\alpha_{n-1},\alpha_n)$ において，$\alpha_1,\cdots,\alpha_{n-1}$ がすべて K 上分離的ならば $L=K(\theta)$ となる $\theta\in L$ がある．

証明　K が有限体ならば L も有限体で，その乗法群 $L^\#=L-\{0\}$ は2章の問 9.9 により巡回群である．$L^\#=\langle\theta\rangle$ とすれば，明らかに $L=K(\theta)$ となる．

また $n=2$ のとき示されれば，一般の場合は n に関する帰納法で示される．実際 $K(\alpha_1,\cdots,\alpha_{n-2},\alpha_n)=K(\beta)$ とすれば，$L=K(\alpha_{n-1},\beta)$ となり $n=2$ のときに帰着される．

よって以下では K は無限体とし，$L=K(\alpha,\beta)\subset\bar{K}$，$\alpha$ は K 上分離的と仮定する．

$n=[L:K]_s$ とし，$\sigma_i: L\to\bar{K}$ $(1\leq i\leq n)$ を中へ異なる K-同型とする．このとき，$i\neq j$ ならば $\alpha^{\sigma_i}\neq\alpha^{\sigma_j}$ か $\beta^{\sigma_i}\neq\beta^{\sigma_j}$ となるから，x についての多項式

$$f(x)=\prod_{i\neq j}((\alpha^{\sigma_i}-\alpha^{\sigma_j})+(\beta^{\sigma_i}-\beta^{\sigma_j})x)$$

は0と異なる．$|K|=\infty$ であるから，1章の問6.4により $f(c)\neq 0$，$c\neq 0$ なる元 $c\in K$ がある．このとき，$i\neq j$ ならば

$$0\neq(\alpha^{\sigma_i}-\alpha^{\sigma_j})+(\beta^{\sigma_i}-\beta^{\sigma_j})c=(\alpha+c\beta)^{\sigma_i}-(\alpha+c\beta)^{\sigma_j},$$

よって $\theta=\alpha+c\beta$ とおけば

$$i\neq j\Rightarrow\theta^{\sigma_i}\neq\theta^{\sigma_j}$$

となり，θ は少なくとも n 個の K-共役元をもつ．したがって，$n\leq[K(\theta):K]_s\leq[L:K]_s=n$ となり，$[K(\theta):K]_s=[L:K]_s$ をえる．いま L_s，$K(\theta)_s$ をそれぞれ L，$K(\theta)$ における K の分離閉包とすれば，$K(\theta)_s\subset L_s$ であるが，上の等式と例題 36.12(ii) よりこれらの K 上の拡大次数が一致する．よって $K(\theta)_s=L_s$ となる．仮定により $\alpha\in L_s=K(\theta)_s\subset K(\theta)$ である．また $\beta=c^{-1}(\theta-\alpha)\in K(\theta)$ となるから，$K(\alpha,\beta)=K(\theta)$ をえる．　□

36.3　完全体

前にのべたように標数0の体は完全体であるから，以下 Char $K=p>0$ とし，$\bar{K}$ を K の代数的閉包とする．また

$$K^p=\{a^p\,|\,a\in K\},$$

$$K^{1/p}=\{a^{1/p}\in\bar{K}\,|\,a\in K\}=\{\alpha\in\bar{K}\,|\,\alpha^p\in K\}$$

とおけば，K^p は K の部分体，$K^{1/p}$ は K の拡大体である．

定理 36.14. 次の三つの条件は同値である．

（1） K は完全体である．

（2） $K^{1/p}=K$.

（3） $K^p=K$.

証明 （1）⇒（2）：$K^{1/p}/K$ は例題 36.11 により純非分離拡大であるから，K が完全体ならば $K^{1/p}=K$ となる．

（2）⇒（3）：$K\ni a$ を任意にとれば，$a=(a^{1/p})^p$. ここで $a^{1/p}\in K$ ならば $a\in K^p$ となる．

（3）⇒（1）：$\bar{K}\ni\alpha$ が K 上非分離的とすれば

$$f(x)=\mathrm{Irr}(\alpha,K,x)=(x^p)^m+a_1(x^p)^{m-1}+\cdots+a_m \qquad (a_i\in K)$$

となる．ここで各 a_i に対し $b_i{}^p=a_i$ なる $b_i\in K$ があるから

$$f(x)=(x^m+b_1x^{m-1}+\cdots+b_m)^p$$

となり矛盾である．よって $\bar{K}/K$ は分離的である． □

例題 36.15. 有限体は完全体である．

証明 K を標数 p の有限体とすれば，$\sigma:K\to K$ $(a\longmapsto a^p)$ は単射で，したがって $|K|<\infty$ より全射となり，K は定理 36.14 の条件（3）をみたす． □

§37. ガロア拡大

37.1. ガロアの基本定理

代数的拡大 L/K が分離的かつ正規拡大であるとき，これを**ガロア拡大**とよび，$\mathrm{Aut}\,L/K$ をその**ガロア群**とよんで $\mathrm{Gal}(L/K)$ で表す．($\mathrm{Gal}(L/K)$ を $G(L/K)$ とかくこともある．)

拡大の分離性も正規性も持ち上げによって保たれるから，次が成り立つ．

例題 37.1. L,M を E/K の中間体とし，L/K がガロア拡大ならば ML/M もガロア拡大である．

一般に拡大 L/K に対して，$G=\mathrm{Aut}\,L/K$ の部分群 H で不変な L の元の全体は L/K の中間体で，これを(L における)H の**不変体**とよんで，L^H で表す:

$$L^H=\{\alpha\in L\,|\,\alpha^\sigma=\alpha\ \ (\forall\sigma\in H)\}.$$

逆に L/K の中間体 M に対して，M の元をすべて不変にする G の元の全体は部分群をつくり，これを(G における)M の**不変群**とよんで G^M で表す：

$$G^M=\{\sigma\in G\,|\,\alpha^\sigma=\alpha\ \ (\forall\alpha\in M)\}.$$

問 37.2. L/K はガロア拡大，M をその中間体とすれば，L/M はまたガロア拡大で，$\mathrm{Gal}(L/M)$ は $G=\mathrm{Gal}(L/K)$ における M の不変群 G^M に一致することを示せ．

例題 37.3. L/K を有限次ガロア拡大，$G=\mathrm{Gal}(L/K)$ とするとき，次が成り立つ．

(i) $[L:K]=[L:K]_s=|G|$.

(ii) $L^G=K$.

証明 (i) 分離性より $[L:K]=[L:K]_s$. また L を含む K の代数的閉包を $\bar{K}$ とし，$\sigma:L\to\bar{K}$ を $\bar{K}$ の中への K-同型とすれば，正規性より $L^\sigma=L$ となる．よって σ の値域を L に制限して $\sigma:L\simeq L$ なる $\mathrm{Gal}(L/K)$ の元がえられる．逆に $\mathrm{Gal}(L/K)\ni\rho:L\simeq L$ の値域を $\bar{K}$ に拡大すれば中への K-同型 $\rho:L\to\bar{K}$ がえられる．したがって $|\mathrm{Gal}(L/K)|=[L:K]_s$ である．

(ii) $K\subset L^G\subset L$ で，問 37.2 により L/L^G はガロア拡大，$\mathrm{Gal}(L/L^G)=G^{L^G}=G$ となる．このとき (i) より $[L:L^G]=|G|=[L:K]$ となるから，$L^G=K$ である．　□

定理 37.4. (アルチン)　L を体，G を $\mathrm{Aut}\,L$ の有限部分群とし，$K=L^G$ とおけば，次が成り立つ．

(i) L/K は有限次ガロア拡大である．

(ii) $\mathrm{Gal}(L/K)=G$.

(iii) $[L:K]=|G|$.

注意　$|G|=\infty$ のときは，上の定理は一般に成立しない．

この定理を示すため，補題を一つ準備しておく．

補題 37.5. 代数的拡大 L/K は分離的で，n はある自然数とする．このとき任意の $\alpha\in L$ に対し $[K(\alpha):K]\leq n$ ならば，$[L:K]\leq n$ となる．

証明 $[K(\alpha):K]=m$ が最大になるように $\alpha\in L$ をとる．$L\neq K(\alpha)$ ならば

$\beta \in L-K(\alpha)$ があり，定理 36.13 より $K(\alpha,\beta)=K(\gamma)\supsetneqq K(\alpha)$ となって矛盾である．よって $L=K(\alpha)$ で，$[L:K]=m\leq n$ となる． □

(定理 37.4 の)**証明** $L\ni\alpha$ を含む G-軌道を $\alpha^G=\{\alpha=\alpha_1,\alpha_2,\cdots,\alpha_r\}$ とし，$f(x)=\prod_{i=1}^r(x-\alpha_i)=x^r+c_1x^{r-1}+\cdots+c_r$ とおく．このとき，任意の $\sigma\in G$ に対して $f^\sigma(x)=\prod_{i=1}^r(x-\alpha_i{}^\sigma)=f(x)$ となるから，各 $c_i\in L^G=K$ となり，$f(x)\in K[x]$ である．$f(\alpha)=0$ であるから，$\mathrm{Irr}(\alpha,K,x)\,|\,f(x)$ である．ここで $f(x)$ は重根をもたないから α は K 上分離的で，したがって L/K は分離拡大である．また $\mathrm{Irr}(\alpha,K,x)$ は L 上で 1 次式の積に分解でき，α は L の任意の元でよかったから L/K は正規拡大，よってガロア拡大である．いま $n=|G|$ とすれば，$|K(\alpha):K|\leq n\,(\forall\alpha\in L)$ となるから，補題により $[L:K]\leq|G|$ となる．

一方 $G\subset\mathrm{Gal}(L/K)$ で，例題 37.3 より $[L:K]=|\mathrm{Gal}(L/K)|$ であるから，$G=\mathrm{Gal}(L/K)$，$[L:K]=|G|$ をえる． □

拡大 L/K の中間体の全体を $\mathcal{F}(L/K)$ で表し，群 G の部分群の全体を $\mathcal{S}(G)$ で表すことにする．次が目標としてきた定理である．

定理 37.6. (ガロアの基本定理) L/K を有限次ガロア拡大とし，$G=\mathrm{Gal}(L/K)$ とする．このとき次のことが成り立つ．

(i) G の部分群にその不変体を対応させる写像

$$\varphi:\mathcal{S}(G)\to\mathcal{F}(L/K)\qquad(H\longmapsto L^H)$$

は全単射で，$H\in\mathcal{S}(G)$，$M\in\mathcal{F}(L/K)$ に対して

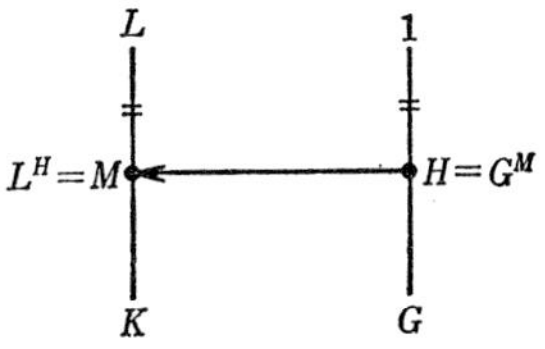

図 13

(1) $\mathrm{Gal}(L/L^H)=H$,

特に $[L:L^H]=|H|$ が成り立つ．

(2) $\varphi^{-1}(M)=G^M$．したがって

$$H=G^{L^H},\qquad M=L^{G^M}$$

が成り立つ(図 13)．

(ii) M を L/K の中間体とするとき

$$M/K\text{ がガロア拡大}\Leftrightarrow G^M\lhd G.$$

またこのとき $\mathrm{Gal}(M/K)\simeq G/G^M$ となる．

注意　$1\subset H_1\subset H_2\subset G$ ならば $L^{H_1}\supset L^{H_2}$ であるから，上の φ は包含関係を逆転させる全単射である．

証明　(i)　$H\in\mathcal{S}(G)$ に対し L/L^H はガロア拡大で，$\mathrm{Gal}(L/L^H)=H$，$[L:L^H]=|H|$ となる(アルチンの定理 37.4)．一方 L/K の中間体 M に対し $\mathrm{Gal}(L/M)=G^M$ である(問 37.2)．よって $H\in\mathcal{S}(G)$ に対し $\mathrm{Gal}(L/L^H)=H=G^{L^H}$ となる．特に $H_1, H_2\in\mathcal{S}(G)$ で $L^{H_1}=L^{H_2}$ ならば，$H_1=G^{L^{H_1}}=G^{L^{H_2}}=H_2$ となって φ は単射である．

次に $M\in\mathcal{F}(L/K)$ に対し，L/M はガロア拡大で $\mathrm{Gal}(L/M)=G^M$ であるから，$M=L^{G^M}=\varphi(G^M)$ (例題 37.3(ii))．よって φ は全射で，(2)も成り立つ．

(ii)　一般に $M\in\mathcal{F}(L/K)$，$\sigma\in G$ に対して $G^{M^\sigma}=\sigma^{-1}G^M\sigma$ が成り立つ．

($\Rightarrow$)　M/K は正規拡大であるから，任意の $\sigma\in G$ に対して $M^\sigma=M$ となる．よって $\sigma^{-1}G^M\sigma=G^{M^\sigma}=G^M$ となり，$G^M\triangleleft G$ である．

($\Leftarrow$)　$\sigma\in G$ に対して $G^M=\sigma^{-1}G^M\sigma=G^{M^\sigma}$．よって $M^\sigma=M(\forall\sigma\in G)$ となる．

G の元の M への制限の全体を $G'=\{\sigma_M|\sigma\in G\}$ とすれば，$G/G^M\simeq G'$ である．また $M^{G'}=K$ であるから M/K はガロア拡大で，$\mathrm{Gal}(M/K)=G'\simeq G/G^M$ となる．　□

ガロア拡大に対して，そのガロア群 $\mathrm{Gal}(L/K)$ がアーベル群であるとき，L/K は**アーベル拡大**であるという．また $\mathrm{Gal}(L/K)$ が巡回群のとき L/K は**巡回拡大**であるという．

例題 37.7.　L, M は拡大 E/K の中間体で，K の有限次拡大とする．

(i)　L/K がガロア拡大ならば

$$\mathrm{Gal}(ML/M)\simeq\mathrm{Gal}(L/M\cap L)$$

となる(図 14)．

(ii)　L, M がともに K のアーベル拡大ならば，ML/K もアーベル拡大である．

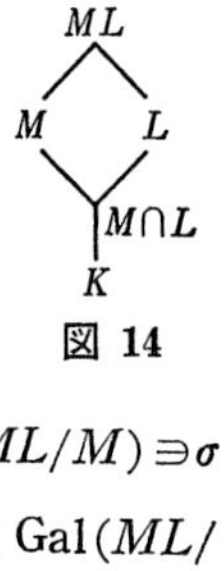

図 14

証明　(i)　例題 37.1 より ML/M はガロア拡大である．$\mathrm{Gal}(ML/M)\ni\sigma$ とすれば，その L への制限 σ_L は $\mathrm{Gal}(L/M\cap L)$ の元で，写像 $f:\mathrm{Gal}(ML/M)\to\mathrm{Gal}(L/M\cap L)$ $(\sigma\longmapsto\sigma_L)$ は準同型である．$\mathrm{Gal}(ML/M)$ の元 σ は L の

元の像できまるから，まず f は単射である．また $\mathrm{Im}\, f=H$ の不変体 L^H は，任意の $\sigma\in \mathrm{Gal}(ML/M)$ で不変な L の元の全体であるが，そのような ML の元の全体が M であるから，$L^H=M\cap L$ となる．よって $H=\mathrm{Gal}(L/M\cap L)$ となり，f は全射である．

(ii) ML/K は明らかにガロア拡大である．$\mathrm{Gal}(ML/K)=G$ とすれば，G^L, G^M はともに G の正規部分群で，G/G^L, G/G^M はともに $\mathrm{Gal}(L/K)$, $\mathrm{Gal}(M/K)$ に同型でアーベル群である．一方 $G^M\cap G^L=G^{ML}=1$ であるから，$[G,G]\subset G^M\cap G^L=1$ となり，G はアーベル群である． ▯

例 37.8. 体 K 上の n 次の多項式 $f(x)$ は重根をもたないとし，$\alpha_1,\cdots,\alpha_n$ を $f(x)$ の $\bar{K}$ における根とする：$f(x)=c(x-\alpha_1)\cdots(x-\alpha_n)$．このとき $f(x)$ の最小分解体 $L=K(\alpha_1,\cdots,\alpha_n)$ は K のガロア拡大である．ガロア群 $G=\mathrm{Gal}(L/K)$ を多項式 $f(x)$ の (K 上の) **ガロア群**とよぶ．$G\ni\sigma$ は K-同型であるから $f^\sigma(x)=f(x)$ となり，σ は $\{\alpha_1,\cdots,\alpha_n\}$ の上の置換 $\sigma'=\begin{pmatrix}\alpha_i\\ \alpha_i{}^\sigma\end{pmatrix}$ をひきおこす．$\psi: G\to S_n\,(\sigma\longmapsto\sigma')$ は単準同型で，したがって G は S_n のある部分群と同型となり，$[L:K]=|G|\leq n!$ である．

問 37.9. $K[x]\ni f(x)$ は分離的とし，G をその K 上のガロア群とする．また $\{\alpha_1,\cdots,\alpha_n\}$ を $f(x)$ の $\bar{K}$ における根の全体とするとき，次を証明せよ．

$$f(x)\ \text{が既約多項式} \Longleftrightarrow G\ \text{が}\ \{\alpha_1,\cdots,\alpha_n\}\ \text{上可移}.$$

問 37.10. L/K を有限次分離拡大とすれば，L を含む K の有限次ガロア拡大が存在することを示せ．

37.2. 一つの応用

ガロアの基本定理の応用として，次の定理を証明しよう．

定理 37.11. 複素数体 $\boldsymbol{C}$ は代数的閉体である．

証明 まず次の二つのことを示しておく．

(1) 実数体 $\boldsymbol{R}$ の奇数次の拡大体は $\boldsymbol{R}$ 自身以外に存在しない．

(2) $\boldsymbol{C}$ の 2 次拡大は存在しない．

(1) の証明：$L=\boldsymbol{R}(\alpha)$ を $\boldsymbol{R}$ の $2m+1$ 次 $(m\in\boldsymbol{N})$ の拡大とし，$p(x)=\mathrm{Irr}(\alpha,\boldsymbol{R},x)=x^{2m+1}+a_1x^{2m}+\cdots+a_{2m+1}$ とする．$p(x)=x^{2m+1}(1+a_1(1/x)+\cdots+a_{2m+1}(1/x)^{2m+1})$ で，右辺の括弧の中は $|x|$ が十分大きければ正の値をとる．

したがって十分大きい正の実数 b をとれば，$p(b)>0$，$p(-b)<0$ となり，$-b<c<b$ なる適当な c に対して $p(c)=0$ となる．これは $p(x)$ の既約性に反する．

（2）の証明：$\boldsymbol{C}$ 上2次の任意の多項式 $f(x)=x^2+\alpha x+\beta$ は可約であることを示せばよい．そのため $\delta=\alpha^2-4\beta$ とおくとき，$x^2=\delta$ となる複素数 x の存在が示されれば，$f(x)$ は $\boldsymbol{C}$ で根をもち可約になる．$\delta=a+b\sqrt{-1}$ $(a,b\in\boldsymbol{R})$ とすると，$c^2=(a+\sqrt{a^2+b^2})/2$，$d^2=(-a+\sqrt{a^2+b^2})/2$ をみたす実数 c,d がある．それらの付号を適当に定めて $2cd=b$ となるようにすれば，$(c+d\sqrt{-1})^2=a+b\sqrt{-1}$ となる．

さて α を $\boldsymbol{C}$ 上代数的な元とし，$p(x)=\mathrm{Irr}(\alpha,\boldsymbol{R},x)$ として，L は α を含む $\{p(x),x^2+1\}$ の $\boldsymbol{R}$ 上の最小分解とする．このとき $L\supset\boldsymbol{C}$ で，$L/\boldsymbol{R}$ はガロア拡大である．$G=\mathrm{Gal}(L/\boldsymbol{R})$ とし，$S\in\mathrm{Syl}_2(G)$，$M=L^S$ とすれば，$[M:\boldsymbol{R}]=|G:S|$ でこれは奇数である．したがって（1）より $M=\boldsymbol{R}$ となり，$G(=S)$ は2-群である．$L\supsetneqq\boldsymbol{C}$ とすれば $H=G^{\boldsymbol{C}}\neq 1$ となり，H の極大部分群 H_1 をとれば，2章の系 16.16 により $|H:H_1|=2$ である(図 15)．$M_1=L^{H_1}$ とおけば，$M_1/\boldsymbol{C}$ は2次拡大で，これは（2）に反する．よって $L=\boldsymbol{C}\ni\alpha$ となり，$\boldsymbol{C}$ は代数的閉体である．　□

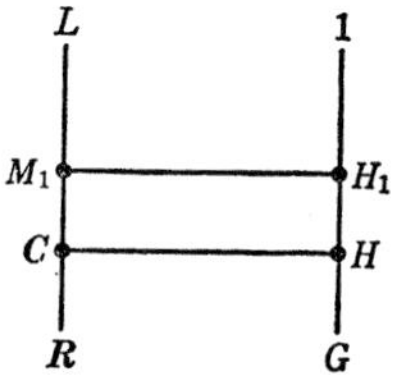

図 15

§38.　有限体

有限体は最近，数学の応用面でも重要性を増してきている．ここでその存在，一意性や大事な性質についてまとめておこう．

定理 38.1.　任意の素数 p と自然数 n に対して，$|F|=p^n$ なる有限体が存在する．このような F は素体 $\boldsymbol{Z}_p$ 上の多項式 $x^{p^n}-x$ の最小分解体に同型で，したがって同型を度外視して一意的に定まる．

証明　$\bar{\boldsymbol{Z}}_p$ を $\boldsymbol{Z}_p$ の代数的閉包とし，$F=\{\alpha\in\bar{\boldsymbol{Z}}_p\mid\alpha^{p^n}=\alpha\}$ とおけば，F が体になることは容易に確かめられる．F は多項式 $f(x)=x^{p^n}-x$ の根の全体で，$f'(x)=-1$ と $f(x)$ の共通根は存在しないから $f(x)$ は重根をもたず，$|F|=p^n$ となる．

一方 K を元の個数が p^n の任意の有限体とすれば，例 32.3 により K は x^{p^n}

$-x$ の $\boldsymbol{Z}_p$ 上の最小分解体で，$K \simeq F$ となる．□

元の個数が p^n の有限体を $\boldsymbol{F}_{p^n}$ で表す．以下素体 $\boldsymbol{Z}_p$ の代数的閉包 $\bar{\boldsymbol{Z}}_p$ を一つきめて，$\boldsymbol{F}_{p^n}$ はすべてその部分体であると考える：$\boldsymbol{F}_{p^n}=\{\alpha \in \bar{\boldsymbol{Z}}_p \mid \alpha^{p^n}=\alpha\}$．

例題 38.2.　$\boldsymbol{F}_{p^n} \subset \boldsymbol{F}_{p^m} \Longleftrightarrow n \mid m$.

証明　($\Rightarrow$) $[\boldsymbol{F}_{p^m} : \boldsymbol{F}_{p^n}]=d$ とすれば，$|\boldsymbol{F}_{p^m}|=|\boldsymbol{F}_{p^n}|^d=p^{nd}$ であるから $m=nd$ となる．

($\Leftarrow$) $m=nd$ $(d \in \boldsymbol{N})$ とし，$q=p^n$ とおけば $p^m=q^d$ である．$\alpha \in F_q$ とすれば $\alpha^q=\alpha$，よって $\alpha^{q^d}=\alpha$ となり $\alpha \in \boldsymbol{F}_{q^d}$ をえる．□

有限体についての基本的な性質は，次の定理のようにまとめられる．

定理 38.3.　$q=p^n$ (p は素数) とするとき

(i)　$\boldsymbol{F}_q$ の乗法群 $\boldsymbol{F}_q{}^{\#}=\boldsymbol{F}_q-\{0\}$ は巡回群である．

(ii)　$\boldsymbol{F}_q$ は完全体である．

(iii)　$\boldsymbol{F}_{q^d}/\boldsymbol{F}_q$ はガロア拡大で，そのガロア群 G は巡回群である．実際 σ：$\boldsymbol{F}_{q^d} \to \boldsymbol{F}_{q^d}$ $(\alpha \longmapsto \alpha^q)$ とすれば，$G=\langle\sigma\rangle$ となる．

証明　(i) は例 32.3，(ii) は例題 36.15 で示してある．

(iii)　定理における σ は $\boldsymbol{F}_{q^d}$ の自己同型で，しかも $\langle\sigma\rangle$ の不変体が $\boldsymbol{F}_q$ であることは容易に確かめられる．よって定理 37.4 により (iii) がいえる．□

$\boldsymbol{F}_q{}^{\#}=\langle\gamma\rangle$ であるとき，γ を有限体 $\boldsymbol{F}_q$ の**原始根**とよぶ．このとき明らかに $\boldsymbol{F}_q=\boldsymbol{Z}_p(\gamma)$ となる．

注意　$\boldsymbol{F}_q=\boldsymbol{Z}_p(\gamma)$ であっても，γ は $\boldsymbol{F}_q$ の原始根とは限らない．

§39.　1のべき根と巡回拡大

39.1.　円分体

体 K の代数的閉包 $\bar{K}$ を一つきめて，$\bar{K}^{\#}=\bar{K}-\{0\}$ はその乗法群とする．また $\bar{K}$ において，1の n 乗根の全体を U_n で表すことにする．U_n は多項式 x^n-1 の根の全体で，一般に位数が n 以下の巡回群である．

例題 39.1.　1の n 乗根の個数について，次が成り立つ．

(i)　Char $K=0$ のとき：$|U_n|=n$.

(ii)　Char $K=p>0$ のとき：$n=p^r m$，$(p,m)=1$ とすれば，$U_n=U_m$ で，

$|U_n|=m$ である．

また1の n 乗根は K 上分離的である．

証明　$f(x)=x^n-1$ とすれば $f'(x)=nx$．したがって $\mathrm{Char}\,K=p>0$, $p|n$ となる場合を除けば $f(x)$ は重根をもたず，$|U_n|=n$ となる．また上の（ii）の場合は $x^n-1=(x^m-1)^{p^r}$ となり，x^m-1 は重根をもたないから $U_n=U_m$, $|U_n|=m$ となる．さらに1の n 乗根 α は，分離的な多項式 x^m-1 の根であるから K 上分離的である．　□

乗法群 $\bar{K}^\#$ において，位数 n の元 ζ を**1の原始 n 乗根**とよぶ．このとき $U_n=\langle\zeta\rangle$ で，$\zeta^i(1\leq i<n)$ がまた1の原始 n 乗根になるのは $(i,n)=1$ のとき，かつそのときに限る．

$L=K(U_n)$ は多項式 x^n-1 の最小分解体で，したがって K の正規拡大である．また $U_n=\langle\zeta\rangle$ とすれば，$L=K(\zeta)$ で ζ は K 上分離的であるから，L/K は分離的である．したがって L/K はガロア拡大である．

一般に $K(U_n)/K$ の中間体を **K 上の円分体**とよぶ．

定理 39.2.　体 K 上の円分体は，K のアーベル拡大である．

証明　まず $L=K(U_n)$ が K のアーベル拡大であることを示す．例題 39.1 より $|U_n|=n$ としてよい．$U_n=\langle\zeta\rangle$, $G=\mathrm{Gal}(L/K)$ とおく．$G\ni\sigma$ に対し $\zeta^\sigma=\zeta^{i(\sigma)}$, $1\leq i(\sigma)<n$, $(i(\sigma),n)=1$ となる自然数 $i(\sigma)$ がきまるが，$i(\sigma\tau)\equiv i(\sigma)i(\tau)\pmod n$ となることは容易に確かめられる．したがって G から $\boldsymbol{Z}_n=\boldsymbol{Z}/(n)$ の単数群への準同型 ψ：$G\to U(\boldsymbol{Z}_n)$ $(\sigma\longmapsto i(\sigma)+(n))$ がえられるが，$\sigma\in G$ は ζ の像 ζ^σ によってきまるから ψ は単射である．よって G は $U(\boldsymbol{Z}_n)$ の部分群と同型で，アーベル群である．

次に M を L/K の中間体とし，$H=G^M$ を M の不変群とすると，$H\lhd G$ であるから，ガロアの基本定理により M/K は G/H と同型なガロア群をもつアーベル拡大である．　□

本項で，以下では有理数体 $\boldsymbol{Q}$ 上の円分体を考察する．$\zeta(\in\boldsymbol{C})$ を1の原始 n 乗根とするとき

$$\Phi_n(x)=\prod_{\substack{0<r<n\\(r,n)=1}}(x-\zeta^r)$$

を**円分多項式**，または**円の n 分多項式**という．これは1の原始 n 乗根のすべてを根とする多項式である．

例題 39.3.　円分多項式について次が成り立つ．

（i）　$\deg \Phi_n(x)=\varphi(n)$（オイラーの関数）．

（ii）　$x^n-1=\prod_{d|n}\Phi_d(x)$．

（iii）　$\Phi_n(x)\in \boldsymbol{Z}[x]$．

証明　（i）は明らかである．また1の n 乗根 η は，n のある約数 d に対して1の原始 d 乗根となるから，(ii) が成り立つ．(iii) は n に関する帰納法による．

$$(39.1)\qquad x^n-1=\Phi_n(x)f(x),\qquad f(x)=\prod_{\substack{d|n\\ d<n}}\Phi_d(x)$$

とすれば，帰納法の仮定により $f(x)\in \boldsymbol{Z}[x]$．また $f(x)$ の最高次の係数は1で，したがって原始多項式である．(39.1) の両辺の係数を比較して $\Phi_n(x)\in \boldsymbol{Q}[x]$ となることが示されるから，3章の問 26.10 により $\Phi_n(x)\in \boldsymbol{Z}[x]$ である．□

定理 39.4.　$\Phi_n(x)$ は $\boldsymbol{Q}[x]$ の既約多項式である．

証明　ζ を1の原始 n 乗根とし，$f(x)$ を ζ を根とする既約かつ原始的な $\boldsymbol{Z}$ 上の多項式とする．このとき $f(x)\,|\,x^n-1$ で，$x^n-1=f(x)g(x)$ となる $g(x)\in \boldsymbol{Z}[x]$ がある．

いま p を n と互いに素な任意の素数とすれば，$f(\zeta^p)=0$ となることが次のようにして示される．これを否定して $f(\zeta^p)\neq 0$ とすれば，$g(\zeta^p)=0$ となる．$g(x^p)$ は ζ を根にもつから $g(x^p)=f(x)h(x)$ となる $h(x)\in \boldsymbol{Z}[x]$ がある．いま $\boldsymbol{Z}_p=\boldsymbol{Z}/(p)$ で $a\in \boldsymbol{Z}$ を含む剰余類を $\bar{a}$ で表し，また $\boldsymbol{Z}[x]\ni k(x)$ の各係数を対応する $\boldsymbol{Z}_p$ の元でおきかえた多項式を $\bar{k}(x)$ と表すことにすれば，$\bar{a}^p=\bar{a}$ に注意して

$$\bar{f}(x)\bar{h}(x)=\bar{g}(x^p)=(\bar{g}(x))^p$$

となり，$\bar{f}(x)$ と $\bar{g}(x)$ は共通根をもつ．したがって $\boldsymbol{Z}_p$ 上で $x^n-\bar{1}=\bar{f}(x)\bar{g}(x)$ は重根をもち，$(p,n)=1$ という仮定に反する．

上のことを用いて，一般に $(r,n)=1$ ならば ζ^r は $f(x)$ の根になることが，r の素因数の個数に関する帰納法で示される．したがって $\Phi_n(x)\,|\,f(x)$ となるが，$f(x)$ は既約であるから $f(x)=c\Phi_n(x)$ となって，$\Phi_n(x)$ も既約になる．□

有理数体 $\boldsymbol{Q}$ に1の原始 n 乗根 ζ を添加した円分体 $\boldsymbol{Q}(\zeta)$ を $\boldsymbol{Q}_n$ と表すことにする．上の定理より $\Phi_n(x)=\mathrm{Irr}(\zeta,\boldsymbol{Q},x)$ で，定理 39.2 の証明における準同型 $\psi:\mathrm{Gal}(\boldsymbol{Q}_n/\boldsymbol{Q})\to U(\boldsymbol{Z}_n)$ は同型写像となるから，次がえられる．

例題 39.5.　$[\boldsymbol{Q}_n:\boldsymbol{Q}]=\varphi(n)$ で，$\mathrm{Gal}(\boldsymbol{Q}_n/\boldsymbol{Q})\simeq U(\boldsymbol{Z}_n)$ となる．

39.2.　ヒルベルトの定理 90

L/K は n 次の分離拡大とし，L を含む K の代数的閉包を $\bar{K}$ とする．いま L から $\bar{K}$ の中への K-同型の全体を

(39.2)　　$\sigma_i:L\to\bar{K}\qquad(i=1,2,\cdots,n)$

とするとき，$L\ni\alpha$ に対して

$$N_{L/K}(\alpha)=\prod_{i=1}^{n}\alpha^{\sigma_i},\qquad T_{L/K}(\alpha)=\sum_{i=1}^{n}\alpha^{\sigma_i}$$

とおいて，それぞれを(拡大 L/K における) α の**ノルム**，**トレース**とよぶ．

問 39.6.　$\bar{K}\ni\gamma$ が K 上分離的で，任意の $\sigma\in\mathrm{Aut}\,\bar{K}/K$ に対して $\gamma^\sigma=\gamma$ となれば $\gamma\in K$ であることを示せ．

例題 39.7.　L/K は n 次の分離拡大とする．

(i)　$N_{L/K}:L^\sharp\to K^\sharp\,(\alpha\longmapsto N_{L/K}(\alpha))$ は乗法群としての準同型で，また $T_{L/K}:L\to K\ (\alpha\longmapsto T_{L/K}(\alpha))$ は K-加群としての準同型である．

(ii)　M を L/K の中間体とすれば

$$N_{L/K}=N_{M/K}\circ N_{L/M},\qquad T_{L/K}=T_{M/K}\circ T_{L/M}.$$

(iii)　$L\ni\alpha$ に対して，$\mathrm{Irr}(\alpha,K,x)=x^m+a_0x^{m-1}+\cdots+a_m$ とすれば，拡大 $K(\alpha)/K$ について

$$N_{K(\alpha)/K}(\alpha)=(-1)^m a_m,\qquad T_{K(\alpha)/K}(\alpha)=-a_0.$$

証明　(39.2) のような σ_i を考える．

(i)　任意の $\sigma\in\mathrm{Aut}\,\bar{K}/K$ に対して $\{\sigma_1\sigma,\cdots,\sigma_n\sigma\}=\{\sigma_1,\cdots,\sigma_n\}$ となるから，$\alpha\in L$ に対して $N_{L/K}(\alpha)$，$T_{L/K}(\alpha)$ はともに σ-不変で，しかも K 上分離的である．したがってともに K の元である．また $N_{L/K}$，$T_{L/K}$ がそれぞれ乗法，加法を保つことは明らかである．また $a\in K$ に対して $T_{L/K}(a\alpha)=aT_{L/K}(\alpha)$ となる．

(ii)　$[L:M]=r$，$[M:K]=s$ とし，$\rho_i:L\to\bar{K}\,(i=1,\cdots,r)$ を中への M-同型，$\tau_j:M\to\bar{K}\,(j=1,\cdots,s)$ を $\bar{K}$ の中への K-同型とする．各 τ_j は K-

同型 $\bar{\tau}_j : \bar{K} \simeq \bar{K}$ に拡張できるが，このとき $\rho_i\bar{\tau}_j : L \to \bar{K}$ は異なる K-同型で，$\{\sigma_i\} = \{\rho_i\bar{\tau}_j\}$ となる．よって $\alpha \in L$ に対して，$N_{L/K}(\alpha) = \Pi_j(\Pi_i \alpha^{\rho_i})^{\bar{\tau}_j} = N_{M/K}(N_{L/M}(\alpha))$ となる．トレースについても同様である．

(iii)　$\mathrm{Irr}(\alpha, K, x) = (x-\alpha_1)\cdots(x-\alpha_m)$ とすると，m 個の K-同型 $\rho_i : K(\alpha) \to \bar{K}\ (\alpha \longmapsto \alpha_i)$ があり

$$N_{K(\alpha)/K}(\alpha) = \prod_{i=1}^{m} \alpha_i = (-1)^m a_m, \qquad T_{K(\alpha)/K}(\alpha) = \sum_{i=1}^{m} \alpha_i = -a_0$$

となる．　□

補題 39.8.　$\sigma_i : L \to \Omega\ (i=1, \cdots, n)$ は体 L から体 Ω の中への異なる同型写像とする．また $\alpha_1, \cdots, \alpha_n \in \Omega$ とするとき

$$\alpha_1\theta^{\sigma_1} + \cdots + \alpha_n\theta^{\sigma_n} = 0\ (\forall\theta \in L) \Rightarrow \alpha_1 = \cdots = \alpha_n = 0.$$

証明　ある $(\alpha_1, \cdots, \alpha_n) \neq (0, \cdots, 0)$ に対して，上の左辺のような関係式が成り立つとして，そのような関係式のうち $\alpha_i \neq 0$ なる α_i の個数が最小のものを改めて

(39.3)　$\alpha_1\theta^{\sigma_1} + \alpha_2\theta^{\sigma_2} + \cdots + \alpha_r\theta^{\sigma_r} = 0 \quad (\forall\theta \in L), \qquad \alpha_i \neq 0 \quad (1 \leq i \leq r)$

とする．このときもちろん $r \geq 2$ で，$\gamma^{\sigma_1} \neq \gamma^{\sigma_2}$ となる $\gamma \in L$ がある．(39.3) から

(39.4)　$\alpha_1\gamma^{\sigma_1}\theta^{\sigma_1} + \alpha_2\gamma^{\sigma_2}\theta^{\sigma_2} + \cdots + \alpha_r\gamma^{\sigma_r}\theta^{\sigma_r} = 0 \qquad (\forall\theta \in L)$,

(39.3) $\times \gamma^{\sigma_1} -$ (39.4)：

$$\alpha_2(\gamma^{\sigma_1} - \gamma^{\sigma_2})\theta^{\sigma_2} + \cdots + \alpha_r(\gamma^{\sigma_1} - \gamma^{\sigma_r})\theta^{\sigma_r} = 0 \qquad (\forall\theta \in L)$$

となり，$\alpha_2(\gamma^{\sigma_1} - \gamma^{\sigma_2}) \neq 0$ であるから，これは (39.3) の項数の最小性に反する．□

問 39.9.　L/K を有限次分離拡大とすれば，$T_{L/K}(\theta) \neq 0$ となる $\theta \in L$ がある．したがって $T_{L/K}(L) = K$ となることを示せ．

さて次が目標とした定理である．

定理 39.10.（ヒルベルトの定理 90）L/K は n 次の巡回拡大とし，$\mathrm{Gal}(L/K) = \langle\sigma\rangle$ とする．このとき

(i)　$N_{L/K}(\alpha) = 1 \Leftrightarrow \alpha = \beta^{1-\sigma} (= \beta(\beta^{-1})^{\sigma})$ となる $\beta \in L$ がある．

(ii)　$T_{L/K}(\alpha) = 0 \Leftrightarrow \alpha = \beta - \beta^{\sigma}$ となる $\beta \in L$ がある．

注意　“定理 90” は，ヒルベルトが前世紀までの数論の成果を集大成して著した Zahlbericht (1897) における定理の番号である．

証明　(i)　($\Leftarrow$) $N_{L/K}(\alpha) = \alpha^{1+\sigma+\cdots+\sigma^{n-1}} = \beta^{(1-\sigma)(1+\sigma+\cdots+\sigma^{n-1})} = \beta^{1-\sigma^n} = 1.$

(⇒) 補題39.8を $1=\mathrm{id}_L,\ \sigma,\cdots,\sigma^{n-1}$ に適用して

$$\theta+\alpha\theta^{\sigma}+\alpha^{1+\sigma}\theta^{\sigma^2}+\cdots+\alpha^{1+\sigma+\cdots+\sigma^{n-2}}\theta^{\sigma^{n-1}}\neq 0 \tag{39.5}$$

となる $\theta\in L$ がある．上の左辺を β とおけば，$N_{L/K}(\alpha)=1$ より

$$\alpha\beta^{\sigma}=\beta \quad したがって \quad \alpha=\beta^{1-\sigma}$$

となる．

注意 α と θ に関する (39.5) の左辺の式 $u(\alpha,\theta)$ を**ラグランジュの分解式**という．

(ii) 一般に $T_{L/K}(\theta)=\theta+\theta^{\sigma}+\cdots+\theta^{\sigma^{n-1}}$ である．

(⇐) $T_{L/K}(\beta-\beta^{\sigma})=(\beta+\beta^{\sigma}+\cdots+\beta^{\sigma^{n-1}})-(\beta^{\sigma}+\beta^{\sigma^2}+\cdots+\beta^{\sigma^n})=0.$

(⇒) $T_{L/K}(\theta)\neq 0$ となる $\theta\in L$ をとり

$$\beta=\{\alpha\theta^{\sigma}+(\alpha+\alpha^{\sigma})\theta^{\sigma^2}+\cdots+(\alpha+\alpha^{\sigma}+\cdots+\alpha^{\sigma^{n-2}})\theta^{\sigma^{n-1}}\}\,T_{L/K}(\theta)^{-1}$$

とおく．このとき $T_{L/K}(\alpha)=0$ より

$$\begin{aligned}\alpha+\beta^{\sigma}&=\{\alpha T_{L/K}(\theta)+\alpha^{\sigma}\theta^{\sigma^2}+\cdots+(\alpha^{\sigma}+\cdots+\alpha^{\sigma^{n-1}})\theta^{\sigma^n}\}\,T_{L/K}(\theta)^{-1}\\&=\beta\end{aligned}$$

となる． □

39.3. 巡回拡大

定理39.10を用いて次の定理がえられる．

定理 39.11. 体 K は1の原始 n 乗根 ζ を含むものとする．また $\mathrm{Char}\,K=p>0$ のときは $(p,n)=1$ であるとする．このとき次のことが成り立つ．

(i) L/K が n 次の巡回拡大ならば，ある $a\in K$ があって $L=K(\sqrt[n]{a})$ となる．ただし $\sqrt[n]{a}$ は多項式 x^n-a の一つの根を表す．

(ii) 逆に $a\in K$ に対して $L=K(\sqrt[n]{a})$ とすれば，L/K は d 次の巡回拡大である．ここで d は，$d|n$，$(\sqrt[n]{a})^d\in K$ をみたすある自然数である．

証明 (i) $G=\mathrm{Gal}(L/K)=\langle\sigma\rangle$ とする．$N_{L/K}(\zeta^{-1})=\zeta^{-n}=1$ であるから，定理39.10(i) より $\zeta^{-1}=\beta\beta^{-\sigma}$，すなわち $\beta^{\sigma}=\beta\zeta$ となる $\beta\in L$ がある．このとき，仮定により1の n 乗根 $1,\zeta,\cdots,\zeta^{n-1}$ はすべて異なるから，$\beta,\beta^{\sigma}=\beta\zeta$，$\beta^{\sigma^2}=\beta\zeta^2$，…，$\beta^{\sigma^{n-1}}=\beta\zeta^{n-1}$ はすべて異なり，したがって $n\leq[K(\beta):K]_s\leq[K(\beta):K]$ となる．一方 $L\supset K(\beta)$，$[L:K]=n$ であるから $L=K(\beta)$ となる．また $(\beta^n)^{\sigma}=\beta^n\zeta^n=\beta^n$ となるから，β^n は G-不変，したがって K に属する．$\beta^n=a\in K$ とすれば，$\beta=\sqrt[n]{a}$ である．

(ii) $\gamma=\sqrt[n]{a}$とおく．このとき$\gamma,\gamma\zeta,\cdots,\gamma\zeta^{n-1}$はすべて異なり，また$x^n-a$の根であるから$x^n-a=\prod_{i=0}^{n-1}(x-\gamma\zeta^i)$となり，これは分離的である．$\mathrm{Irr}(\gamma,K,x)\,|\,x^n-a$であるから$\gamma$は$K$上分離的で，また$\gamma$の$K$–共役元はすべて$\gamma\zeta^i$の形の元であるから$L=K(\gamma)$に含まれる．したがって$L/K$はガロア拡大で，そのガロア群を$G=\mathrm{Gal}(L/K)$とする．$G\ni\sigma$とすると$\gamma^\sigma=\gamma\zeta^{i(\sigma)}$となり，$\sigma$は$\gamma$の像$\gamma^\sigma$によってきまるから$\psi:G\to\langle\zeta\rangle\ (\sigma\longmapsto\zeta^{i(\sigma)})$は単準同型である．よって$G$は位数$n$の巡回群$\langle\zeta\rangle$のある部分群と同型で，$|G|=d$とすれば$d|n$．また$G=\langle\sigma\rangle$とすれば$(\zeta^{i(\sigma)})^d=1$であるから，$(\gamma^d)^\sigma=(\gamma^\sigma)^d=\gamma^d(\zeta^{i(\sigma)})^d=\gamma^d$．よって$\gamma^d\in K$となる． □

39.4. ウェダーバーンの定理

ここで本節の主題から少しはなれるが，円分多項式を用いて，有限体に関する次の有名な定理をヴィットの方法で証明する．

定理 39.12. (ウェダーバーン) 有限な斜体は可換体である．

証明 Dを有限な斜体とし，$Z=\{z\in D\,|\,za=az\,(\forall a\in D)\}$とすれば$Z$は$D$の部分体である．($Z$は$D$の中心とよばれる．) Zは有限体であるから$Z=\boldsymbol{F}_q$としてよい．$\dim_Z D=n$とすれば$|D|=q^n$である．以下で$D\neq Z$，すなわち$n>1$と仮定して矛盾を導く．

$D-Z\ni a$に対して，$C(a)=\{c\in D\,|\,ca=ac\}$とすれば，$C(a)$は$D$の部分斜体である．$a\notin Z$より$D\supsetneqq C(a)\supsetneqq Z$である．よって$\dim_Z C(a)=d(a)$とおけば$|C(a)|=q^{d(a)}$，$1<d(a)<n$となる．また$D$は$C(a)$–左加群として$C(a)$–自由で，その次元を$r$とすれば$|D|=q^{d(a)r}$，したがって$d(a)\,|\,n$である．

注意 斜体$C(a)$上の自由加群Dについても，体の場合と同様に次元が考えられる．(例題27.9とその証明参照.)

さて乗法群$D^\#=D-\{0\}$における類等式を考える．$D^\#$の中心は$Z^\#$で，上のような元aの中心化群$C_{D^\#}(a)$は$C(a)^\#$に一致するから，類等式は次の形の式になる：

$$q^n-1=q-1+\sum_{i=1}^{r}\frac{q^n-1}{q^{d_i}-1}, \tag{39.6}$$

ここで$d_i|n$，$1<d_i<n$である．

いまζを複素数体Cにおける1の原始n乗根として，円分多項式

$$\Phi_n(x)=\prod_{\substack{0<i<n\\(i,n)=1}}(x-\zeta^i)$$

を考える．このとき $\Phi_n(x)\in\boldsymbol{Z}[x]$，$\Phi_n(x)\mid(x^n-1)/(x^{d_i}-1)$ となるから，(39.6) より $\Phi_n(q)\mid q-1$，特に

$$|\Phi_n(q)|\le q-1$$

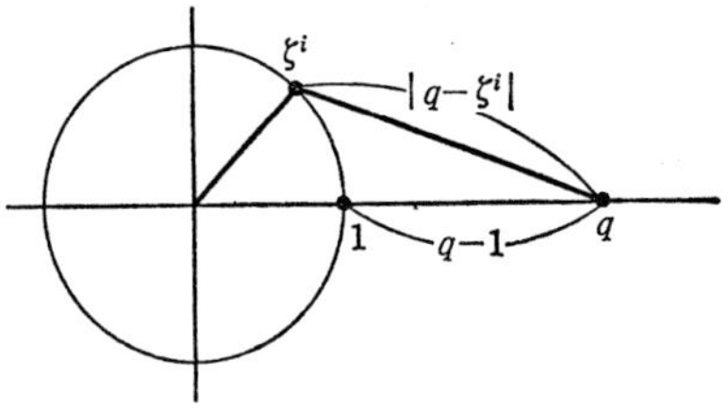

図 16

をえる．一方 $n\ge 2$ より原始 n 乗根 ζ^i は 1 と異なるから(図 16)，

$$|q-\zeta^i|>q-1\ge 1,$$

よって

$$|\Phi_n(q)|=\prod_{\substack{0<i<n\\(i,n)=1}}|q-\zeta^i|>q-1$$

となって矛盾である．□

§40.　方程式の代数的可解性

本節では体はすべて標数 0 で，有理数体 $\boldsymbol{Q}$ を含んでいるものとする．また定理 39.11 と同様に $\sqrt[n]{a}$ は x^n-a の根の一つを表すものとする．

40.1.　方程式の可解性とガロア群

有限次拡大 L/K に対して，その中間体の列

(40.1)　　$$K=L_0\subset L_1\subset\cdots\subset L_r=L$$

があって，$0\le i\le r-1$ なる各 i に対して

$$L_{i+1}=L_i(\sqrt[n_i]{a_i})\qquad(a_i\in L_i)$$

となるとき，L/K は**べき根による拡大**であるという．またこのような拡大体の元は K 上で**根号表示**できるという．

体 K 上の多項式 $f(x)=a_0x^n+a_1x^{n-1}+\cdots+a_n$ に対して，その根がすべて $\boldsymbol{Q}(a_0,a_1,\cdots,a_n)$ 上で根号表示できるとき，方程式 $f(x)=0$ は**代数的に解ける**という．このことは方程式 $f(x)=0$ の解がすべて，$f(x)$ の係数 $a_0,a_1,\cdots,a_n$ に $\pm,\times,\div$ の四則演算と，べき根をとるという操作 $\sqrt[n]{\ }$ を有限回行ってえられることを意味している．

上のことはまた $f(x)$ の $K'=\boldsymbol{Q}(a_0,a_1,\cdots,a_n)$ 上の最小分解体が，K' のあ

るべき根による拡大体に含まれることにほかならない.

問 40.1. 次のことを示せ.

(i) 体の列 $K \subset M \subset L$ において, $M/K, L/M$ がともにべき根による拡大ならば, L/K もべき根による拡大である.

(ii) L, M は $\bar{K}/K$ の中間体で L/K がべき根による拡大ならば, ML/M もべき根による拡大である. (すなわち, べき根による拡大という性質は持ち上げによって保たれる.)

(iii) L, M は (ii) と同様とし, $L/K, M/K$ がともにべき根による拡大ならば, 合成体 ML/K もべき根による拡大である.

以下では方程式の代数的可解性とガロア群の可解性の関係を考える.

定理 40.2. L/K が有限次拡大のとき, 次の二つは同値である.

(1) L を含むべき根による拡大 E/K がある.

(2) L を含むガロア拡大 F/K で, $\mathrm{Gal}(F/K)$ が可解群となるものがある.

証明 (1)⇒(2): $K \subset L \subset E$ で, E/K はべき根による拡大とし, $\bar{K}$ は E を含む K の代数的閉包とする. また $\sigma_i : E \to \bar{K}\ (i=1, \cdots, m)$ を $\bar{K}$ の中への K-同型の全体とし, $M = E^{\sigma_1} \cdots E^{\sigma_m}$ とおけば M/K はガロア拡大で, べき根による拡大でもある. したがって体の列

$$K = M_0 \subset M_1 \subset \cdots \subset M_r = M,$$

$$M_{i+1} = M_i(\sqrt[n_i]{\alpha_i}), \qquad \alpha_i \in M_i$$

となるものがある. $n = \prod_{i=1}^{r} n_i$ とおき, $\bar{K}$ において 1 の原始 n 乗根 ζ を一つとって $N = K(\zeta)$ とおく. N/K はアーベル拡大で, $F = NM$ は K のガロア拡大である. $F_i = NM_i$ とおけば, 体の列

$$K \subset N = F_0 \subset F_1 \subset \cdots \subset F_r = F \tag{40.2}$$

がえられ, $F_{i+1} = F_i(\sqrt[n_i]{\alpha_i})$ である. 1 の原始 n_i 乗根は N に, したがって F_i に含まれるから F_{i+1}/F_i は巡回拡大である (定理 39.11 (ii)).

$G = \mathrm{Gal}(F/K)$ とし, F_i の不変群 G^{F_i} を G_i とすれば, (40.2) に対応して G の正規列

$$G \supset G_0 \supset G_1 \supset \cdots \supset G_r = 1$$

がえられ, $G/G_0 \simeq \mathrm{Gal}(N/K)$ はアーベル群, $G_i/G_{i+1} \simeq \mathrm{Gal}(F_{i+1}/F_i)$ は巡回

群となるから G は可解群である．よって F/K は求める拡大である．

(2)⇒(1)：F を含む K の代数的閉包を $\bar{K}$ とする．また $G=\mathrm{Gal}(F/K)$，$n=|G|$ とし，$\bar{K}$ において1の原始 n 乗根 ζ を一つとって $N=K(\zeta)$ とおく．このとき NF/N はガロア拡大で，そのガロア群 $H=\mathrm{Gal}(NF/N)$ は G のある部分群と同型である(例題 37.7(i) 参照)．よって H は可解群で，正規列

(40.3) $H=H_0\supset H_1\supset\cdots\supset H_r=1,\qquad H_i/H_{i+1}$ は位数 p_i の巡回群

なるものがある．H_i の NF における不変体を E_i とすれば，(40.3) に対応して NF/K の中間体の列

$$K\subset E_0=N\subset E_1\subset\cdots\subset E_r=NF$$

がえられ，E_{i+1}/E_i は p_i 次の巡回拡大で，1の原始 p_i 乗根は N に，したがって E_i に含まれるから，定理 39.11 により $E_{i+1}=E_i(\sqrt[p_i]{\alpha_i})$ となる $\alpha_i\in E_i$ がある．よって $E=NF$ は求める拡大体である． □

上の定理から容易に次の定理がえられる．

定理 40.3. $K[x]\ni f(x)=a_0x^n+a_1x^{n-1}+\cdots+a_n$ に対して $K'=\boldsymbol{Q}(a_0,a_1,\cdots,a_n)$ とおき，K' 上で $f(x)$ の最小分解体を L とする．このとき次の二つは同値である．

(1) 方程式 $f(x)=0$ は代数的に解ける．

(2) ガロア群 $\mathrm{Gal}(L/K')$ は可解群である．

証明 (1)⇒(2)：定義から，(1) は K' のべき根による拡大 E で L を含むものがあることと同値である．定理 40.2 より，このとき L を含む K' のガロア拡大 F/K' で，$\mathrm{Gal}(F/K')$ が可解群となるものがある．$\mathrm{Gal}(L/K')$ は $\mathrm{Gal}(F/K')$ の剰余群と同型であるから，また可解群である．

(2)⇒(1)：定理 40.2 より明らかである． □

40.2. n 次の一般方程式

$a_1,a_2,\cdots,a_n$ は体 K 上で代数的に独立であるとする．このときこれらを係数とする多項式 $g(x)=x^n+a_1x^{n-1}+\cdots+a_n$ を体 K 上の n 次の **一般多項式** とよび，方程式 $g(x)=0$ を n 次の**一般方程式**という．例えば2次の一般方程式 $x^2+a_1x+a_2=0$ は代数的に解けて，解の公式 $(-a_1\pm\sqrt{a_1{}^2-4a_2})/2$ が存在することは衆知であるが，3次，4次の一般方程式についてもその代数的な解の公

式が古くから知られている．5次以上の一般方程式については，そのような解の公式が存在しないことを最初に示したのはアーベルであるが，以下では定理40.3を用いて一般方程式の可解性を調べることにしよう．

いま $t_1, t_2, \cdots, t_n$ は体 K 上代数的に独立であるとし，$L=K(t_1, \cdots, t_n)$ とおく．L は変数 $t_1, \cdots, t_n$ に関する有理関数体と考えてよい．$\{1, 2, \cdots, n\}$ 上の対称群を S_n とすれば，S_n の元 σ は $t_i^{\sigma}=t_{i\sigma}$ とおいて $\{t_1, \cdots, t_n\}$ の置換をひきおこす．さて K の各元は不変にして，変数にこの置換 σ を行うことによって L/K の自己同型がえられる．これをやはり σ で表すことにすれば，$S_n \subset \mathrm{Aut}\, L/K$ と考えてよい．L における S_n の不変体を $F=L^{S_n}$ とおけば，定理37.4により L/F は S_n をガロア群とするガロア拡大である．F に属する多項式は $t_1, \cdots, t_n$ の**対称式**とよばれ，そのうち次の形の式を**基本対称式**とよぶ：$s_1=t_1+t_2+\cdots+t_n$，$s_2=\sum_{i<j} t_i t_j$，$\cdots$，$s_n=t_1 t_2 \cdots t_n$.

明らかに $K(s_1, \cdots, s_n) \subset F \subset L$，$[L:F]=|S_n|=n!$ であるが，次のことが成り立つ．

例題 40.4.　(i)　$K(s_1, \cdots, s_n)=F$.

(ii)　$s_1, \cdots, s_n$ は K 上代数的に独立である．

証明　(i)　$[L:K(s_1, \cdots, s_n)] \leq n!$ となることを示せばよい．$n=1$ のときは明らかであるから，n に関する帰納法で示す．$M=K(s_1, \cdots, s_n)$ とし

$$f(x)=\prod_{i=1}^{n}(x-t_i)=x^n-s_1x^{n-1}+\cdots+(-1)^n s_n$$

とおけば，$f(x) \in M[x]$，$f(t_n)=0$ であるから $[M(t_n):M] \leq n$ である．

一方 $N=K(t_n)$ とおけば，$L=N(t_1, \cdots, t_{n-1})$ である．いま $t_1, \cdots, t_{n-1}$ に関する基本対称式を $s_1', \cdots, s_{n-1}'$ とすれば

$$s_1=s_1'+t_n, \qquad s_j=t_n s_{j-1}'+s_j' \quad (j>1)$$

となるから，$K(s_1, \cdots, s_n, t_n)=K(s_1', \cdots, s_{n-1}', t_n)$ となり，$M(t_n)=N(s_1', \cdots, s_{n-1}')$ をえる．帰納法の仮定により $[L:M(t_n)] \leq (n-1)!$.

よって $[L:M]=[L:M(t_n)]\,[M(t_n):M] \leq (n-1)! \cdot n=n!$ となる．

(ii)　L/F は代数的であるから，例題33.12により $\mathrm{trans.deg}_K F=\mathrm{trans.deg}_K L=n$ となる．よって (i) と例題33.13から (ii) がえられる．　□

例題40.4から次の定理がえられる．

定理 40.5. $g(x)=x^n+a_1x^{n-1}+\cdots+a_n$ を体 K 上の一般多項式(したがって $a_1,\cdots,a_n$ は K 上代数的に独立)とし，E を $N=K(a_1,\cdots,a_n)$ 上の $g(x)$ の最小分解体とする．このとき E/N は，n 次対称群 S_n と同型なガロア群をもつガロア拡大である．

証明 例題 40.4 で示したように，$t_1,\cdots,t_n$ は K 上代数的に独立とし，これらに関する基本対称式を $s_1,\cdots,s_n$ とするとき，$L=K(t_1,\cdots,t_n)$ は $F=K(s_1,\cdots,s_n)$ 上のガロア拡大で $\mathrm{Gal}(L/F)=S_n$，また $s_1,\cdots,s_n$ は K 上代数的に独立である．したがって K-同型 $\sigma: N\simeq F$ $(a_i\longmapsto(-1)^is_i)$ があり，この写像で一般多項式 $g(x)$ は

$$g^\sigma(x)=x^n-s_1x^{n-1}+\cdots+(-1)^ns_n=\prod_{i=1}^{n}(x-t_i)$$

にうつされる．L は $g^\sigma(x)$ の F 上の最小分解体であるから，σ は $\bar\sigma: E\simeq L$ に拡張される．このとき $\varphi: \mathrm{Gal}(E/N)\to\mathrm{Gal}(L/F)$ $(\rho\longmapsto\bar\sigma^{-1}\rho\bar\sigma)$ は同型写像である．よって $\mathrm{Gal}(E/N)\simeq S_n$ である． □

対称群 S_n は $n\leq 4$ のときは可解群で，$n\geq 5$ ならば非可解であった．したがって上の定理と定理 40.3 から，次の定理がえられる．

定理 40.6. 体 K 上の n 次の一般多項式 $g(x)=x^n+a_1x^{n-1}+\cdots+a_n$ は，$n\leq 4$ のときかつそのときに限って代数的に解ける．

証明 $g(x)$ は素体 $\boldsymbol{Q}$ 上の一般多項式でもある．よって定理 40.5 で $K=\boldsymbol{Q}$ とおいて，その結果と定理 40.3 から上のことが導かれる． □

問 題 3

1. 体の列 $K\subset M\subset L$ において，$M/K, L/M$ がともに有限生成ならば次の等式が成り立つ：

$$\mathrm{trans.deg}_K L=\mathrm{trans.deg}_M L+\mathrm{trans.deg}_K M.$$

2. 拡大 L/K の2元 α,β は K 上代数的で，$f(x)=\mathrm{Irr}(\alpha,K,x)$，$g(x)=\mathrm{Irr}(\beta,K,x)$ とする．このとき $f(x)$ が $K(\beta)$ 上可約ならば $g(x)$ は $K(\alpha)$ 上可約である．（ヒント：$[K(\alpha,\beta):K]$ を考えよ.）

3. 次の各多項式の有理数体 $\boldsymbol{Q}$ 上の最小分解体と，それぞれの $\boldsymbol{Q}$ 上の拡大次数を求めよ．

(i) x^3-1, (ii) x^3-2, (iii) x^4+5x^2+6, (iv) x^6-8.

4. （アルチン）有限次拡大 L/K について次の二つは同値である．

（1） L/K は単純拡大である．

（2） L/K の中間体の個数は有限である．

5. p を素数とするとき，有理整数環 $\boldsymbol{Z}$ 上の多項式環 $\boldsymbol{Z}[x]$ において

$$x^{p-1}-1 \equiv (x-1)(x-2)\cdots(x-(p-1)) \qquad (\mathrm{mod}\ p\boldsymbol{Z}[x])$$

が成り立つ．特に（$x=p$ とおいて）

（ウイルソン）　$$(p-1)! \equiv -1 \qquad (\mathrm{mod}\ p)$$

が成り立つ．

6. （i） 有理数体 $\boldsymbol{Q}$ 上で $f(x)=x^4-2$ は既約である．

（ii） $\boldsymbol{Q}$ 上の $f(x)$ の最小分解体を K とすれば，$K=\boldsymbol{Q}(\sqrt[4]{2}, i)$ である．ただし $\sqrt[4]{2}$ は $f(x)$ の正の実数根，i は虚数単位とする．

（iii） $\mathrm{Gal}(\boldsymbol{Q}(\sqrt[4]{2}, i)/\boldsymbol{Q})$ は位数 8 の 2 面体群である．

（iv） $\boldsymbol{Q}(\sqrt[4]{2}, i)/\boldsymbol{Q}$ の中間体の個数を求めよ．

7. $\boldsymbol{Q}$ 上代数的な複素数の全体を $\boldsymbol{A}$ とするとき，$\boldsymbol{A}$ は $\boldsymbol{Q}$ 上無限次拡大である．（ヒント：アンゼンシュタインの判定条件を用い，いくらでも次数の高い $\boldsymbol{Q}$ 上の既約多項式があることを示す．）

8. L/K は有限次ガロア拡大とし，$\mathrm{Gal}(L/K)=\{\sigma_1, \sigma_2, \cdots, \sigma_n\}$ とする．

（i） L の元 $\alpha_1, \cdots, \alpha_n$ に対し $\alpha_i^{\sigma_j}$ を (i,j)-成分とする n 次の正方行列を $(\alpha_i^{\sigma_j})$ で表す．このとき

$$\{\alpha_1, \cdots, \alpha_n\} \text{ が } L \text{ の } K\text{-基} \Longleftrightarrow \det(\alpha_i^{\sigma_j}) \neq 0.$$

（ii） L の元 α で $\{\alpha^{\sigma_1}, \alpha^{\sigma_2}, \cdots, \alpha^{\sigma_n}\}$ が L の K-基となるものが存在する（このような基を**正規基**とよぶ）．

9. p は素数とし，$\boldsymbol{Q}[x] \ni f(x)$ は p 次の既約多項式で $\boldsymbol{C}$ でちょうど二つの虚根をもつとする．このとき $f(x)$ の $\boldsymbol{Q}$ 上のガロア群 G は対称群 S_p に同型である．（ヒント：次のことを示せ．（1） S_p は $(1,2)$ と $(1,2,\cdots,p)$ で生成される．（2） $p \mid |G|$．また τ：$\alpha \longmapsto \bar{\alpha}$ は $f(x)$ の根の集合の上の互換をひきおこす．）

10. 方程式 $x^5-4x+2=0$ は有理数体 $\boldsymbol{Q}$ 上でべき根によって解けない．（ヒント：$y=x^5-4x+2$ のグラフから，上の方程式がちょうど三つの実根をもつことを示し，前問を適用する．）

問の略解

第1章

1.1. (i) $|A|=|f(A)|$であるから$f(A)=A$. (ii) $|A|=\sum_{a\in A}|f^{-1}(a)|$, $|f^{-1}(a)|\geq 1$ より $|f^{-1}(a)|=1$ $(\forall a\in A)$.

1.3. (i) $n|0=a-a$. (ii) $n|a-b \Rightarrow n|-(a-b)=b-a$. (iii) $b=a+nx$, $c=b+ny \Rightarrow c=a+n(x+y)$.

3.1. $(a_1a_2)(a_3a_4)=((a_1a_2)a_3)a_4$, $(a_1(a_2a_3))a_4=((a_1a_2)a_3)a_4$, $a_1((a_2a_3)a_4)=(a_1(a_2a_3))a_4=((a_1a_2)a_3)a_4$, $a_1(a_2(a_3a_4))=(a_1a_2)(a_3a_4)=((a_1a_2)a_3)a_4$.

3.2. $a_1,\cdots,a_n$に次々演算を行ってAの一つの元をえる最後の段階では, $a_1,\cdots,a_r$と$a_{r+1},\cdots,a_n$のそれぞれに演算を行ったものの積の形になっている. ここで$1\leq r<n$. 帰納法の仮定からこれは $(a_1\cdots a_r)(a_{r+1}\cdots a_n)$ に等しいとしてよい. $r=n-1$のときは$a_1\cdots a_n$に等しい. $r\leq n-2$のときは $(a_1\cdots a_r)(a_{r+1}\cdots a_n)=((a_1\cdots a_r)(a_{r+1}\cdots a_{n-1}))a_n=(a_1\cdots a_{n-1})a_n=a_1\cdots a_n$ となる.

3.3. $n>2$とし, 帰納法の仮定を用いると左辺$=(a_1\cdots a_{i_{n-1}}a_{i_{n+1}}\cdots a_n)a_{i_n}=(a_1\cdots a_{i_{n-1}})a_{i_n}(a_{i_{n+1}}\cdots a_n)=a_1\cdots a_n$.

3.5. (i) 左辺$=(\overbrace{a\cdots a}^{m})(\overbrace{a\cdots a}^{n})=a^{m+n}$.

(ii) 左辺$=\underbrace{(\overbrace{a\cdots a}^{m})\cdots(\overbrace{a\cdots a}^{m})}_{n}=a^{mn}$.

(iii) nに関する帰納法. 左辺$=(ab)^{n-1}(ab)=a^{n-1}b^{n-1}ab=a^{n-1}ab^{n-1}b=a^nb^n$.

3.8. $(u_1\cdots u_n)(u_n{}^{-1}\cdots u_1{}^{-1})=u_1\cdots u_{n-1}u_{n-1}{}^{-1}\cdots u_1{}^{-1}=\cdots=1$.

3.9. σが全単射ならば, その逆写像がσの逆元となる. 逆にσが逆元τをもったとする: $\sigma\tau=\tau\sigma=\mathrm{id}_X$. このとき$\sigma\tau$が単射より$\sigma$は単射, $\tau\sigma$が全射よりσは全射となる.

4.1. (i) a^{-1}を左または右からかけるとよい. (ii) についても同様.

(iii) $x^{-1}=y^{-1}\Rightarrow x=y$より単射, $x=(x^{-1})^{-1}$より全射.

(iv)　$xa=ya \Rightarrow x=y$ より g_a は単射，$x=(xa^{-1})a$ より g_a は全射．h_a についても同様．$a^{-1}xa=a^{-1}ya \Rightarrow x=y$ より k_a は単射，また $x=a^{-1}(axa^{-1})a$ より k_a は全射．

4.4.　(i)　0の逆元がない．　(ii)　± 1 以外の元は逆元をもたない．

4.6.　$\{\pm 1\}$．

4.8.　$n!$．

4.10.　(i) $\sigma=\begin{pmatrix}1 & 2 & 3 & \cdots \\ 2 & 1 & 3 & \cdots\end{pmatrix}$，$\tau=\begin{pmatrix}1 & 2 & 3 & \cdots \\ 1 & 3 & 2 & \cdots\end{pmatrix}$ とすれば，$\sigma\tau=\begin{pmatrix}1 & 2 & 3 & \cdots \\ 3 & 1 & 2 & \cdots\end{pmatrix}$，$\tau\sigma=\begin{pmatrix}1 & 2 & 3 & \cdots \\ 2 & 3 & 1 & \cdots\end{pmatrix}$ となり $\sigma\tau \neq \tau\sigma$．

(ii)　$A=\begin{pmatrix}0 & 1 & \\ 0 & 0 & 0 \\ & 0 & 0\end{pmatrix}$，$B=\begin{pmatrix}0 & 0 & \\ 1 & 0 & 0 \\ & 0 & 0\end{pmatrix}$ とすれば $AB \neq BA$．

5.5.　$ab=0$，a は正則元とすれば $b=a^{-1}(ab)=0$．

6.3.　$f(x)=(x-\alpha)q(x)+r$ $(r\in R)$ の両辺に $x=\alpha$ を代入すると $f(\alpha)=r$．因数定理はこれより明らか．

6.4.　$n=1$ のときは明らか．$\alpha_1\in R$ を $f(x)$ の一つの根とするとき $f(x)=(x-\alpha_1)q(x)$．$q(x)$ に(次数に関する)帰納法を適用すればよい．

6.5.　$f\neq g$ ならば $h(x)=f(x)-g(x)$ の根は有限個．したがって $\alpha\in R$ で $h(\alpha)\neq 0$ となるものがある．よって $f^*\neq g^*$．

6.6.　1変数の場合と同様 $\deg(fg)=\deg f+\deg g$ が成り立つ．よって $f\neq 0\neq g$ ならば $fg\neq 0$．また $fg=1$ ならば $\deg f+\deg g=0$ より $f, g\in R$，よって f は R の正則元である．

6.7.　(i)　n に関する帰納法による．$h=f-g\neq 0$ を x_n について整理して $h=h_rx_n{}^r+\cdots+h_1x_n+h_0$，$h_i\in R[x_1, \cdots, x_{n-1}]$，$h_r\neq 0$ とする．帰納法の仮定により $h_r(\alpha_1, \cdots, \alpha_{n-1})\neq 0$ となる $\alpha_1, \cdots, \alpha_{n-1}\in R$ がある．このとき $h(\alpha_1, \cdots, \alpha_{n-1}, x_n)\neq 0$ であるから，$h(\alpha_1, \cdots, \alpha_n)\neq 0$ なる $\alpha_n\in R$ がある．

(ii)　$fg_1\cdots g_r$ は任意の $(\alpha_1, \cdots, \alpha_n)$ に対し0の値をとり，(i) より $fg_1\cdots g_r=0$．よって $f=0$．

第2章

7.1.　必要性は明らか．(十分性) $a\in H$ に対し $1=aa^{-1}\in H$，よって $a^{-1}=1a^{-1}\in H$．また $b\in H$ のとき $b^{-1}\in H$ であるから，$ab=a(b^{-1})^{-1}\in H$．

7.2.　$H=H1\subset HH\subset H$ より $HH=H$．$H=(H^{-1})^{-1}\subset H^{-1}\subset H$ より $H^{-1}=H$．また $HH^{-1}=HH=H$．

7.3.　$H^{-1}\subset H$ を示せばよい．$a\in H$ に対し $aH\subset H$．元の個数を比較して $aH=H$．したがって $ax=a$ となる $x\in H$ があり，このとき $x=1\in H$ となる．よって $ay=1$ となる $y\in H$ があり，$y=a^{-1}\in H$ となる．

7.4.　(i)　($\Rightarrow$) $HK=(HK)^{-1}=K^{-1}H^{-1}=KH$．($\Leftarrow$) $(HK)(HK)=HKHK=HHKK\subset HK$，$(HK)^{-1}=K^{-1}H^{-1}\subset KH=HK$．よって HK は部分群である．

(ii)　左辺⊃右辺は明らか．$h\in H$，$k\in K$ に対して，$hk\in L$ とすれば $k\in h^{-1}L=L$，し

たがって $k\in K\cap L$ となり左辺⊂右辺.

7.6. $\sigma=(1,2,\cdots,r)$, $1\leq i<r$ に対し $\sigma^i=(1,i+1,\cdots)\neq 1$. また $\sigma^r=1$. よって $r=o(\sigma)$.

7.9. $(1,2,\cdots,r)=(1,2)(1,3)\cdots(1,r)$.

7.10. $\sigma=(1,2)(3,4)$, $\tau=(1,3)(2,4)$ とすれば, $\sigma^2=\tau^2=1$, $\sigma\tau=\tau\sigma=(1,4)(2,3)$ となることから確かめられる.

7.11. S_n の元は互換の積で表されるから, 任意の互換 (i,j) $(i<j)$ が問の元の積で表せることを示せばよい. $j-i$ に関する帰納法による. $j-i=1$ のときは明らか. $j>i+1$ のときは $(i,j)=(i,i+1)(i+1,j)(i,i+1)$ となり, $(i+1,j)$ に帰納法の仮定を適用すればよい.

7.13. (i) $A,B\in O(n)$ とすれば $(AB)^t(AB)=AB^tB^tA=I$ となり $AB\in O(n)$. また $A^{-1}\ {}^t(A^{-1})=({}^tAA)^{-1}=I$ となり $A^{-1}\in O(n)$.

(ii) (i) と同様に示される.

7.14. (必要性) $AA^{-1}=I\Rightarrow(\det A)(\det A^{-1})=1$. (十分性) $B=(\det A)^{-1}\tilde{A}$ とおけば, (7.4) より $AB=BA=I$. よって $B=A^{-1}$.

8.1. (i) $Ha=Hb\Leftrightarrow Hab^{-1}=H\Leftrightarrow ab^{-1}\in H$. (ii) 同様.

8.2. 同値関係であることは明らか. また $Ha=Hb\Leftrightarrow b\in Ha$ となるから Ha は一つの同値類である.

8.3. $G=G^{-1}=\sum_i(Ha_i)^{-1}=\sum_i a_i^{-1}H^{-1}=\sum_i a_i^{-1}H$.

8.6. ρ が奇置換 $\Leftrightarrow\rho\sigma^{-1}\in A_n\Leftrightarrow\rho\in A_n\sigma$. よって $A_n\sigma$ は奇置換の全体と一致する.

8.7. $|G|=p$(素数), $G\ni a\neq 1$ とすれば $1<o(a)$, $o(a)|p$ より $o(a)=p$. したがって $|G|=\langle a\rangle$.

8.8. $G=\sum_i Ha_i$, $H=\sum_j Kb_j$ より $Ha_i=\sum Kb_ja_i$ となり, $G=\sum_{i,j}Kb_ja_i$. また $(i,j)\neq(i',j')$ ならば $Kb_ja_i\cap Kb_{j'}a_{i'}=\phi$.

8.9. $a\equiv b\ (\mathrm{mod}(H,K))\Leftrightarrow HaK=HbK$ となることからほとんど明らか.

9.2. $x=a^i$ とするとき, $x^m=1\Leftrightarrow a^{im}=1\Leftrightarrow n|im\Leftrightarrow l|i$. また $|\langle a^l\rangle|=m$.

9.6. 位数 n の巡回群 $G=\langle a\rangle$ を位数によって類別する. $m|n$ のとき位数 m の部分群は一つしかないから, G の位数 m の元の個数は $\varphi(m)$ である.

9.7. $0,1,\cdots,p^e-1$ のうち p で割れるものは $0,p,2p,\cdots,p(p^{e-1}-1)$ で, その総数は p^{e-1} である. よって $\varphi(p^e)=p^e-p^{e-1}$.

9.9. $K^\#$ において $x^m=1$ の解の個数はたかだか m (1章の問6.4). よって $K^\#$ の有限部分群 G は例題9.8の条件をみたす.

10.1. (i) $(t^{-1}Ht)(t^{-1}Ht)^{-1}=t^{-1}Htt^{-1}H^{-1}t=t^{-1}HH^{-1}t=t^{-1}Ht$.

(ii) 左の両辺に左から b をかけてみればよい.

10.3. $(a^{-1})^{-1}Na^{-1}=aNa^{-1}\subset N$ より $N\subset a^{-1}Na$. よって $N=a^{-1}Na$ $(\forall a\in G)$.

10.4. (i) $a^{-1}(\bigcap_i H_i)a\subset\bigcap_i a^{-1}H_ia=\bigcap_i H_i$.

(ii) (1) $h\in H$ に対し $h^{-1}(H\cap N)h\subset h^{-1}Hh\cap h^{-1}Nh=H\cap N$. (2) $NH=\bigcup_{h\in H}Nh$

$=\bigcup_h hN=HN$. (3) $a\in G$ に対し $a^{-1}NHa=a^{-1}Naa^{-1}Ha=NH$.

10.7. クラインの4元群 V は単位元と型が 2^2 の元の全体からなる. したがって任意の $\sigma\in S_4$ に対し $\sigma^{-1}V\sigma=V$ となる.

11.1. (i) $\sigma_1=1$, $\sigma_2=(1,2)(3,4)$, $\sigma_3=(1,3)(2,4)$, $\sigma_4=(1,4)(2,3)$ とすると

	σ_1	σ_2	σ_3	σ_4
σ_1	σ_1	σ_2	σ_3	σ_4
σ_2	σ_2	σ_1	σ_4	σ_3
σ_3	σ_3	σ_4	σ_1	σ_2
σ_4	σ_4	σ_3	σ_2	σ_1

(ii) $\sigma_1'=(1,1)$, $\sigma_2'=(1,-1)$, $\sigma_3'=(-1,1)$, $\sigma_4'=(-1,-1)$ とおくと

	σ_1'	σ_2'	σ_3'	σ_4'
σ_1'	σ_1'	σ_2'	σ_3'	σ_4'
σ_2'	σ_2'	σ_1'	σ_4'	σ_3'
σ_3'	σ_3'	σ_4'	σ_1'	σ_2'
σ_4'	σ_4'	σ_3'	σ_2'	σ_1'

11.3. (i) $f(a)=f(b)\Leftrightarrow f(a)f(b)^{-1}=1\Leftrightarrow f(ab^{-1})=1$.

(ii) f の H への制限 f_H が準同型であることは明らか. よって $\mathrm{Im}\,f_H=f(H)$ は G' の部分群. f_H の核については明らか.

(iii) $h\in H$, $a\in G$ とするとき, $f(a)^{-1}f(h)f(a)=f(a^{-1}ha)\in f(H)$.

(iv) $f^{-1}(H')\ni a,b$ とすれば $f(ab)=f(a)f(b)\in H'$, $f(a^{-1})=f(a)^{-1}\in H'$. よって ab, $a^{-1}\in f^{-1}(H')$ となる. また $H'\lhd G'$ のときは, 任意の $x\in G$ に対して $f(x^{-1}ax)=f(x)^{-1}f(a)f(x)\in H'$ となり, $x^{-1}ax\in f^{-1}(H')$.

11.5. (i) $\bar{a}=\bar{1}\Leftrightarrow Na=N\Leftrightarrow a\in N$.

(ii) $\bar{x}=\bar{h}\Leftrightarrow Nx=Nh\Leftrightarrow x\in Nh$. よって $\{x\in G\mid \bar{x}\in\bar{H}\}=\bigcup_{h\in H}Nh=NH$.

11.9. f が全射は明らか. また準同型であることは指数法則から明らか. $\mathrm{Ker}\,f=\{m\in\boldsymbol{Z}\mid a^m=1\}$ より $o(a)=\infty$ ならば $\mathrm{Ker}\,f=0$, $o(a)=n<\infty$ ならば $\mathrm{Ker}\,f=n\boldsymbol{Z}$.

11.13. $\iota(a)$ は全単射. $(xy)^{\iota(a)}=a^{-1}xya=a^{-1}xaa^{-1}ya=x^{\iota(a)}y^{\iota(a)}$ となり $\iota(a)\in\mathrm{Aut}\,G$.

11.14. (i) 容易に確かめられる.

(ii) $x^{\sigma^{-1}\iota(a)\sigma}=(a^{-1}x^{\sigma^{-1}}a)^{\sigma}=(a^{\sigma})^{-1}xa^{\sigma}=x^{\iota(a^{\sigma})}$.

11.15. ι が全準同型であることは問 11.13(i) より明らか. $a\in\mathrm{Ker}\,\iota\Leftrightarrow x^{\iota(a)}=x$ $(\forall x\in G)\Leftrightarrow a^{-1}xa=x$ $(\forall x\in G)\Leftrightarrow a\in Z(G)$.

12.1. $\alpha^1=\alpha$ より $\alpha\underset{G}{\sim}\alpha$. $\alpha\underset{G}{\sim}\beta\Rightarrow\beta=\alpha^a$ $(a\in G)\Rightarrow\beta^{a^{-1}}=\alpha\Rightarrow\beta\underset{G}{\sim}\alpha$. $\alpha\underset{G}{\sim}\beta$, $\beta\underset{G}{\sim}\gamma\Rightarrow\beta=\alpha^a$, $\gamma=\beta^b$ $(a,b\in G)\Rightarrow\gamma=(\alpha^a)^b=\alpha^{ab}\Rightarrow\alpha\underset{G}{\sim}\gamma$.

12.2. $a,b\in G_\alpha$ のとき, $\alpha^{ab}=(\alpha^a)^b=\alpha^b=\alpha$. よって $ab\in G_\alpha$. また $\alpha^{a^{-1}}=\alpha$ となるから $a^{-1}\in G_\alpha$.

12.3. $x\in G_\beta\Leftrightarrow\alpha^{ax}=\alpha^a\Leftrightarrow\alpha^{axa^{-1}}=\alpha\Leftrightarrow axa^{-1}\in G_\alpha\Leftrightarrow x\in a^{-1}G_\alpha a$.

12.5. (i) G-集合の定義から $\sigma(1)=\mathrm{id}_X$, $\sigma(ab)=\sigma(a)\sigma(b)$ である. 特に $\mathrm{id}_X=\sigma(aa^{-1})=\sigma(a)\sigma(a^{-1})$ となるから $\sigma(a)$ はモノイド X^X の単元で, $\sigma(a)\in S^X$.

(ii) 上より明らか.

12.6. (i) $Hx1=Hx$, $Hx(ab)=(Hxa)b$ より (12.1), (12.2) をみたす. また Hy

$=Hx(x^{-1}y)$ より作用は可移. $Hxa=Hx \Longleftrightarrow Hxax^{-1}=H \Longleftrightarrow xax^{-1}\in H \Longleftrightarrow a\in x^{-1}Hx$ より $\mathrm{Ker}(H\backslash G, G)=\bigcap_x x^{-1}Hx$.

(ii) $K=\bigcap_x x^{-1}Hx \lhd G$ は明らか. $N\lhd G$, $N\subset H$ とすれば, 任意の $x\in G$ に対し $N=x^{-1}Nx\subset x^{-1}Hx$. よって $N\subseteq K$.

13.6. P は G のただ一つのシロー p-部分群で, $\sigma\in\mathrm{Aut}\,G$ に対し $P^\sigma=P$ となる.

14.4. (i) $a^{-1}b^{-1}ab=1$ の両辺の左から ba をかけて $ab=ba$, 逆も同様.

(ii) $b^{-1}ab\in A$ より $a^{-1}b^{-1}ab\in A$. また $a^{-1}b^{-1}a\in B$ より $a^{-1}b^{-1}ab\in B$.

14.6. $AB\rhd A, B$ で $A\cap B=1$.

14.7. (i) $a=a_1\cdots a_n$, $x=x_1\cdots x_n$ $(a_i, x_i\in H_i)$ とするとき $x^{-1}ax=(x_1^{-1}a_1x_1)\cdots(x_n^{-1}a_nx_n)$. よって $a\in Z(G) \Longleftrightarrow a_i\in Z(H_i)\,(\forall i)$.

(ii) $x^{-1}Kx=x_i^{-1}Kx_i=K$.

(iii) ほとんど明らか.

15.5. 結合法則と交換法則は明らかに成り立つ. また単位指標が単位元で, λ の逆元は $\lambda^{-1}: a\longmapsto \lambda(a)^{-1}$ である.

15.7. 定理 15.6 の証明の記号を用いて $a=a_1^{n_1}\cdots a_r^{n_r}$, $b=a_1^{m_1}\cdots a_r^{m_r}$ とすれば, $a_i^{n_i}\neq a_i^{m_i}$ となる i がある. このとき $\lambda_i(a)=\zeta_i^{n_i}\neq\zeta_i^{m_i}=\lambda_i(b)$.

15.8. (i) $a^*(\lambda\mu)=(\lambda\mu)(a)=\lambda(a)\mu(a)=a^*(\lambda)a^*(\mu)$.

(ii) $(ab)^*(\lambda)=\lambda(ab)=\lambda(a)\lambda(b)=a^*(\lambda)b^*(\lambda)=(a^*b^*)(\lambda)$ であるから f は準同型である. また $a\neq 1$ とすれば $\lambda(a)\neq\lambda(1)=1$ となる $\lambda\in\hat{A}$ があり, $\lambda(a)=a^*(\lambda)\neq 1$ より $a^*\neq 1_{\hat{A}}$. よって f は単射である. $|\hat{\hat{A}}|=|\hat{A}|=|A|$ であるから f は全射でもある.

15.14. (i) $T(A)a\in T(A/T(A))$ とすれば, $a^n\in T(A)$ となる n がある. よって $(a^n)^m=1$ となる m があり $a\in T(A)$.

(ii) A が $\{a_1, \cdots, a_r\}$ で生成され, $o(a_i)=n_i$ とすれば, A の任意の元は $a_1^{k_1}\cdots a_r^{k_r}$ $(0\leq k_i<n_i)$ と表されるから $|A|\leq\prod_{i=1}^r n_i$.

16.1. (i) $y^{-1}x^{-1}yx=(x^{-1}y^{-1}xy)^{-1}$. (ii), (iii), (iv) は明らか.

(v) $[xy, z]=y^{-1}x^{-1}z^{-1}xyz=y^{-1}x^{-1}z^{-1}\underset{\sim\sim\sim\sim\sim}{xzyy^{-1}z^{-1}x^{-1}}xyz=y^{-1}[x, z]y[y, z]$. $[x, yz]=x^{-1}z^{-1}y^{-1}xyz=x^{-1}z^{-1}\underset{\sim\sim\sim}{xzz^{-1}x^{-1}}y^{-1}xyz=[x, z]z^{-1}[x, y]z$.

16.4. $D_{i+2}(G)=[D_{i+1}(G), D_{i+1}(G)]=[D_i(G), D_i(G)]=D_{i+1}(G)$, 以下同様.

16.9. G がアーベル群でないとすると, $G\supsetneqq D(G)\supsetneqq 1$ となり単純性に反する. よって G はアーベル群で, 位数が素数の元 a をとれば $G\rhd\langle a\rangle\supsetneqq 1$ より $G=\langle a\rangle$ となる.

16.12. (i) G の部分群 H に対し $\Gamma_i(G)\supset\Gamma_i(H)$, G の剰余群 $\bar{G}=G/N$ に対し, $\Gamma_i(\bar{G})=N\Gamma_i(G)/N$ となる.

(ii) $\Gamma_i(G)=\Gamma_i(G_1)\times\cdots\times\Gamma_i(G_r)$ となる.

17.2. (i) 組成剰余群は可解な単純群であるから, 位数は素数である.

(ii) $(\Rightarrow)$ (i) より明らか. $(\Leftarrow)$ は明らか.

17.6. 定理 17.4 より, 与えられた正規列を細分して, 異なる部分群だけを考えれば G の組成列になるようにできる.

17.7. G が組成列をもてば，定理17.4により，正規列 $G \supset N \supset 1$ を細分して組成列 $G=K_0 \supset K_1 \supset \cdots \supset K_s = N \supset \cdots \supset K_r = 1$ がえられる．このとき $G/N \supset K_1/N \supset \cdots \supset K_s/N = 1$，$N \supset K_{s+1} \supset \cdots \supset K_r = 1$ はそれぞれ $G/N, N$ の組成列である．逆に $G/N, N$ が上のような組成列をもてば，$G \supset K_1 \supset \cdots \supset K_r = 1$ は G の組成列で，その長さは $G/N, N$ の組成列の長さの和に等しい．

18.2. $a \in \mathrm{Ker} f$，$\alpha \in \Omega$ とすれば $f(a^\alpha) = f(a)^\alpha = 1'$．よって $\mathrm{Ker} f$ は Ω-部分群．$K = \mathrm{Ker} f$ とするとき $(Kx)^\alpha = Kx^\alpha$ とおいて G/K はまた Ω-群になる．次に $\mathrm{Im} f \ni f(x)$ に対し $f(x)^\alpha = f(x^\alpha) \in \mathrm{Im} f$．よって $\mathrm{Im} f$ は G' の Ω-部分群．f は同型 $\bar{f}: G/K \to \mathrm{Im} f$ $(Kx \longmapsto f(x))$ をひきおこすが，$\bar{f}((Kx)^\alpha) = \bar{f}(Kx^\alpha) = f(x^\alpha) = f(x)^\alpha = \bar{f}(Kx)^\alpha$ となり，$\bar{f}$ は Ω-同型である．

18.5. $K_i = H_{i-1}/H_i$ とおけば，これは可解群で，G を作用域にもち，仮定により G-部分群は自明なものにかぎる．$K_i \supsetneqq D(K_i)$ で $D(K_i)$ は G-部分群となるから $D(K_i) = 1$，したがって K_i はアーベル群である．$p \mid |K_i|$ とし，$(K_i)_p = \{a \in K_i \mid a^p = 1\}$ とすれば，$K_i \supset (K_i)_p \supsetneqq 1$ で，$(K_i)_p$ は G-部分群であるから $K_i = (K_i)_p$ となり，K_i は $(p, \cdots, p)$ 型のアーベル群である．

19.1. $x, y \in G$，$\sigma, \tau \in \mathrm{End}_\Omega G$，$\alpha \in \Omega$ とするとき，$(xy)^{\sigma\tau} = (x^\sigma y^\sigma)^\tau = x^{\sigma\tau} y^{\sigma\tau}$，$(x^\alpha)^{\sigma\tau} = ((x^\sigma)^\alpha)^\tau = (x^{\sigma\tau})^\alpha$．よって $\sigma\tau \in \mathrm{End}_\Omega G$．また id_G は単位元である．

19.2. $(xy)^{\sigma+\tau} = (xy)^\sigma (xy)^\tau = x^\sigma y^\sigma x^\tau y^\tau = x^\sigma x^\tau y^\sigma y^\tau = x^{\sigma+\tau} y^{\sigma+\tau}$．また $\alpha \in \Omega$ に対して $(x^\alpha)^{\sigma+\tau} = (x^\alpha)^\sigma (x^\alpha)^\tau = (x^\sigma)^\alpha (x^\tau)^\alpha = (x^\sigma x^\tau)^\alpha = (x^{\sigma+\tau})^\alpha$．よって $\sigma + \tau \in \mathrm{End}_\Omega G$．

19.3. (i) $x^{\sigma+0} = x^\sigma x^0 = x^\sigma 1 = x^\sigma$，同様に $x^{0+\sigma} = x^\sigma$．

(ii) $x^{(\sigma+\tau)+\rho} = x^{\sigma+\tau} x^\rho = x^\sigma x^\tau x^\rho = x^\sigma x^{\tau+\rho} = x^{\sigma+(\tau+\rho)}$．

(iii) $x^{\sigma+\tau} = x^\sigma x^\tau = x^\tau x^\sigma = x^{\tau+\sigma}$．$x^{(\sigma+\tau)\rho} = (x^\sigma x^\tau)^\rho = x^{\sigma\rho} x^{\tau\rho} = (x^\tau x^\sigma)^\rho = x^{\tau\rho} x^{\sigma\rho}$，よって $\sigma\rho$ と $\tau\rho$ は加法可能で $(\sigma+\tau)\rho = \sigma\rho + \tau\rho$ となる．$\rho(\sigma+\tau)$ についても同様．

(iv) 任意の $\sigma, \tau \in \mathrm{End}_\Omega G$ は加法可能で，0は零元，$-\sigma: x \longmapsto (x^{-1})^\sigma = (x^\sigma)^{-1}$ は σ の(加法に関する)逆元となり，$\mathrm{End}_\Omega G$ は加群である．これと写像の積による乗法について環をつくる．

19.4. (i) $a^{-1} G^\sigma a = (a^{-1} G a)^\sigma = G^\sigma$．また $\alpha \in \Omega$ に対し $(G^\sigma)^\alpha = (G^\alpha)^\sigma \subset G^\sigma$．

(ii) $(\Rightarrow)$ (19.1) より $a^{-\sigma} x^\sigma a^\sigma = a^{-1} x^\sigma a$, $(aa^{-\sigma}) x^\sigma = x^\sigma (aa^{-\sigma})$．$G^\sigma = G$ より $aa^{-\sigma} \in Z(G)$ $(\forall a \in G)$．a のかわりに a^{-1} をとれば $a^{-1} a^\sigma \in Z(G)$．$(\Leftarrow)$ 上の逆をたどればよい．また $f(ab) = (ab)^{-1} (ab)^\sigma = b^{-1} (a^{-1} a^\sigma) b^\sigma = (a^{-1} a^\sigma)(b^{-1} b^\sigma) = f(a) f(b)$，$f(a^\alpha) = a^{-\alpha} a^{\alpha\sigma} = a^{-\alpha} a^{\sigma\alpha} = (a^{-1} a^\sigma)^\alpha = f(a)^\alpha$．

(iii) σ は正規な自己同型とする．$Z(G) = 1$ ならば (ii) より $a^{-1} a^\sigma = 1$ $(\forall a \in G)$．$G = [G, G]$ ならば (ii) の f について $\mathrm{Im} f = 1$，よって $a^{-1} a^\sigma = 1$ $(\forall a \in G)$．

20.1. $\rho(PQ)$ は $\rho(P)\rho(Q)$ を簡約したものと考えてよい．同様に $\rho(P'Q')$ は $\rho(P')\rho(Q') = \rho(P)\rho(Q)$ を簡約したものと考えてよい．

第3章

21.1. 明らかである.

21.2. (⇒) 明らか. (⇐) 任意の $a\in R$ に対し $a=a1\in I$.

21.4. (⇒) $b=au$, $a=bv$ となる $u, v\in R$ がある. $b=bvu$, $a=auv$ で R は整域であるから $1=vu=uv$ となる. (⇐) $b\in(a)$ より $(b)\subset(a)$. また $a=bu^{-1}$ より $(a)\subset(b)$.

21.7. (⇒) $\boldsymbol{Z}\ni N(\alpha)$, $N(\alpha^{-1})>0$, $N(\alpha)N(\alpha^{-1})=1$ より $N(\alpha)=1$. (⇐) $N(\alpha)=\alpha\bar{\alpha}=1$ より $\bar{\alpha}=\alpha^{-1}$. ここで $\bar{\alpha}\in\boldsymbol{Z}(\sqrt{-1})$. 後半は明らか.

21.8. $Rx+Ry=(f(x,y))$ とすれば, $f(x,y)|x$, $f(x,y)|y$ より $f(x,y)=a\in K$ となる. 一方 $0\neq f(x,y)\in Rx+Ry$ より $\deg f\geq 1$ となり矛盾.

21.9. (i) 明らか.

(ii) $(m), (n)\subset(d)$ より d は m, n の公約数. 一方 c を m, n の任意の公約数とすれば $(c)\supset(m)+(n)=(d)$. よって $c|d$ となり, d は m, n の最大公約数. l についても同様.

21.11. $\sigma_i: G\to G$ $(a^k\to(a^i)^k)$ は G の自己準同型で, 逆に G の自己準同型は a の像だけできまり, ある σ_i に一致する. 特に σ_i が自己同型であるため必要十分な条件は, 2章の例題 9.5 (ii) より $(i,n)=1$ となることである. また $\sigma_i\sigma_j=\sigma_{ij}$, $\sigma_i=\sigma_{i'}\iff i\equiv i'$ $(\mathrm{mod}\, n)$ であるから, $\mathrm{Aut}\, G=\{\sigma_i|1\leq i<n,\ (i,n)=1\}\simeq U(\boldsymbol{Z}_n)$ である.

22.1. 直接確かめればよい.

23.8. 例題 23.7 と全く同じように証明できる.

24.5. n に関する帰納法. $I_1\cdots I_{n-1}=\bigcap_{i=1}^{n-1} I_i$ のとき, $I_1\cdots I_{n-1}I_n=(I_1\cdots I_{n-1})\cap I_n=\bigcap_{i=1}^{n} I_i$.

25.2. $(a,s)\sim(a,s)$, $(a,s)\sim(a',s')\Rightarrow(a',s')\sim(a,s)$ は明らか. $(a_1,s_1)\sim(a_2,s_2)$, $(a_2,s_2)\sim(a_3,s_3)$ とすれば, $t_1, t_2\in S$ があって $(a_1s_2-a_2s_1)t_1=0$, $(a_2s_3-a_3s_2)t_2=0$. よって $0=a_1s_2t_1s_3t_2-a_3s_2t_2s_1t_1=(a_1s_3-a_3s_1)s_2t_1t_2$ となり, $(a_1,s_1)\sim(a_3,s_3)$.

25.3. $a_1/s_1=a_1'/s_1'$, $a_2/s_2=a_2'/s_2'$ とすれば, $t_1, t_2\in S$ があって $(a_1s_1'-a_1's_1)t_1=(a_2s_2'-a_2's_2)t_2=0$. よって $a_1s_1't_1=a_1's_1t_1$, $a_2s_2't_2=a_2's_2t_2$ となり, $(a_1a_2s_1's_2'-a_1'a_2's_1s_2)t_1t_2=0$ となる.

25.4. $(a_1/s_1+a_2/s_2)+a_3/s_3=(a_1s_2+a_2s_1)/s_1s_2+a_3/s_3=(a_1s_2s_3+a_2s_1s_3+a_3s_1s_2)/s_1s_2s_3$. $a_1/s_1+(a_2/s_2+a_3/s_3)=a_1/s_1+(a_2s_3+a_3s_2)/s_2s_3=(a_1s_2s_3+a_2s_1s_3+a_3s_1s_2)/s_1s_2s_3$ となり加法の結合法則が成り立つ. 乗法の結合法則は明らか. また $(a_1/s_1+a_2/s_2)(a_3/s_3)=((a_1s_2+a_2s_1)/s_1s_2)(a_3/s_3)=(a_1a_3s_2+a_2a_3s_1)/s_1s_2s_3$. $(a_1/s_1)(a_3/s_3)+(a_2/s_2)(a_3/s_3)=a_1a_3/s_1s_3+a_2a_3/s_2s_3=(a_1a_3s_2s_3+a_2a_3s_1s_3)/s_1s_2s_3^2=(a_1a_3s_2+a_2a_3s_1)/s_1s_2s_3$ となるから分配法則が成り立つ.

25.5. $(s/1)(1/s)=s/s=1/1$.

25.6. $a/1=0/1\iff(a1-01)t=at=0$ となる $t\in S$ がある.

25.10. $(\varphi_S(R)\cap I)(S^{-1}R)\subset I$ は明らか. $a/s\in I$ とすれば $a/s=(a/1)(1/s)$. ここで $a/1=(a/s)(s/1)\in I$ であるから $a/1=\varphi_S(a)\in\varphi_S(R)\cap I$. よって逆の包含関係が成り立

つ.

25.14. (i) 問25.10より明らか.

(ii) $n=p^e m$, $(p,m)=1$ とすれば, m は $\boldsymbol{Z}_{(p)}$で正則元であるから, $n\boldsymbol{Z}_{(p)}=p^e\boldsymbol{Z}_{(p)}$ となる. (i) より $\boldsymbol{Z}_{(p)}$ のイデアル$(\neq 0)$はすべてこの形である.

26.2. (i) $(\Rightarrow)$ $b=ac$, $c=wp_1^{k_1}\cdots p_r^{k_r}$ $(k_i\geq 0)$ とすれば, $b=(uw)p_1^{e_1+k_1}\cdots p_r^{e_r+k_r}$, $f_i=e_i+k_i$ となる. $(\Leftarrow)$ $c=(u^{-1}v)p_1^{f_1-e_1}\cdots p_r^{f_r-e_r}$ とすれば $b=ac$.

(ii) (i) より明らか.

26.7. (i) $(1)\Rightarrow(2)$. d は $a_1,\cdots,a_n$ の公約元. また c を $a_1,\cdots,a_n$ の公約元とすれば $Ra_i=(a_i)\subset(c)$. よって $(d)\subset(c)$, $c|d$ となり d は $a_1,\cdots,a_n$ の g.c.d. である. $(2)\Rightarrow(1)$ $Ra_1+\cdots+Ra_n=(c)$ とすれば, 上で示したように c は $a_1,\cdots,a_n$ の g.c.d., よって $c\approx d$, $(c)=(d)$ となる.

(ii) $f(x), g(x)$ の $K[x]$ における g.c.d. を $d(x)$, $L[x]$ における g.c.d. を $d'(x)$ とすれば, 明らかに $d(x)|d'(x)$. 一方 (i) より $d(x)=f(x)h(x)+g(x)k(x)$ となる $h,k\in K[x]$ があるから $d'(x)|d(x)$. 後半は $g(x)$ が $f(x)$ と $g(x)$ の $L[x]$ における g.c.d., したがって $K[x]$ における g.c.d. となり, $K[x]$ において $g(x)|f(x)$.

26.10. $I(g)I(h)\approx I(f)$, $I(g)\approx 1$ より $I(h)\approx I(f)$. ここで $I(f)\in R$ であるから $I(h)\in R$, $h(x)\in R[x]$ となる.

27.5. (必要性) 任意の $m\in M$ は $m=r_1u_1+\cdots+r_nu_n(r_i\in R,\ u_i\in U)$ と表され, U の線形独立性よりこの表示は一意的. よって $M=\oplus_u Ru$. 特に $ru=0$ $(r\in R, u\in U)\Rightarrow r=0$ で, $R\simeq Ru$ となる. (十分性) (27.9) は明らか. $\sum_{i=1}^n r_iu_i=0$ $(r_i\in R,\ u_i\in U)$ とすれば, $r_iu_i=0$, よって $r_i=0$ となり (27.8) も成り立つ.

27.8. (i) $W\neq 0$ を V の K-部分加群, $W\ni w\neq 0$ とすれば $w=\lambda u$ $(0\neq\lambda\in K)$, したがって $u=\lambda^{-1}w$ となり $u\in W$. よって $V=Ku=W$ となる.

(ii) $(\Rightarrow)$ $u_i\in Ku_1+\cdots+Ku_{i-1}$ならば $\lambda_1u_1+\cdots+\lambda_{i-1}u_{i-1}+u_i=0$ となる $\lambda_j\in K$ があり, $u_1,\cdots,u_r$ は線形従属になる. $(\Leftarrow)$ $u_1,\cdots,u_r$ が線形従属とすると $\lambda_1u_1+\cdots+\lambda_iu_i=0$, $\lambda_i\neq 0$ なる関係式がある. このとき $u_i\in Ku_1+\cdots+Ku_{i-1}$ となる.

27.10. $(m_1+m_2)(f+g)=(m_1+m_2)f+(m_1+m_2)g=m_1f+m_2f+m_1g+m_2g=m_1(f+g)+m_2(f+g)$, $r\in R$ に対し $(rm)(f+g)=(rm)f+(rm)g=r(mf+mg)=r(m(f+g))$ となるから $f+g\in \mathrm{Hom}_R(M,N)$. 結合法則は明らかに成り立ち, $0: \forall m\longmapsto 0$ は零元, $-f: m\longmapsto -mf$ は f の逆元となって $\mathrm{Hom}_R(M,N)$ は加群である.

27.12. $\varphi(f+g)=1(f+g)=1f+1g=\varphi(f)+\varphi(g)$, $\varphi(fg)=(1f)g=(1f)(1g)=\varphi(f)\varphi(g)$, $\varphi(\mathrm{id}_R)=1$.

28.2. (28.5) の左辺$=\sum_l(\sum_\nu r_{ij\nu}r_{\nu kl})u_l$, 右辺$=\sum_l(\sum_\nu r_{i\nu l}r_{jk\nu})u_l$.

28.5. C における虚数単位を $\sqrt{-1}$ とすれば, $(\sqrt{-1}+i)(\sqrt{-1}-i)=0$ となり Q_Cは 0 と異なる零因子をもつ.

28.6. f が単準同形であることは明. また $\boldsymbol{C}j=(\boldsymbol{R}\oplus\boldsymbol{R}i)j=\boldsymbol{R}j\oplus\boldsymbol{R}k$ より $Q_{\boldsymbol{R}}=\boldsymbol{C}\oplus\boldsymbol{C}j$. $j(a+bi)=aj-bk=(a-bi)j$. よって $\alpha,\beta,\gamma,\delta\in\boldsymbol{C}$ に対して, $(\alpha+\beta j)(\gamma+\delta j)=(\alpha\gamma-\beta\bar{\delta})$

$+(\alpha\delta+\beta\bar{\gamma})j$ となるから最後の同型をえる.

29.10. $R'=\varphi_S(R)$ はまたネーター環である. $S^{-1}R$ のイデアル I に対し $I'=\varphi_S(R)\cap I$ とすれば, $I=I'(S^{-1}R)$ である(問 25.10). $S^{-1}R$ のイデアルの列 $I_1\subset I_2\subset\cdots$ に対し R' のイデアルの列 $I_1'\subset I_2'\subset\cdots$ がえられ, $I_n'=I_{n+1}'=\cdots$ となる n がある. このとき $I_n=I_{n+1}=\cdots$ となる.

29.13. イデアルの無限列 $(x)\supsetneqq(x^2)\supsetneqq(x^3)\supsetneqq\cdots$ がある.

30.2. (必要性) $u_i=\sum_j b_{ij}v_j$ とすれば $(b_{ij})(a_{ij})=I$ (単位行列). よって (a_{ij}) は正則行列である. (十分性) $(a_{ij})^{-1}=(b_{ij})$ とすれば $\sum_j b_{ij}v_j=u_i$ となり $F=Rv_1+\cdots+Rv_n$. また $\sum_i r_iv_i=0$ とすれば $\sum_i r_ia_{ij}=0$, $(r_1,\cdots,r_n)(a_{ij})=(0,\cdots,0)$. よって $(0,\cdots,0)=(r_1,\cdots,r_n)(a_{ij})(b_{ij})=(r_1,\cdots,r_n)$ となり, $v_1,\cdots,v_n$ は自由である.

30.7. (1)⇒(2) は明らか. (2)⇒(1) M の不変系は $(0,\cdots,0)$ であるから M は R-自由加群.

31.1. $r,s\in\mathrm{Ann}\,M$, $m\in M$ とすれば $(r-s)m=rm-sm=0$. また $x\in R$ に対し $(xr)m=x(rm)=0$, $(rx)m=r(xm)=0$. よって $\mathrm{Ann}\,M$ は R の両側イデアル.

31.10. $M=N\oplus N'$ となる R-部分加群 N' がある. いま, L を N の任意の R-部分加群とすれば, $M=L\oplus L'$ となる R-部分加群 L' が存在し, $N=L\oplus(N\cap L')$ となる. よって L は N の直和因子で, ${}_RN$ は完全可約である. また $M/N\simeq N'$ であるから, これも完全可約である.

31.11. ${}_RM\neq0$ ならば $J(R)M\subsetneqq M$ である. よって ${}_RM$ が単純ならば $J(R)M=0$. もっと一般に $M=\oplus_{\lambda\in\Lambda}M_\lambda$, ${}_RM_\lambda$ は単純ならば $J(R)M=\oplus_\lambda J(R)M_\lambda=0$.

31.14. (⇒) は問 31.11. (⇐) $\bar{R}=R/J(R)$ とすれば $\bar{R}$ は半単純である. $J(R)M=0$ ならば ${}_RM$ は ${}_{\bar{R}}M$ と考えられ, ${}_{\bar{R}}M$ は完全可約である. よって ${}_RM$ も完全可約である.

第4章

32.2. $(a+b)^{p^n}=a^{p^n}+b^{p^n}$, $(ab)^{p^n}=a^{p^n}b^{p^n}$ で, また $a^{p^n}=0$ ならば $a=0$ となるから σ_n は中への環同型である.

33.1. $\sum_{i,j}a_{ij}\alpha_i\beta_j=0$, $a_{ij}\in K$ にするとき, $\gamma_j=\sum_i a_{ij}\alpha_i$ とおけば $\sum_j\gamma_j\beta_j=0$, $\gamma_j\in M$ より $\gamma_j=0$, したがって $a_{ij}=0$ となって $\{\alpha_i\beta_j\}$ は K 上線形独立である. また任意の $\xi\in L$ は $\xi=\sum_j\eta_j\beta_j$, $\eta_j\in M$ と表され, $\eta_j=\sum_i c_{ij}\alpha_i$, $c_{ij}\in K$ と表されるから $\xi=\sum_{i,j}c_{ij}\alpha_i\beta_j$ となり, $L=\sum_{i,j}K\alpha_i\beta_j$ である.

33.2. (i) 環準同型 $\varphi: K[x]\to K[\alpha]$ $(f(x)\longmapsto f(\alpha))$ において $\mathrm{Ker}\,\varphi\supset(p(x))$ となるが, $(p(x))$ は極大イデアルであるから $\mathrm{Ker}\,\varphi=(p(x))$. このようなモニックな多項式 $p(x)$ は一意的に定まる.

(ii) $f(x)\in\mathrm{Ker}\,\varphi$ であるから $p(x)\,|\,f(x)$ である.

33.5. n に関する帰納法. $K[\alpha_1,\cdots,\alpha_{n-1}]=K(\alpha_1,\cdots,\alpha_{n-1})$ としてよい. この体を M とする. α_n は K 上代数的であるから M 上代数的, したがって $K(\alpha_1,\cdots,\alpha_n)=M(\alpha_n)=M[\alpha_n]=K[\alpha_1,\cdots,\alpha_{n-1},\alpha_n]$.

33.9. $L\ni\alpha$ が M 上代数的とすれば $M(\alpha)/M$, M/K は代数的拡大であるから $M(\alpha)/K$ は代数的，したがって $\alpha\in M$ となる．

33.10. (i) ($\Rightarrow$) $K[x_1,\cdots,x_n,x_{n+1}]\ni f\neq 0$ が存在して $f(\alpha_1,\cdots,\alpha_n,\beta)=0$ となる．f を x_{n+1} について整理して $f=g_r x_{n+1}{}^r+\cdots+g_0$, $g_i\in K[x_1,\cdots,x_n]$, $g_r\neq 0$ とすれば，$\alpha_1,\cdots,\alpha_n$ の代数的独立性より $r>0$ である．よって $g_r(\alpha_1,\cdots,\alpha_n)\beta^r+\cdots+g_0(\alpha_1,\cdots,\alpha_n)=0$, $g_r(\alpha_1,\cdots,\alpha_n)\neq 0$ となり，β は $K(\alpha_1,\cdots,\alpha_n)$ 上代数的である．($\Leftarrow$) 上から明らかである．

(ii) ($\Rightarrow$) $\beta\notin\{\alpha_1,\cdots,\alpha_n\}$ なる任意の $\beta\in L$ に対し $\{\alpha_1,\cdots,\alpha_n,\beta\}$ は K 上代数的に従属であるから，β は $K(\alpha_1,\cdots,\alpha_n)$ 上代数的である．($\Leftarrow$) 明らかである．

34.2. Ω を L の代数的閉包とすれば，Ω/L, L/K がともに代数的であるから Ω/K も代数的．また Ω は代数的閉体であるから Ω は K の代数的閉包である．

34.4. L/K は代数的拡大である．$L[x]\ni f(x)$, $\deg f>0$ とすれば $f(x)\in\Omega[x]$ と考えて $f(\alpha)=0$ なる $\alpha\in\Omega$ がある．α は L 上代数的であるから問 33.9 により $\alpha\in L$．したがって L は代数的閉体である．

34.6. (1)$\Rightarrow$(2) 例題 34.5 で $K'=K$, $\sigma=\mathrm{id}_K$, $p(x)=\mathrm{Irr}(\alpha,K,x)$ とすればよい．(2)$\Rightarrow$(1) $p(x)=\mathrm{Irr}(\alpha,K,x)$ とすれば $p(\alpha)=0$．よって $0=p(\alpha)^\sigma=p(\alpha')$ となり，$p(x)=\mathrm{Irr}(\alpha',K,x)$ である．

35.4. (i) $[L:K]=2$ より $L-K\ni\alpha$ をとれば $L=K(\alpha)$ となる．$\mathrm{Irr}(\alpha,K,x)=x^2+ax+b$ の $\bar{L}=\bar{K}$ における根を α,β とすれば，根と係数の関係から $\beta=-(a+\alpha)\in K(\alpha)$．したがって $L=K(\alpha,\beta)$ となって，これは $\mathrm{Irr}(\alpha,K,x)$ の K 上の最小分解体である．したがって正規拡大である．

(ii) $\boldsymbol{Q}(\sqrt{2})/\boldsymbol{Q}$, $\boldsymbol{Q}(\sqrt[4]{2})/\boldsymbol{Q}(\sqrt{2})$ はともに 2 次拡大であるから正規拡大である．一方 $[\boldsymbol{Q}(\sqrt[4]{2}):\boldsymbol{Q}]=4$ であるから $\mathrm{Irr}(\sqrt[4]{2},\boldsymbol{Q},x)=x^4-2$ である．$\sqrt[4]{2}i$ ($i=\sqrt{-1}$：虚数単位)はその根であるが $\boldsymbol{Q}(\sqrt[4]{2})$ に含まれない．よって $\boldsymbol{Q}(\sqrt[4]{2})/\boldsymbol{Q}$ は正規拡大ではない．

36.3. $\alpha\in L$ に対して $\mathrm{Irr}(\alpha,M,x)\,|\,\mathrm{Irr}(\alpha,K,x)$ で，$\mathrm{Irr}(\alpha,K,x)$ は重根をもたない．よって $\mathrm{Irr}(\alpha,M,x)$ も重根をもたない．

36.6. $[L:M]_s=r$ とすれば，r 個の中への M-同型 $\tau_i:L\to\overline{M}$ $(1\le i\le r)$ がある．一方 $\sigma:M\rightleftarrows M^\sigma$ は中への同型 $\bar{\sigma}:\overline{M}\to\Omega$ に拡張される．このとき $\tau_i\bar{\sigma}:L\to\Omega\,(1\le i\le r)$ は σ の拡張ですべて異なる．一方 $\rho:L\to\Omega$ を σ の任意の拡張とすれば，L^ρ は M^σ の(Ω における)代数的閉包 $\overline{M}^{\bar{\sigma}}$ に含まれ，$L^{\rho\bar{\sigma}^{-1}}\subset\overline{M}$ で中への M-同型 $\rho\bar{\sigma}^{-1}:L\to\overline{M}$ がえられる．よって $\rho\bar{\sigma}^{-1}=\tau_i$, $\rho=\tau_i\bar{\sigma}$ となる i がある．

36.10. (i) $\alpha\in ML=M(L)$ とすれば，有限個の L の元 $\alpha_1,\cdots,\alpha_n$ があって $\alpha\in M(\alpha_1,\cdots,\alpha_n)$ となる．各 α_i は K 上分離的，したがって M 上分離的であるから，$M(\alpha_1,\cdots,\alpha_n)/M$ は分離拡大である．よって α は M 上分離的である．

(ii) $ML\ni\alpha$ に対し，有限個の L の元 $\alpha_1,\cdots,\alpha_n$ と M の元 $\beta_1,\cdots,\beta_m$ があって $\alpha\in K(\alpha_1,\cdots,\alpha_n,\beta_1,\cdots,\beta_m)$ となる．α_i,β_j は K 上分離的であるから α も K 上分離的である．

37.2. $L/M=ML/M$ はガロア拡大で，$\mathrm{Gal}(L/M)\subset\mathrm{Gal}(L/K)=G$ であるが，$G\ni\sigma$

に対し $\sigma\in\mathrm{Gal}(L/M)\Leftrightarrow\alpha^\sigma=\alpha(\forall\alpha\in M)\Leftrightarrow\sigma\in G^M$ となる.

37.9. α_1 の G-軌道を $\alpha_1{}^G=\{\alpha_1,\cdots,\alpha_r\}$ とし, $g(x)=\Pi_{i=1}^r(x-\alpha_i)$ とすれば, $g^\sigma(x)=g(x)(\forall\sigma\in G)$ より $g(x)\in K[x]$. また $g(x)|f(x)$ である. よって, $f(x)$ が既約 $\Leftrightarrow f(x)=cg(x)\Leftrightarrow r=n$.

37.10. $\bar{K}$ を L を含む K の代数的閉包とし, $\sigma_i:L\to\bar{K}(i=1,\cdots,n)$ を $\bar{K}$ の中への異なる K-同型の全体とする. このとき合成体 $L^{\sigma_1}L^{\sigma_2}\cdots L^{\sigma_n}=E$ は K 上有限次分離拡大である. また $\rho:E\to\bar{K}$ を任意の中への K-同型とし, $\bar{\rho}:\bar{K}\simeq\bar{K}$ をその拡張とすれば, $\sigma_i\bar{\rho}:L\to\bar{K}$ はある σ_j に一致する. よって $E^{\bar{\rho}}=E^\rho=E$ となり E は正規拡大である.

39.6. $p(x)=\mathrm{Irr}(\gamma,K,x)$ とする. $\gamma\notin K$ ならば $\deg p(x)\geq 2$. したがって分離性より γ と K-共役な元 $\gamma'\neq\gamma$ がある. このとき K-同型 $\sigma:K(\gamma)\simeq K(\gamma')$ $(\gamma\longmapsto\gamma')$ は $\bar{\sigma}\in\mathrm{Aut}\,\bar{K}/K$ に拡張でき, $\gamma^{\bar{\sigma}}=\gamma'\neq\gamma$ となる.

39.9. $\sigma_i:L\to\bar{K}(i=1,\cdots,n)$ を $\bar{K}$ の中への異なる K-同型とすれば, $T_{L/K}(\theta)=\theta^{\sigma_1}+\cdots+\theta^{\sigma_n}$. これは補題39.8よりある θ に対し0と異なる. このとき $T_{L/K}(K\theta)=K\cdot T_{L/K}(\theta)=K$.

40.1. (i) 定義より明らかである.

(ii) (40.1) のような列に対して $M_i=ML_i$ とすれば, $M_{i+1}=M_i(\sqrt[p_i]{a_i})$, $a_i\in L_i\subset M_i$ となる.

(iii) (i) と (ii) からえられる.

あ と が き

本書の内容と関連する参考書をいくつかあげておく．

まず‘まえがき’でのべた予備知識については

［1］ 服部　昭：線型代数学(新数学講座)，朝倉書店，1982

［2］ 加藤十吉：集合と位相(新数学講座)，朝倉書店，1982

代数学全般については

［3］ 秋月康夫・鈴木通夫：代数 I，II (岩波全書)，岩波書店，1980

［4］ 阿部英一：代数学，培風館，1977

［5］ 服部　昭：現代代数学(近代数学講座)，朝倉書店，1968

［6］ S. Lang：Algebra，Addison-Wesley，1965

［7］ van der Waerden：Algebra I，II，Springer，1967(邦訳；東京図書)

［7］は古典的名著，［3］,［5］,［6］には本書で割愛したホモロジー代数についての入門的解説がある．

群論については

［8］ 浅野啓三・永尾　汎：群論，岩波書店，1965

［9］ 近藤　武：群論(基礎数学講座)，岩波書店，1976-77

［10］ 鈴木通夫：群論上，下，岩波書店，1977-78

［8］には本書でのべられなかった有限群の表現について，シュアー流にまとめた章がある．［9］には有限単純群の分類に関連して発展した新しい手法の

巧みな解説があり，［10］は最近の成果をふまえての群論に関する本格的な好著である．

環論については，可換環論と非可換環論ではその発展の歴史や問題意識が多少異なる．

可換環論については

［11］ 松村英之：可換環論，共立出版，1980

［12］ 永田雅宜：可換環論，紀伊國屋書店，1969

非可換環論については

［13］ 中山　正・東屋五郎：代数学Ⅱ，岩波書店，1954

［14］ 原田　学：環論入門(共立全書)，共立出版，1971

またホモロジー代数については

［15］ H. Cartan and S. Eilenberg：Homological algebra, Princeton Univ. Press, 1956

［16］ D. G. Northcott：An introduction to homological algebra, Cambridge Univ. Press, 1960

体論については

［17］ 永田雅宜：可換体論，裳華房，1967

本書4章の内容の発展として［17］は好適である．

以上は邦書を中心に，本書の内容と直接関係のある参考書をとりあげたもので，代数学の中の大きな分野である整数論，代数幾何学に関する著書にはふれていない．また好著をすべてあげているわけでもない．

索　引

さ　行

ま　行

や　行

ら　行

MEMO

MEMO

著者略歴

永尾　汎（ながお　ひろし）

1925年　広島県に生まれる
1946年　大阪大学理学部数学科卒業
現　在　大阪大学名誉教授
帝塚山大学教授
理学博士

朝倉復刊セレクション
代　数　学
新数学講座4　　定価はカバーに表示

1983年 4月 1日　初版第1刷
2019年 12月 5日　復刊第1刷

著　者　永　尾　　汎
発行者　朝　倉　誠　造
発行所　株式会社　朝　倉　書　店
東京都新宿区新小川町6-29
郵便番号　162-8707
電　話　03(3260)0141
FAX　03(3260)0180
http://www.asakura.co.jp

〈検印省略〉

中央印刷・渡辺製本

ISBN 978-4-254-11843-8　C 3341　　Printed in Japan